Magnusson **Auf den Spuren der Bibel**

Magnus Magnusson

Auf den Spuren der Bibel

Die berühmtesten
Überlieferungen
des Alten Testaments -
von der Archäologie
neu entdeckt

Widmung

Dies Buch ist Dr. James B. Pritchard, dem Direktor des Universitätsmuseums der Universität Pennsylvania, gewidmet und mit ihm all den vielen Wissenschaftlern, den genannten und ungenannten, deren Arbeit sich in diesem Buch niederschlägt. Das Buch ist das Ergebnis vieler Monate der Forschung und Reise, die ich im Auftrag der BBC für die gleichnamige Dokumentarserie im Fernsehen durchgeführt habe. Diese wurde Anfang 1977 erstmalig in BBC 2 gesendet. Überall, wo meine Kollegen und ich im Mittleren Osten hingekommen sind, hat man uns von seiten der nationalen Autoritäten und der Archäologen des jeweiligen Landes alle möglichen Erleichterungen gewährt und nur Freundlichkeit gezeigt. All denen, die uns so freigebig Zeit und fachlichen Rat geschenkt haben, möchte ich ganz herzlich danken. Dr. Pritchard hat uns bei der Filmserie beraten, und er hat auch aus dem Buch einige gravierende Irrtümer ausgemerzt.

Außerdem möchte ich meinen tüchtigen Kollegen im BBC-Team danken, die so viel dazu beigetragen haben, daß die Arbeit an der Sendereihe und an dem Buch so erfreulich geriet: den Mitarbeiterinnen im Produktionsteam, Ann Russell, Rosalind Bentley (Bildnachweis), Amina Harris (Dokumentation) und Alexandra Branson, die alles zusammengehalten hat; meinen Produzenten Paul Jordan und Antonia Benedek, die alle Außenaufnahmen mit Einwänden und Erklärungen belebten, und dem Produktionsleiter David Collison, der mir schon früher bei so manchem archäologischen Film für *Chronicle* Gefährte war und der so zuversichtlich an das Projekt glaubte und die konkurrierenden Interessen so klug ausglich, daß das Ganze überhaupt erst möglich wurde.

Lizenzausgabe 1985 für
Manfred Pawlak Verlagsgesellschaft mbH, Herrsching

Umschlaggestaltung: Bine Cordes, Weyarn
Druck: Uhl, Radolfzell
ISBN: 3-88199-241-3

Inhalt

Vorwort

Die beachtliche Wiederentdeckung der Vergangenheit durch die neuere Archäologie hat die Darstellung der Alten Geschichte, die einst völlig von dem abhing, was von biblischen und klassischen Schriftstellern überliefert wurde, von Grund auf verändert. Wir wissen heute mehr über diese Vergangenheit; das verlangt eine gründliche Überprüfung der älteren Quellen, und das ist auch der Grund dafür, daß heute so große Meinungsverschiedenheiten zwischen den Wissenschaftlern bestehen.

Die Debatten der Gelehrtenwelt haben lange Zeit hinter verschlossenen Türen stattgefunden. Man entschuldigte sich damit, daß die Laien dies ja ohnehin nicht verstehen würden. Man möchte fast glauben – und ich tue das –, daß die Fachgelehrten die Öffentlichkeit unterschätzt haben. Oder sie sahen sich selbst außerstande, ihre komplizierten Ausführungen einem breiten Publikum zu präsentieren. In diesem Buch werden die konkurrierenden Ansichten jedoch offen dargelegt. Der Leser darf den Zweiflern wie den Gläubigen Auge und Ohr schenken, darf von genialen Theorien und ihrer Widerlegung erfahren, ja, ihm werden sogar einige der schwierigen Probleme vorgeführt, die die Wissenschaftler so lange verwirrt haben, als sie versuchten, das, was in der Bibel überliefert wird, mit den Gegenständen in Einklang zu bringen, die die archäologischen Ausgrabungen in den biblischen Ländern zutage gebracht haben. Schließlich und endlich bekommt der intelligente Leser die Chance, selbst an diesen Diskussionen teilzunehmen und sich ein eigenes Urteil über mögliche Alternativen zu bilden.

Im Gegensatz zur Bibel, die eingestandenermaßen ein parteiisches Buch ist, das einem einzigen Glauben verpflichtet ist und sich in der Hauptsache mit dem Schicksal eines einzigen alten Volkes beschäftigt, bieten die archäologischen Entdeckungen im Nahen und Mittleren Osten ein objektiveres Bild der alten Völker und ihrer Überlieferungen. So wichtige und vielgeschmähte Völker wie die Sumerer, Kanaaniter, Philister, Assyrer und Babylonier tauchen wieder aus der Vergessenheit auf und erscheinen so, wie sie gewesen sind, oder doch so, wie sie sich selbst eingeschätzt haben.

In diesem Buch sind hochaktuelle Interviews mit Archäologen verarbeitet, die gerade Ausgrabungen durchführen und neue Theorien aufstellen. Die Aufregung darüber hat sich noch kaum gelegt. Wenn dies geschehen ist, wird vielleicht ein wenig von der ersten Begeisterung schwinden; aber der Leser wird doch zumindest in die Lage versetzt, die Aufregung über die neuen Entdeckungen mitzuvollziehen und sie – wenigstens für den Augenblick – zur biblischen Überlieferung in Beziehung zu setzen. Er ist der Zukunft so nah wie nur möglich. Er sitzt als Zuschauer in der Mitte der ersten Reihe.

Prof. James B. Pritchard

1 Im Anfang

»Im Anfang schuf Gott den Himmel und die Erde. Die Erde aber war wüst und öde, und Finsternis lag auf der Urflut, und der Geist Gottes schwebte über den Wassern.«

Mit diesen Worten beginnt das berühmteste Buch der Welt, das Alte Testament der Bibel. Ich neige dazu, mir die Bibel als eine Saga vorzustellen; sie ist für mich in erster Linie ein ehrfurchtgebietendes episches Werk, das den Versuch wagt, den gesamten Bereich menschlicher Erfahrung zu durchmessen: den Menschen in seinem Verhältnis zum Weltganzen, in dem er eine wichtige – oder auch eine unwichtige? – Rolle spielt.

»Im Anfang« – welch eine gewaltige Eröffnung ist das! Aber wissen wir, was es wirklich mit dem Alten Testament auf sich hat, wie es wirklich angefangen hat?

In gewisser Hinsicht hat man wohl den »Anfang« in den sonnendurchglühten Gestaden Südmesopotamiens zu suchen, in den Flußgegenden zwischen Euphrat und Tigris im heutigen Irak. Diese Gegend, das Südostende des sogenannten »Fruchtbaren Halbmondes«, wird im allgemeinen als die Wiege der Zivilisation betrachtet. An Orten wie Uruk (biblisch Erech) im alten Land Sumer (biblisch Sinear) hat alles angefangen – lange schon bevor die Bibel geschrieben oder auch nur entworfen war. Hier hat *Geschichte* im Sinne von schriftlich festgehaltener Historie begonnen. Hier entwickelte sich der Mensch zu einem zivilisierten Gemeinschaftswesen. Hier spricht der Geist des Menschen zum erstenmal aus schriftlichen Zeugnissen zu uns.

Wie aber verträgt sich unser ständig wachsendes Wissen über unsere Entwicklung mit dem Bild, das die Bibel entwirft? Die Archäologie der letzten hundert, besonders aber der letzten zehn Jahre hat Wichtiges dazu beigetragen, die Bedeutung der Bibel als einer schriftlichen Urkunde zu klären, und sie wird dazu noch mehr zu sagen haben. Die Bibel, einst unsere einzige Quelle über Ursprung und Zivilisation des Mittleren Ostens, fügt sich uns heute in den größeren Zusammenhang all dessen ein, was wir über die Umgestaltungen unserer Welt erfahren haben.

Uns interessieren in diesem Buch die literarischen, historischen, sozialen, wirtschaftlichen, theologischen und politischen Bedingungen im Raum des Mittleren Ostens, die zum Entstehen der Bibel beigetragen haben. Die Bibel existiert ja nicht in einem Vakuum. Sie ist lange Zeit nach den frühen Ereignissen, von denen sie berichten will, entstanden, und nur, wenn wir den kulturellen Kontext, in dem sie verfaßt worden ist, ebenso verstehen wie die Gesellschaft, für die sie verfaßt worden ist, können wir dem Werk als ganzem gerecht werden.

Zu diesem Zweck müssen wir neben der Geschichte des Heiligen Landes selbst auch die Völker und Kulturen in der *Umwelt* des alten Israel ins Auge fassen. Diese informieren uns umfassender als die Bibel über die Geschichte Palästinas; seine Vorgeschichte, Mythologie, Legenden und sein Weltbild haben gemeinsam das biblische Bild von der Vergangenheit mitgestaltet.

Jahrhundertelang galt dieses Bild als buchstäblich offenbarte Wahrheit. So inspirierte es Generationen von Künstlern und prägte der westlichen Kultur einen unauslöschlichen Stempel auf. Erst vor dreihundert Jahren brachte es der irische Erzbischof James Ussher von Armagh fertig, an Hand des *1. Buches Mose* zu »beweisen«, die Schöpfung müsse genau im Jahre 4004 v.Chr. stattgefunden haben! Nun sind sich zwar heute die Astronomen

Der Alte Nahe Osten

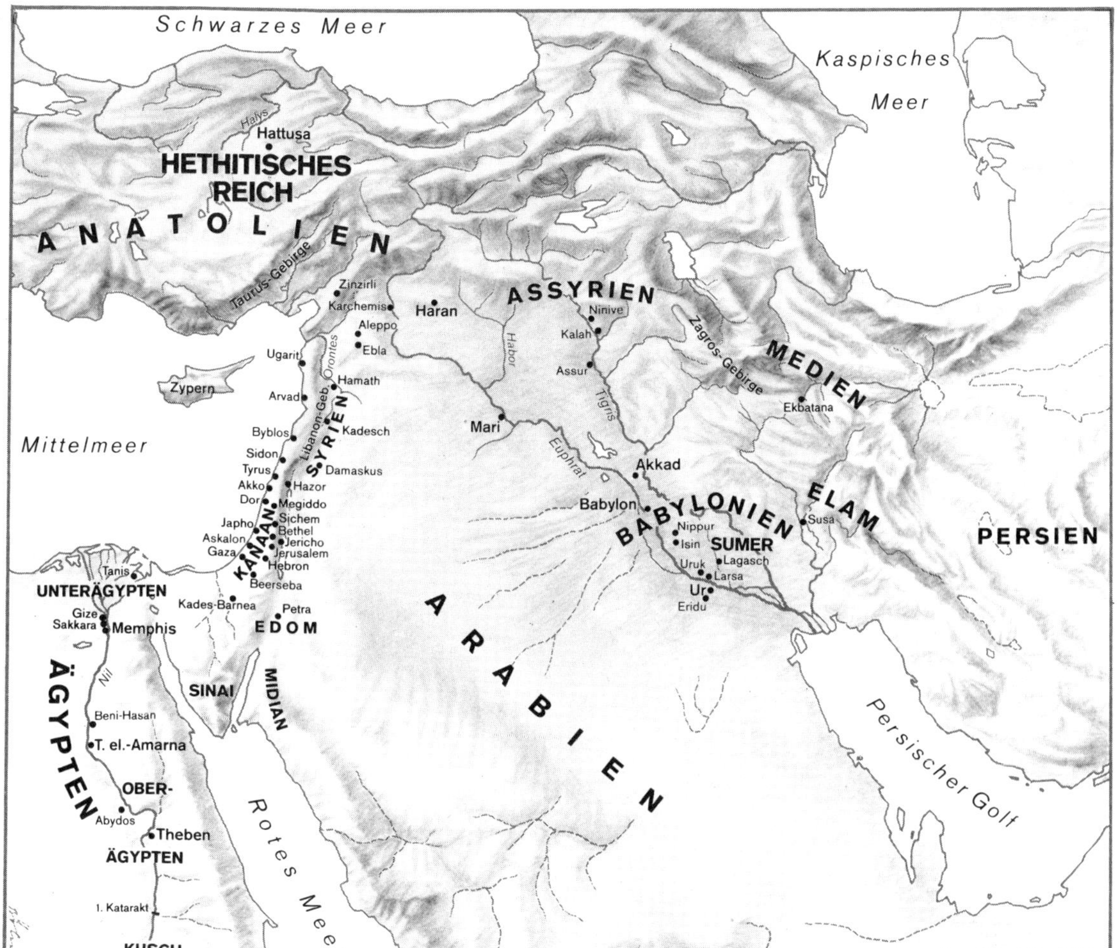

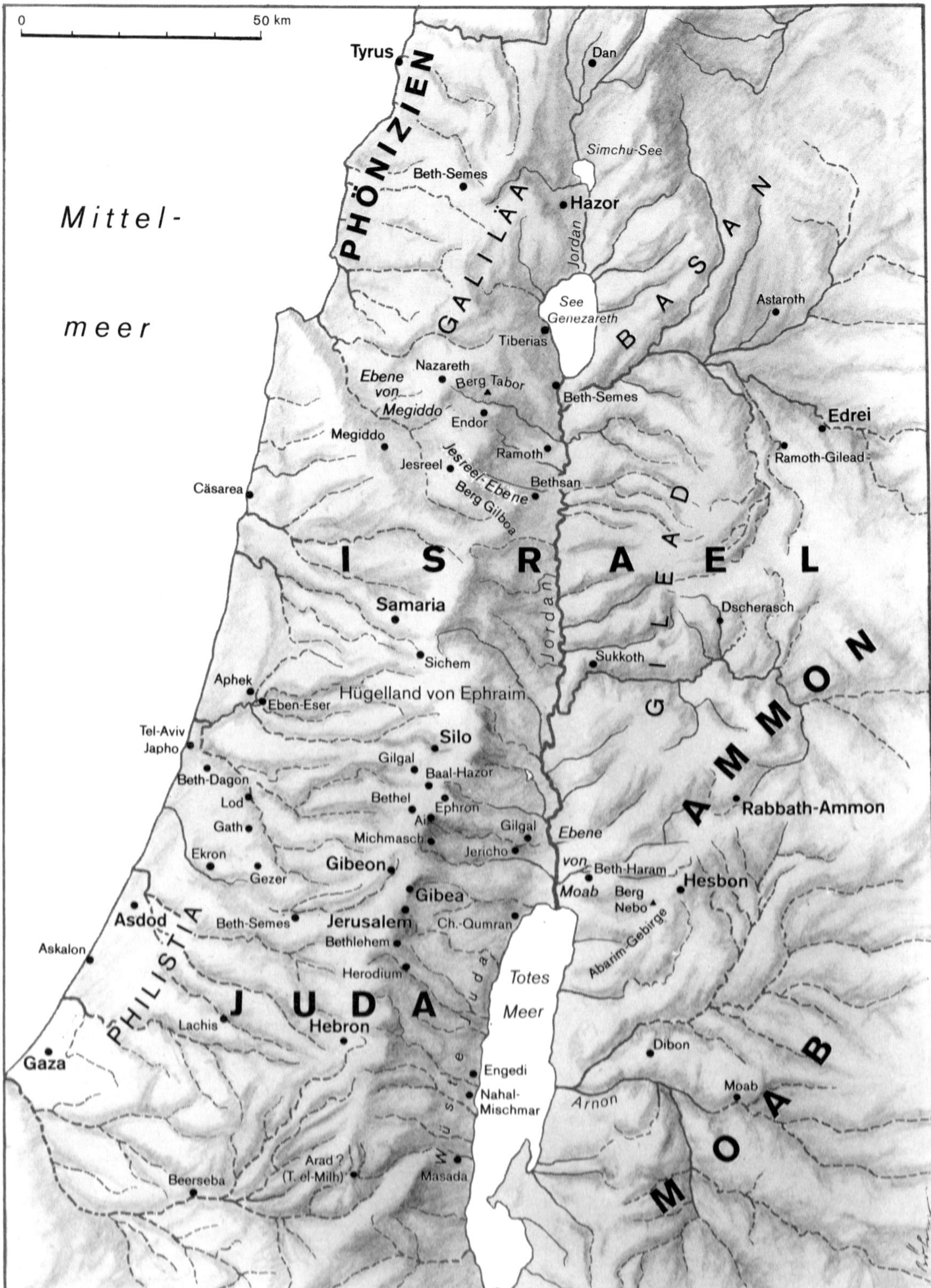
0
50 km
Tyrus
PHÖNIZIEN
Dan
Simchu-See
Beth-Semes
Hazor
GALILÄA
Jordan
BASAN
Mittel-
meer
See
Genezareth
Tiberias
Astaroth
Nazareth
Ebene
von
Megiddo
Berg Tabor
Beth-Semes
Edrei
Endor
Megiddo
Ramoth
Ramoth-Gilead
Jesreel
Jesreel-Ebene
Bethsan
Berg Gilboa
Cäsarea
GILEAD
ISRAEL
Samaria
Dscherasch
Jordan
AMMON
Sichem
Sukkoth
Aphek
Eben-Eser
Hügelland von Ephraim
Tel-Aviv
Japho
Silo
Gilgal
Baal-Hazor
Beth-Dagon
Lod
Bethel
Ephron
Ai
Rabbath-Ammon
Gath
Gilgal
Ebene
Michmasch
Jericho
Ekron
Gibeon
von
Beth-Haram
Gezer
Hesbon
Moab
Berg
Nebo
Gibea
Asdod
Beth-Semes
Jerusalem
Ch.-Qumran
Abarim-Gebirge
Askalon
Bethlehem
Totes
Meer
Herodium
PHILISTIA
JUDA
Wüste Juda
Lachis
Hebron
Dibon
Gaza
Engedi
Nahal-
Mischmar
Arnon
Moab
MOAB
Arad ?
(T. el-Milh)
Masada
Beerseba

Links: Palästina in alttestamentlicher Zeit.

keineswegs einig, wie das Universum, in dem wir leben, entstanden ist, aber die vorsichtigste Schätzung seines Alters beträgt doch immerhin zehntausend Millionen Jahre!

Doch nicht genug: Erzbischof Usshers Weltchronologie wurde kurz darauf sogar noch von Dr. John Lightfoot, dem Vizekanzler der Universität Cambridge, verbessert, der den exakten Zeitpunkt der Erschaffung Adams auf den »23. Oktober 4004 v. Chr., 9 Uhr morgens« festlegte. Inzwischen wissen wir, daß sich Dr. Lightfoot um mindestens 35 000 Jahre verschätzt hat und daß der *Homo sapiens* Adam (dies ist das hebräische Wort für »Mensch«) sich auch bis dahin schon während eines Zeitraumes von Hunderttausenden von Jahren allmählich entwickelt hat.

Das Hervortreten des *Homo sapiens* im Mittleren Osten haben archäologische Ausgrabungen im »Tal der Höhlen« an der Westseite des Berges Karmel in Nordisrael in aufregender Weise veranschaulicht. Hier, mehrere Kilometer südlich von Haifa und nicht weit von der Küstenstraße entfernt, sind die cañonartigen Klippen mit Höhlen durchlöchert, von denen in ältester Zeit vier als menschliche Behausungen gedient haben. Sie wurden in den späten zwanziger und frühen dreißiger Jahren unseres Jahrhunderts von einer britisch-amerikanischen Expedition unter der Leitung von Dr. Dorothy Garrod (später von T. D. McCown) erstmals ausgegraben. Die Arbeit ist vor kurzem unter Dr. Avram Ronen von der Universität Haifa wiederaufgenommen worden.

Alle Zeichen sprachen dafür, daß die Höhlen Zehntausende von Jahren von den Vorfahren des Menschen bewohnt worden waren, von jagenden Nomaden, die Waffen und Geräte aus Feuerstein benutzten. Dann fand Dr. Garrod in der südlichsten dieser Höhlen (et-Tabun, »der Ofen«) ein menschliches Skelett, das mit angezogenen Beinen auf dem Rücken lag. Dieses Skelett,

Gesamtsicht des Tales der Höhlen am Berg Karmel. Rechts et-Tabun (der Ofen), links es-Sukhul (das Lämmlein).

die berühmte »Frau von Tabun«, stammte von einem weiblichen Wesen des Neandertal-Menschentyps. Überreste des Neandertalers *(Homo sapiens neanderthalensis)* sind an vielen Orten der Welt gefunden worden. Er scheint von 150000 v.Chr. bis 40000 v.Chr. gelebt zu haben. Dann trat nach und nach der Mensch in seiner heutigen Gestalt, *Homo sapiens sapiens*, an seine Stelle. Man hat die Frau von Tabun auf etwa 40000 v.Chr. datiert. Sie gehört damit zu den letzten Neandertalern.

In einer benachbarten Höhle (es-Sukhul, »das Lämmlein«) weiter oben im Tal entdeckten die Ausgräber gleich zehn Skelette auf einmal. Die Höhe hatte offensichtlich in prähistorischer Zeit als Grabstätte gedient. Diese Skelette trugen schon charakteristische Züge des modernen *Homo sapiens*. Zunächst hielt man die Skelette von Tabun und Sukhul für gleichzeitig. Man war begeistert, endlich eine Mischform zwischen dem Neandertaler und dem eigentlichen modernen Menschen gefunden zu haben, das Bindeglied, das den Forschern im letzten Stadium der Entwicklungskette des Menschen noch gefehlt hatte. Inzwischen ist man jedoch der Ansicht, daß die Skelette von Sukhul 10000 Jahre später angesetzt werden sollten als das der Frau von Tabun, also etwa 30000 v.Chr., und daß es zwischen beiden nicht unbedingt eine direkte Entwicklungslinie geben muß.

Der Berg Karmel ist uns dem Namen nach aus der Bibel vertraut, allerdings im Zusammenhang mit viel späteren Ereignissen (hier soll nach dem *1. Buch der Könige* Elia die Propheten Baals vernichtet haben). An einem noch berühmteren biblischen Ort haben die Archäologen den weiten Sprung nach vorne, den die Entwicklung des Menschen vom wandernden Jäger und Höhlenbewohner zum Städter und Bauern bedeutet hat, unmittelbar vor Augen: dieser Ort ist Jericho.

Jericho liegt im großen Graben des Jordantales, mehrere Kilo-

Mann vom Berg Karmel: ein Skelett aus der Höhle es-Sukhul (ca. 30000 v.Chr.)

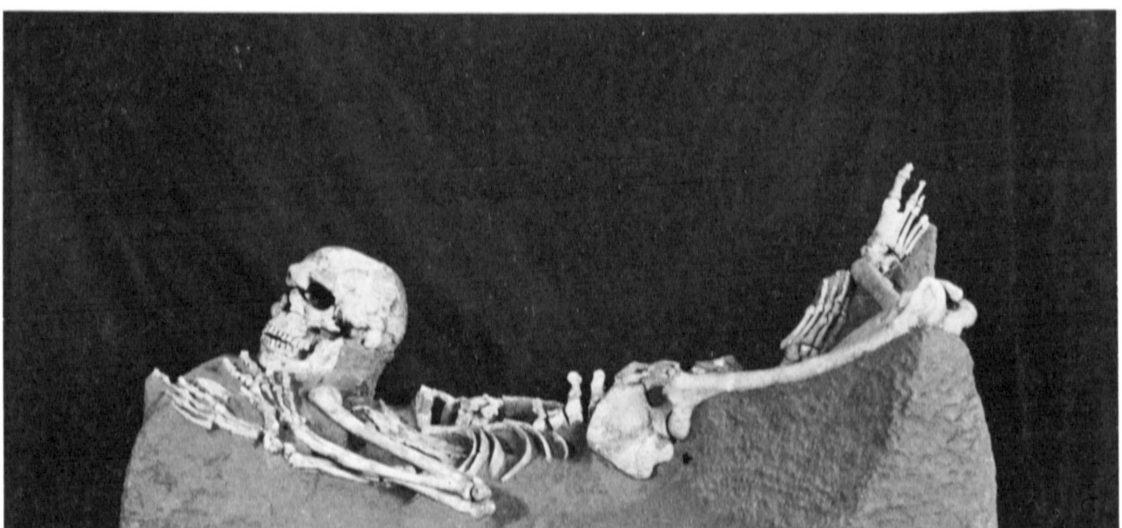

meter nördlich vom Toten Meer, etwa 230 Meter unter dem Meeresspiegel. Der größte Teil des Jordantales ist trocken und öde, eine weiße Wüste von ausgebranntem Stein und Sand. Hier kann nichts gedeihen. Und doch kam der Mensch eben in diesem unwirtlichen Tal ein entscheidendes Stück weiter – und das allein deshalb, weil es hier Wasser gab. Eine riesige Oase schuf hier mitten in der Wüste einen immerwährenden Frühling mit einer reichhaltigen Vegetation.

Das Wasser machte den Boden ringsumher fruchtbar. Das tropische Klima, im Winter und Sommer gleich heiß, förderte nicht nur das Wachstum, sondern auch dessen Planung. Statt weiterhin wahllos wildwachsende Getreidepflanzen zu sammeln, begannen die Menschen hier Weizen und Gerste zu kultivieren. Dank der über 27 000 Liter Wasser, die stündlich aus der Quelle bei Jericho hervorsprudeln, konnte man sich in dieser Gegend ansiedeln – und damit war der erste Schritt auf dem Weg zur eigentlichen Zivilisation getan. Die Prähistoriker sprechen von der »Neolithischen Revolution«, die etwa 10 000 v. Chr. in Jericho stattgefunden hat. Jene Wende vom nomadischen zum seßhaften Leben findet ihren Ausdruck in der biblischen Darstellung der Feindschaft zwischen Abel, »einem Schafhirten«, und Kain, »einem Ackerbauer«.

Die Quelle entspringt am Fuß eines großen Hügels am Stadtrand des heutigen Jericho, eines *tell*, den man Tell es-Sultan genannt hat. Ein *tell* ist ein künstlicher Hügel, der aus den Überresten von Siedlungen besteht, die jeweils auf den Trümmern der vorigen erbaut sind. Hier lag das alte Jericho.

Jericho ist verschiedene Male ausgegraben worden. Aber erst während der letzten Grabung unter Miss Kathleen Kenyon von der »British School of Archaeology« zwischen 1952 und 1958 erkannte man das erstaunliche Alter und die überragende Bedeutung Jerichos. Miss Kenyon wies nach, daß, lange bevor Jericho eine Stadt geworden war, alljährlich Nomaden zu der Oase zogen, um dort Ruhe und Zuflucht zu suchen. Sie bauten hier auch ein bescheidenes Heiligtum: eine kleine rechteckige Lehmfläche mit einer Befestigungsmauer aus Stein. Nachkommen dieser frühen Nomaden ließen sich dann mehr oder weniger ständig in Jericho nieder. Über dem Grundgestein fanden die Ausgräber zahlreiche gestampfte Fußböden und rundgemauerte Hauswände.

Kaum war diese neue Gemeinschaft völlig seßhaft geworden, begann sie sich auch schon äußerst rasch auszubreiten. Das explosionsartige Wachstum kann nur aus der Entwicklung neuer landwirtschaftlicher Techniken erklärt werden. Diese wiederum war nur möglich durch die Ausbildung eines komplizierten Bewässerungssystems, das größere Flächen ertragfähig machen konnte. Eine solche Entwicklung spricht für ein beträchtliches Maß an sozialer Organisation. Es muß eine zentrale Autorität gegeben haben, deren Hauptaufgabe es war, überschüssige landwirtschaftliche Erträge zu überwachen und zu verteilen, und die fähig war, eine stattliche Anzahl von Arbeitern im Dienste der Öffentlichkeit zu beaufsichtigen – und zu bezahlen! – und Regeln des gesellschaftlichen Zusammenlebens durchzusetzen. Dies alles setzt das Vorhandensein von verbindlichen Normen voraus.

Unter solchen Arbeiten für die Gemeinschaft ist die Konstruktion einer massiven Festungsanlage besonders erstaunlich. Sie bestand aus einer dicken Steinmauer, die zum Zeitpunkt der Ausgrabung stellenweise noch bis zu sieben Meter hoch stand. Der breite Graben, der außen um sie herumführte, war aus dem Felsen herausgehauen. Noch größeres Aufsehen erregte jedoch die Entdeckung eines großen steinernen Turms, der immer noch in einer Höhe von zehn Metern erhalten ist. Darin findet man ein sorgfältig gebautes Treppenhaus, das auf die Spitze des Turms führt. Radiocarbon-Untersuchungen haben ergeben, daß dieses gewaltige Festungswerk um 8000 v. Chr. erbaut wurde. Wenn man jedoch die bekannten Ungenauigkeiten bei Radiocarbon-Untersuchungen zur Datierung prähistorischer Funde einbezieht, korrigiert man dieses Datum wohl besser auf 10000 v. Chr. Damit ist Jericho die älteste befestigte Stadt der Welt, die wir bisher kennen.

Es schwindelt einen bei dem Gedanken, daß der Mensch schon zu so früher Zeit ein so hohes Niveau kommunaler Verwaltung und architektonischen Könnens erreicht haben soll. Am Rande des tiefen Schachtes zu stehen, den Miss Kenyon gegraben hat, und zu diesem wunderbar erhaltenen Turm hinabzuschauen, stimmt die vielen tausend Besucher, die hier alljährlich herkommen, immer wieder ehrfürchtig.

Die Gründer der ersten Stadt Jericho und deren Festungsanlage fertigten ihre Gefäße nicht aus Ton, sondern aus Stein an, deshalb

Neolithische Hauseinrichtung in Jericho: auf frühe Fußbodenschichten sind mit Hilfe von zwei runden, sich überlappenden Binsenmatten Muster eingedrückt.

Das neolithische Jericho: auf der untersten Schicht die ältesten Festungsanlagen; darüber spätere Mauern.

nennen die Archäologen diese Zeit das »präkeramische Neolithikum«. – Aber warum hat man überhaupt diese riesigen Mauern gebaut? Vermutlich zur Verteidigung gegen einen Feind, den man besonders fürchtete, nicht nur einfach gegen plündernde Nomaden, die der Wohlstand der Stadt reizte – ein Wohlstand, der sicher sowohl auf dem Handel als auch auf eigener Landwirtschaft beruhte. Diese Hypothese scheint dadurch bewiesen, daß Jericho etwa 1000 Jahre später von einem anderen Volk der vorkeramischen Zeit eingenommen wurde, das einen neuen Architekturstil mit sich brachte. Es führte auch neue religiöse Bräuche ein. Das hat eine besonders interessante Entdeckung bestätigt: Man hat zehn menschliche Schädel gefunden, die mit Gips überzogen und zu menschlichen Gesichtern geformt sind. Ihre Augenhöhlen sind mit Muscheln ausgelegt; Ohren, Nase, Augenbrauen und Mund sind aufs sorgfältigste modelliert und gefärbt und verleihen den

Rechts oben: Jawa in Nordostjordanien: rechts Überreste des Erddamms, den man gebaut hat, um das heranflutende Wasser des Wadi Rajil zu stauen.

Rechts unten: Uruk: Nordostseite der zerstörten Zikkurat.

Links: Der neolithische Verteidigungsturm in Jericho: das Gitter auf seiner Oberseite bedeckt den Zugang zur steinernen Treppe im Inneren. Unten sieht man den Eingang zum Turm selbst.

Unten: Einer der Gips-Schädel aus Jericho.

Köpfen einen ganz lebendigen Ausdruck. Es sind Meisterwerke, die von großem künstlerischem und technischem Geschick zeugen und sicher etwas mit dem Ahnenkult zu tun haben.

Die ältesten Bewohner Jerichos konnten, wie gesagt, noch keine Keramikgefäße herstellen. Die Entwicklung der Töpferkunst, eine der vielen wichtigen Errungenschaften des prähistorischen Menschen, kann man am besten am Beispiel der Ausgrabungen von Çatal-Hüjük in Südanatolien beobachten. Hier entdeckte in den sechziger Jahren der britische Archäologe James Mellaart die Überreste einer der ältesten Städte der Welt, die mit Hilfe von Radiocarbon-Untersuchungen auf 6000 v. Chr. datiert wurde (in Wirklichkeit also etwa 7100 v. Chr).

Çatal-Hüjük liegt etwa fünfundvierzig Kilometer südöstlich der Stadt Konya und ist einer der größten neolithischen Orte, die man im Nahen und Mittleren Osten kennt. Es war mit seinen

Links oben: Tell Mardikh. Gesamtsicht des Ausgrabungsgeländes. Im Vordergrund ein Teil des südwestlichen Torgangs und seiner Befestigung.

Links unten: Tell Mardikh. Im Vordergrund der Aufbewahrungsort, in dem 1975 die 15000 Täfelchen des Staatsarchivs von Ebla gefunden worden sind.

Frühe Keramik aus Anatolien: auffallend dekoriertes Gefäß aus Hacilar; es stellt gegenüber den einfachen Anfängen von Çatal Hüjük schon einen Fortschritt dar.

5000–6000 Einwohnern mindestens viermal so groß wie das alte Jericho. Seine Wirtschaft beruhte auf einer fortschrittlichen Methode des Ackerbaus (mit künstlicher Bewässerung) und auf dem Handel. Das Leben in der Stadt war in einem Ausmaß verfeinert, wie man es zu diesem frühen Zeitpunkt noch nirgendwo auf der Welt gefunden hat. In den ältesten Siedlungsschichten von Çatal-Hüjük fand Mellaart eine Reihe von »Weltpremieren«: die ersten Textilien, die ersten Spiegel, die ersten Holzgefäße, die ersten Gemälde auf getünchten Wänden, vor allem aber die ersten Töpferwaren. Die ersten Gefäße waren noch einfache Schüsseln aus cremefarbig gebranntem, mit Stroh vermischtem, schwerem, klumpigem Ton. Aber die Töpferei entwickelte sich künstlerisch und technisch immer weiter, bis gegen Ende der ersten Besiedlungsperiode (ca. 6000 v. Chr.) die ersten Versuche gemacht wurden, Keramikgefäße mit Farbflecken zu schmücken.

Die Entwicklung der Töpferkunst war nicht nur kulturell höchst bedeutsam, sie ist auch eine Hilfe für den Archäologen. Von jetzt an können Ausgräber die Keramikgegenstände, die sie in übereinanderliegenden Bodenschichten finden, mit andernorts gefundener Keramik vergleichen und daraus Schlüsse für die Datierung von Fundstätten ziehen. Die Funde von Çatal-Hüjük zeigen außerdem, daß die Entwicklung der Zivilisation keineswegs auf den »Fruchtbaren Halbmond« beschränkt, sondern unabhängig davon auch anderswo möglich war.

Auf der Zeitskala der frühen Errungenschaften des Menschen ist die vielleicht bedeutendste Erfindung nach der Töpferkunst die Ausbildung der Metallbearbeitung. In Çatal-Hüjük fand Mellaart Anzeichen dafür, daß man mit Metallen – Blei und Kupfer – experimentiert hatte, um daraus Schmuckstücke und Ornamente herzustellen. Doch der Beginn der Kupferzeit, das sogenannte Chalkolithikum, in dem sowohl Stein als auch Kupfer in Gebrauch waren, wird für gewöhnlich erst um 4000 v. Chr. angesetzt.

Den herrlichsten Schatz von Kupfergegenständen, den man jemals im Mittleren Osten gefunden hat, entdeckte man 1961 in einer fast unzugänglichen Höhle in einer Schlucht namens Nahal Mischmar, die nahe bei der Oase von Engedi liegt und einen Blick auf die Westküste des Toten Meeres gewährt. Die Öffnung der Höhle befand sich fast an der Spitze eines senkrecht aufragenden, fast 300 Meter hohen Felsens. Hineingelangen konnte man nur mit Hilfe einer Strickleiter vom Felsgipfel aus. Die Höhle wurde zusammen mit vielen anderen von einer israelischen Expedition erkundet, die dort zuvor in der Nähe die ersten Schriftrollen vom Toten Meer gefunden hatte (vgl. Kap. 12).

Unter der Leitung von Pessah Bar-Adon vom »Department of Antiquities in Jerusalem« fanden die Ausgräber heraus, daß die Höhle zur Zeit der römischen Besetzung Palästinas von jüdischen Flüchtlingen bewohnt wurde. Aber unter den Trümmern

Gegenstände aus dem Kupferschatz von Nahal Mischmar.

Links: eine Steinbockabbildung (Ausschnitt) auf einer »Standarte« oder einem »Szepter«. *Unten:* eine unverzierte »Krone«, zwei »Szepter« und fünf »Streitkolbenenden«.

und den Fußböden aus gestampfter Erde konnte man eine mehr als 3800 Jahre ältere Besiedlungsschicht erkennen, die aus der chalkolithischen Epoche (ca. 3500 v. Chr.) stammte.

Am achten Ausgrabungstag stieß man in der Nordwand der Höhle auf eine natürliche Nische, die nur locker von einem

schlüpfrigen Stein bedeckt war. In dieser Nische fand man nicht weniger als 429 kunstvoll gearbeitete Gegenstände, die sorgfältig in eine Strohmatte eingewickelt waren. Bis auf dreizehn bestanden alle aus Kupfer mit einem hohen Arsengehalt.

Nicht nur die Menge, sondern auch die Qualität der Stücke verschlug den Ausgräbern den Atem: ungefähr 240 von ihnen waren »Streitkolbenenden« in verschiedener Form und Ausführung. Dann gab es etwa achtzig »Szepter« oder »Standarten«, von denen einige höchst raffiniert gearbeitet sind. Sie enden als menschliche Gesichter oder kunstvoll gestaltete Steinbockköpfe. Am interessantesten sind wohl die zehn »Kronen«. Sie sind mit wunderbaren Ornamenten verziert, mit einer Fülle von Vögeln und Menschengesichtern und gitterartigen Vorsprüngen. All diese Stücke – sie bilden heute einen Teil der berühmten Sammlung des Israel-Museums in Jerusalem – zeigen, daß die Kunst des Kupfergießens schon zu einem viel früheren Zeitpunkt, als man bisher geglaubt hatte, voll ausgebildet war.

Aber wozu dienten diese Gegenstände? Und woher stammten sie? Israelische Wissenschaftler sind davon überzeugt, daß es sich um Kultgegenstände aus einem Tempel handelt, der ein Jahrzehnt zuvor im zehn Kilometer nördlich gelegenen Engedi ausgegraben worden war. Dort hatte eine israelische Expedition unter der Leitung von Professor Benjamin Mazar von der Hebräischen Universität Jerusalem auf einer Böschung hoch über dem Toten Meer die Überreste einer festen, aus Stein gebauten Einfriedung aus der chalkolithischen Epoche gefunden, die als Kultstätte gedeutet wurde. Neben mehreren Gebäuden gab es darin direkt in der Mitte eine merkwürdige runde Fläche, die kultische Bedeutung gehabt haben muß. Da man an Hand von Keramikfunden die Einfriedung in die Zeit zwischen 3300 und 3200 v. Chr. datieren konnte, meinte der Ausgräber, dies sei das zentrale Heiligtum der Dorfbewohner und Schafhirten der judäischen Wüste und ihrer Oasen gewesen. Das Heiligtum wurde nicht zerstört, sondern einfach leer zurückgelassen. Man vermutet, daß bei dieser Gelegenheit der gesamte Schatz von kupfernen Kultgegenständen an einen sicheren Platz gebracht und in der Höhle im Nahal Mischmar versteckt und niemals wiedergefunden wurde.

Niemand weiß Sicheres über die Gegend, in der diese Funde hergestellt wurden. Israelische Wissenschaftler haben sich bemüht, einen einheimischen Herkunftsort zu finden, aber im allgemeinen nimmt man an, daß es sich hier um Gegenstände handelt, die von weit her aus dem Nordosten (Mesopotamien oder dem Iran) importiert worden sind. Doch wo der Schatz auch immer ursprünglich zu Hause war, er gibt ein anschauliches Bild von den erstaunlichen technischen und künstlerischen Fähigkeiten des Menschen im 4. Jahrtausend v. Chr.

Wie sehr es schon der prähistorische Mensch vermochte, seine Umwelt zu meistern, betont die Archäologie in letzter Zeit immer mehr. Eine seiner großartigsten und fast unglaublichen Leistungen ist erst jüngst in Jawa, einem entlegenen Ort in Nordostjordanien, entdeckt worden. Jawa liegt wie eine große Insel aus Basaltfelsen mitten in der Wüste; und doch bauten hier in der Mitte des 4. Jahrtausends Siedler eine Stadt für etwa 5000–6000 Einwohner, deren Überleben ganz und gar von einer komplizierten Bewässerungsanlage abhing.

Der Ort wurde zwischen 1973 und 1975 von Dr. Svend Helms, danach vom Archäologischen Institut in London ausgegraben. Die ersten Berichte zeigen deutlich, daß Jawa eine befestigte und planvoll gebaute Stadt war, die etwa ein Jahrhundert lang gedieh, lange bevor sich in anderen Gegenden Palästinas eine städtische Kultur entwickelte. Aber es gab dort kein Quellwasser, weil die Lavablöcke in dieser Gegend beinahe 1000 Meter dick sind; die Bewohner der Stadt konnten nur überleben, wenn sie das Wasser speicherten, das während der Regenzeit übrig blieb, so daß es auch noch für die fünf oder sechs Monate der Trockenzeit ausreichte.

Jawa lag am Wadi Rajil. Ein *wadi* ist ein Bach, der nur während der Regenzeit Wasser führt. Um das Wasser, das im Winter das Wadi Rajil hinunterströmte, in genügender Menge zurückhalten und stauen zu können, bauten die Menschen von Jawa einen 90 Meter langen und 30 Meter dicken Damm aus Erde, der ein riesiges Staubecken abschloß, das so viel Wasser fassen konnte, wie die Stadtbewohner mitsamt ihrem Vieh in der Trockenzeit benötigten.

Aber wie konnten die Leute überleben, solange man noch an dem Damm baute? Was stand zuerst, der Damm oder die Stadt? Offensichtlich hatten die ersten Siedler, die schon gewisse Erfahrungen mit städtischer Kultur mitbrachten, zunächst eine Reihe von Becken in den Felsen gehauen, die von dem *wadi* während der Regenzeit gefüllt wurden. Erst als dann die Stadt größer wurde, errichtete man den Staudamm. Wie es scheint, standen die Bauleute dabei modernen Ingenieuren um nichts nach.

Wer es jemals im Mittleren Osten zu Ansehen und Reichtum bringen wollte, der mußte die Wasserstellen unter seine Kontrolle bringen. Daran hat sich auch bis heute noch nichts geändert. Der riesige neue Staudamm am oberen Euphrat bei Tabqa in Nordsyrien ist ein typisches Beispiel dafür. Man hat hier einen achtzig Kilometer langen und acht Kilometer breiten Stausee geschaffen, um in dieser Gegend den Ackerbau zu intensivieren und Industrie ansiedeln zu können. Wie im Fall des Assuan-Staudamms in Ägypten veranlaßte auch dieses Projekt Archäologen aller Länder dazu, die bedrohten Orte auszugraben, bevor sie überschwemmt wurden. Unter der Schirmherrschaft der UNESCO und organisiert vom »Directorate General of Antiquities and Museums of Syria« wurden nicht weniger als sechzehn Forschungsteams aus zehn Ländern – Belgien, Frankreich, Deutschland, Großbritannien, Holland, Italien, Japan, Spanien, USA und natürlich Syrien

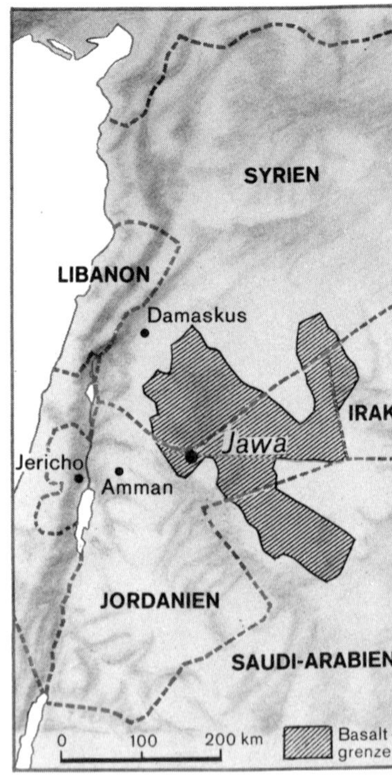

Jawa. Die Karte stammt vom Ausgräber Svend Helms und zeigt die ausgedehnte Basalt-Lavaströmung, auf der die Stadt lag.

selbst – in das Gebiet entsandt, um Überreste historischer Stätten aus einem Zeitraum von insgesamt 10000 Jahren, vom Neolithikum bis zur islamischen Periode, zu retten. Der Ertrag dieser entschlossenen Rettungsaktion ist im Aleppo-Museum zu sehen.

Wenn man weiß, wie entscheidend in dieser Gegend Wasserreserven sind, überrascht es auch nicht, daß gerade Mesopotamien, das »Land zwischen den Strömen«, den Hintergrund für die nächste größere Etappe des Menschen auf dem Weg zur Zivilisation darstellt: Hier erfand er das Mittel, durch das er erst im eigentlichen Sinne in die Geschichte eintrat – die Schrift.

Um 3500 v. Chr. wurde Mesopotamien wahrscheinlich von Menschen einer nichtsemitischen Rasse besiedelt, vielleicht auch gewaltsam eingenommen. Sie gründeten in kurzer Zeit mehrere Stadtstaaten, die unter der gemeinsamen Bezeichnung Sumer bekannt wurden. Eigentümlicherweise haben die Historiker erst vor hundert Jahren von der Existenz Sumers und der Sumerer erfahren, die vorher völlig in Vergessenheit geraten war. Erst in der Mitte des 19. Jahrhunderts fand man in assyrischen Inschriften den ersten Hinweis auf die Existenz von Sumer, die dann mit Hilfe der Archäologie endgültig bewiesen werden konnte.

Die von Königen regierten Stadtstaaten von Sumer brachten es wie ihre Vorgängerinnen Jericho und Çatal-Hüjük mit Hilfe komplizierter Bewässerungssysteme, durch Handel und nun auch durch die Metallbearbeitung zu Wohlstand. Und hier schuf nun eine besondere Verkettung von Umständen die Voraussetzungen, unter denen sich das entwickeln konnte, was sich zum erstenmal im eigentlichen Sinne »Zivilisation« nennen darf: eine Zivilisation, die ihre Werke und Gedanken schriftlich festhielt.

Zu den ältesten und bedeutendsten sumerischen Stadtstaaten

»Im Anfang«: ausgegrabener Tempelbezirk in der sumerischen Stadt Uruk; Blick nach Südwesten von der Spitze der Zikkurat aus.

gehört Uruk (biblisch Erech, heute Warka), das von mehreren deutschen Expeditionen seit 1912 gründlich ausgegraben worden ist. Uruk war eine große Stadt von über 80 Hektar, die in drei Stadtteile gegliedert war: öffentliche Gebäude, Wohnhäuser und Gärten und Friedhöfe. Heute ist es hier staubig und trocken, aber einst war Uruk im wörtlichen Sinn ein Lebensquell für die Menschheit, eine geschäftige, schöne Stadt.

Noch heute wird die Stätte vom Stumpf einer Zikkurat beherrscht, einem rechteckigen, gestuften Erdwall. Die Sumerer hatten hier aus Lehmziegeln einen künstlichen Berg als Heiligtum für die Götter gebaut. Uruk war ein wichtiges Kultzentrum, denn hier wurde der oberste Gott der Sumerer, der Himmelsgott Anu, verehrt. Er besaß auf der Spitze der Zikkurat einen Altar und auf der untersten Ebene einen schönen Tempel, der mit gemusterten Mosaiken geschmückt war. Diese bestanden aus Terrakottakegeln mit bemalten Spitzen, die in Lehmmörtel gepreßt waren.

Tempel wie diese waren Ausdruck und Ergebnis intensiven wirtschaftlichen Wachstums. Der Tempel war das Zentrum der Verwaltung und des wirtschaftlichen Lebens in der Stadt. König und Priester (und die Götter) bildeten zusammen eine theokratische Bürokratie, die den Staat verwaltete. Als nun die Verwaltung immer komplizierter wurde, mußte man sich ein Mittel ausdenken, um die täglichen Geschäfte des Tempels festzuhalten. So entstand die Schrift.

In einem der Tempel von Uruk entdeckten deutsche Archäologen frühe Zeugnisse davon: ein Archiv mit Hunderten von kleinen Tontafeln, die mit groben Bildzeichen beschrieben sind. Man datiert sie auf etwa 3100 v. Chr. Als die Menschen ihre ersten Schreibversuche unternahmen, verwendeten sie zunächst einmal vereinfachte Bilder, die bestimmte Assoziationen erwecken sollten. Mit der Zeit entwickelte sich dann aus diesem primitiven System eine stärker stilisierte Schrift, die sogenannte Keilschrift, deren Symbole man ohne Mühe schnell mit einem keilförmigen Griffel in weichen Ton eindrücken konnte. Die Tontäfelchen wurden dann gebrannt, um sie hart und haltbar zu machen.

Zu Beginn diente die Schrift ausschließlich als ein Instrument, um Sachverhalte aus Handel und Verwaltung festzuhalten. Aber bis etwa 2500 v. Chr. waren ihre Ausdrucksmöglichkeiten so verfeinert, daß man mit ihrer Hilfe auch mythologische Konzepte und historische Überlieferungen in Worte fassen und so eine *Literatur* ausbilden konnte. Aus diesen späteren Dokumenten stammt unser Wissen über die Götter des alten Sumer.

Die Theologie der Sumerer war hoch entwickelt und von einer tiefen Frömmigkeit geprägt: Man hat zahllose Figurinen gefunden, die Menschen in Gebetshaltung zeigen. Mit gefalteten Händen und weit geöffneten Augen drücken sie Andacht und Ehrfurcht aus. Sie wurden als Votivgaben für die Götter in den Tempeln aufgestellt. Sicherlich wurden solche Votivfiguren pein-

Der Schreiber Dudu: Tempelvotivgabe, etwa 2500 v. Chr.; auf seinem Rücken steht eine Inschrift mit seinem Namen und Beruf, die die Statue einem der Götter von Sumer widmet.

Kalksteintafel aus einem sumerischen Tempel in Ur: ein nackter Priester, begleitet von drei Dienerinnen, bringt einem sitzenden Gott ein Trankopfer dar.

lich genau von Schreibern wie dem berühmten Dudu registriert, der in seinem Rock aus Schaffell so liebenswürdig und untersetzt aussieht. Seine Statuette trägt auf dem Rücken eine stolze Inschrift in Bildzeichen, die die Wichtigkeit seines Standes feststellt. Schreibern wie Dudu verdanken wir unser Wissen über das sumerische Pantheon.

Der höchste Göttervater war Anu, die Quelle aller Ordnung und Regierung. Der Gott der Weisheit war Enki (auch Ea genannt), der Sturmgott hieß Enlil. Es gab einen Sonnengott (Utu) und einen Mondgott (Nanna). Im weiblichen Bereich war die mächtigste Göttin Inanna, die die Bibel als Asthoreth (Astarte) kennt. Eine ihrer ältesten Darstellungen findet man auf der herrlichen Uruk-Vase, einem hohen Alabastergefäß (um 3000 v. Chr.), das sie zeigt, wie sie von einer Prozession nackter Priester Opfer annimmt.

Inanna (die später bei den Semiten Ischtar genannt wurde) war eine vielgestaltige Gottheit. Sie war die Göttin der Fruchtbarkeit und Geschlechtlichkeit, die Göttin des Krieges, und in ihrer astralen Manifestation war sie der Venusstern am Himmel. Kathleen Beatty, eine junge kanadische Wissenschaftlerin an der Birmingham-Universität, die auf dem Gebiet der mesopotamischen Religion forscht, hält Inanna (Ischtar) für die interessanteste sumerische Gottheit. Sie hat Anzeichen dafür entdeckt, daß Inanna in irgendeiner Weise für die Wahl und Legitimation der Könige der sumerischen Stadtstaaten verantwortlich war, die als Stellvertreter der wirklichen Herrscher, der Götter, galten. Nach Miss Beatty gab dies den Anstoß zum Konzept der Heiligen Hochzeit und der damit verbundenen »sakralen Prostitution«, die die späteren Verfasser der Bibel so verabscheuten. Die Heilige Hochzeit war eine formelle, in hohem Maße stilisierte kultische Einrichtung mit religiöser und politischer Bedeutung. Sie wurde zwischen der höchsten Priesterin als Stellvertreterin der Inanna und dem König in der Rolle des Hohenpriesters, der als Statthalter Gottes die Stadt repräsentierte, vollzogen. Bei diesem heiligen Geschlechtsakt strömte die Macht der Gottheit vom Himmel herab durch den König hindurch auf das Volk und das Land.

Ein wunderschönes Schmuckstück, das sich heute im Irak-Museum befindet, symbolisiert die Schönheit und Liebe dieser intimen religiösen Begegnung: eine herrliche Halskette aus Stein- und Karneolperlen, die auf einem Silberfaden aufgezogen und mit Gold eingefaßt sind. Die Inschrift auf einem der Teile besagt, daß Amar-Sin, der König von Ur, das Halsband Abi-Simti, der Priesterin von Uruk, geschenkt hat. Für Miss Beatty steht fest, daß man sich Inanna, die Schutzgöttin von Uruk, als göttliche Verkörperung der Schönheit vorgestellt hat; die unzähligen Darstellungen, die im Laufe der Jahrhunderte von ihr gemacht wurden, lassen ihre erotische Popularität im alten Mesopotamien erkennen.

Für unsere Beschäftigung mit den biblischen Überlieferungen ist jedoch vor allem die Mythologie der alten Sumerer wertvoll. Von den Sumerern sind uns die ältesten bekannten Mythen überliefert – Geschichten von der Schöpfung, die viele Jahrhunderte später in den Schöpfungsmythen des *1. Buches Mose* nachklingen.

Die erstaunlichste Parallele zwischen den sumerischen und den biblischen Mythen stellt dabei die Geschichte von der Sintflut dar, die erzählt, wie die Götter beschließen, von neuem mit dem Werk der Schöpfung zu beginnen.

Im Laufe der Jahre hat man verschiedene Fassungen der sumerischen Flutgeschichte gefunden. Sie sind allesamt älter als die biblische Erzählung. In ihrer kunstvollsten Gestalt finden wir sie innerhalb einer epischen Dichtung über einen der alten, halblegendären Könige von Uruk, einen Mann namens Gilgamesch. Dieser besucht in einer Episode des Epos den einzigen Überlebenden der großen Flut, der in der sumerischen Fassung Utnapischtin heißt und dem die Götter Unsterblichkeit verliehen haben. Die Geschichte, die von ihm erzählt wird, ist der biblischen Erzählung auch in ihren Details so verblüffend ähnlich, daß diese nur direkt von dem viel älteren sumerischen Original entlehnt sein kann. Einzelne Namen mögen abweichen, aber die spezifischen Parallelen sind unverkennbar.

Die sumerische Flutgeschichte und ihre späteren Fassungen bilden nur den Teil einer umfassenden Darstellung der Menschheitsgeschichte und der Beziehung zwischen Menschen und Göttern. Nicht anders verhält es sich mit der biblischen Sintflutgeschichte *(1. Mose 6–9)*. Die sumerischen Götter beschließen, die Menschheit durch eine Sintflut zu vernichten, weil die Völker auf der Erde so zahlreich und lärmend geworden sind. Im *1. Buch Mose* bereut Gott seinen Entschluß, den Menschen erschaffen zu haben, sobald die Menschen beginnen, sich auf der Erdoberfläche zu vermehren. Der Gott Enki beschließt heimlich, das Leben eines einzigen frommen Königs zu schonen (nur so können die Götter wie bisher ihre Opfer erhalten!); in der Bibel hat Noah »Gnade gefunden vor dem Herrn«. Der fromme König bekommt den Auftrag, ein riesiges würfelförmiges Schiff zu bauen, in das er

Die Urukvase: ein etwa ein Meter hohes Alabastergefäß, etwa 3000 v. Chr.; darauf ist eine Prozession nackter Priester dargestellt, die der Göttin Ischtar Opfer bringen.

»den Samen aller Lebewesen« füllen soll. Noah bekommt den Auftrag, ein riesiges rechteckiges Schiff zu bauen, das er mit je einem Paar von jeder Art der Lebewesen füllen soll. Die sumerische Sintflut dauert sieben Tage, die biblische vierzig. Die sumerische Arche landet am »Berg Nisir«, vermutlich in Kurdestan; Noahs Arche erreicht in der Osttürkei, am Berg Ararat, trockenes Land. Der sumerische Noah sendet eine Taube, eine Schwalbe und einen Raben aus. Der biblische Noah sendet zweimal einen Raben und eine Taube aus. Der sumerische Noah opfert den Göttern, und »die Götter rochen den lieblichen Duft«; der biblische Noah baut einen Altar und opfert Brandopfer, »und der Herr roch den lieblichen Duft«.

Die Erzählung von der Sintflut hat die Menschen schon immer fasziniert. Als Sir Leonard Woolley in den zwanziger Jahren die sumerische Stadt Ur ausgrub (vgl. Kap. 2), fand er eine zwei Meter dicke Schicht von reinem, angeschwemmtem Lehm, zusammengepreßt zwischen den Schichten, die Besiedlungsspuren aufwiesen. Daraufhin kabelte er nach London: »Wir haben die Sintflut gefunden!« Spätere archäologische Ausgrabungen haben gezeigt, daß viele Orte im Zweistromland durch Überschwemmungen zerstört worden sind, allerdings zwischen 4000 und 2500 v. Chr. zu ganz verschiedenen Zeiten. Was man fand, waren nur Anzeichen für einzelne örtliche Überschwemmungen, nicht jedoch der Nachweis der großen Sintflut der sumerischen und biblischen Tradition.

In ähnlicher Weise hat der Wunsch, Überreste von Noahs Arche zu finden, zahlreiche Optimisten veranlaßt, den Berg Ararat zu erforschen, einen steil aufragenden, etwa 5200 Meter hohen Gipfel an der Grenze zwischen der Türkei, der Sowjetunion und dem Iran. Um die vermeintlichen »Funde« dieser Expeditionen hat sich eine regelrechte moderne Mythologie gebildet. Da gab es Bekenntnisse am Sterbebett, die niemand mehr nachprüfen konnte, im nachhinein vorgenommene Identifikationen, Luftbilder, die Anomalien zeigten, die alles mögliche bedeuten konnten. Eines der letzten »Beweisstücke« war ein großes handgearbeitetes Holzstück, das 1955 ein französischer »Arche-ologe«, Fernand Navarra, in einem wassergefüllten Loch tief in einer Spalte des Ararat gefunden hatte. Das Holzstück war teilweise versteinert und wurde von einem spanischen Laboratorium auf etwa 3000 v. Chr. datiert (in erster Linie aufgrund seiner Farbe und des Ausmaßes seiner Versteinerung). Dies wurde in der Presse als eindeutige Bestätigung der Sintflutgeschichte bejubelt. Bedauerlicherweise ergaben davon unabhängige Radiocarbon-Untersuchungen britischer und amerikanischer Laboratorien ein Datum zwischen 450 und 750 n. Chr.! Doch davon berichtete die Presse weit weniger enthusiastisch.

Kleine Terrakottatafel mit einer Göttin, wahrscheinlich Ischtar (Inanna). Die Kopftracht zeigt ihre Göttlichkeit an.

Die Suche nach Noahs Arche ist natürlich völlig sinnlos, denn die biblische Sintflutgeschichte ist ganz offensichtlich eine Sage, noch dazu eine entlehnte und entstellte (im *1. Buch Mose* sind außerdem zwei Flutgeschichten zu einer verschmolzen). Was bedeutet nun dieser Befund für unser Verständnis der ersten Kapitel des *1. Buches Mose*? Diskreditiert es die »Authentizität« der Bibel als eines epischen Dokumentes?

Der hervorragende amerikanische Gelehrte Dr. James B. Pritchard vom Universitätsmuseum in Pennsylvania, der Herausgeber der maßgebenden Sammlung »Ancient Near Eastern Texts«, denkt da anders. Er betont, daß die Entdeckung altmesopotamischer Fassungen der Schöpfungs- und Sintflutgeschichte zwar die herrschende Ansicht über die Einzigartigkeit des hebräischen Weltbildes zutiefst in Frage gestellt hat, daß sie aber auch neue Möglichkeiten eröffnete, das kulturelle Milieu, dem die Bibel entsprang, zu verstehen. Sie zeigt deutlich, daß die Bibel nicht in einem Vakuum entstanden ist, daß die hebräischen Schriftsteller ganz und gar an der Kultur ihrer Zeit teilhatten und daß sie die geläufigen Traditionen über die Erschaffung der Welt und der Menschheit kannten und sie übernahmen, um mit ihrer Hilfe ihre eigene Weltanschauung und Religion auszudrücken.

Die Tatsache, daß diese altmesopotamischen Überlieferungen im gesamten Mittleren Osten bekannt waren, wurde bestätigt, als man im Jahre 1955 zufällig in dem Schutthaufen einer amerikanischen Ausgrabung in Megiddo mitten in Palästina (vgl. Kap. 8) eine Keilschrifttafel entdeckte, die vierzig Zeilen aus dem Gilgamesch-Epos enthielt. Da die Tafel nicht von Ausgräbern im abgesteckten Gebiet, aus dem sie stammte, entdeckt, sondern von einem Hirten auf einem Schuttabladeplatz gefunden wurde, konnte man sie nur anhand ihres Schriftstils einordnen. Sie stammt gewiß aus der Zeit vor dem Aufenthalt der Israeliten im Land der Verheißung, aber sie zeigt, daß das Gilgamesch-Epos lange Zeit hindurch Allgemeingut im Gebiet des Fruchtbaren Halbmondes war. Man erkennt daran die Verbreitung der sumerischen Kultur.

Ein sicherer Beweis dafür ist die Geschwindigkeit, mit der die Kunst des Schreibens in ganz Mesopotamien Fuß fassen konnte. Eine weitere Bestätigung brachte eine der Rettungsarbeiten im Zusammenhang mit dem Oberen-Euphrat-Projekt. An einem Ort mit Namen Dschebel' Aruda am Westufer des nördlichen Teiles des Flusses hat der holländische Archäologe Dr. H. J. Franken von der Universität Leiden die imposanten Überreste eines großen sumerischen Tempels aus dem 4. Jahrtausend v. Chr. entdeckt, der nach dem Vorbild des Tempels in Uruk gebaut worden ist.

Dschebel' Aruda liegt etwa 180 Meter über der umliegenden Ebene mit Sicht auf den Euphrat. Es muß ein bedeutendes Wirtschaftszentrum gewesen sein. In seiner günstigen strategischen Lage beherrschte es die Handelsstraße flußauf- und abwärts. Traditionelle Verbindungen zu irgendeinem Ortsnamen aus der Bibel hat es nicht. In diesem Zusammenhang hat Dr. Franken zunächst

Fragment des Gilgamesch-Epos, etwa 1400 v. Chr., das man 1955 in Megiddo in Palästina gefunden hat.

Dschebel' Aruda: im Vordergrund die sumerische Tempelstätte. Im Hintergrund das Euphrattal, das jetzt von dem See überflutet ist, der sich durch den Staudamm von Tabqa in Nordsyrien gebildet hat.

einmal recht, wenn er die sogenannte »biblische Archäologie« scharf kritisiert, bei der man gewissermaßen mit der Bibel in der einen und dem Spaten in der anderen Hand ausgräbt. Dr. Franken meint, daß es der archäologischen Interpretation nur hinderlich ist, wenn man einen »biblischen« Ort ausgräbt und sich dabei von Vorurteilen leiten läßt, die auf möglicherweise pseudohistorischen Feststellungen in der Bibel beruhen.

Diese Ansicht teilen viele syrische Archäologen, die zwischen wirklichen Archäologen und »Abrahamsjägern« unterscheiden. Abraham ist die erste namentlich erwähnte Person in der Bibel, die heutige Bibelwissenschaftler möglicherweise als historische Gestalt ernst zu nehmen bereit sind. Das macht ihn zum Gegenstand endloser historischer und theologischer Debatten.

2 Die Zeit Abrahams

Nach den Überlieferungen, die ganz offensichtlich fremder Mythologie entstammen – wie die Schöpfungs- und Sintfluterzählung –, gewinnt ein mächtiger Name Gestalt aus dem genealogischen Dickicht des *1. Buches Mose*: der Name Abraham.

Abraham wird in den biblischen Texten als archetypischer Ahnherr, als Vorfahr der Kinder Israel und Vater des Volkes vorgestellt. Mit Abraham betreten wir das sogenannte »Zeitalter der Patriarchen«. Von nun an – das war lange Zeit die Überzeugung unter Bibelwissenschaftlern – befinden wir uns im Bereich historisch gesicherter Fakten. Zwar fällt die Datierung je nach individueller Vorliebe unterschiedlich aus, doch wählt man häufig den Anfang der Mittleren Bronzezeit, d.h. etwa 2000 v.Chr., mit einem Spielraum von einigen Jahrhunderten.

In letzter Zeit stellt man jedoch die herrschenden Ansichten über die Historizität der Patriarchen von Grund auf in Frage. Alle etwas leichtfertigen Vermutungen über die historische Vergangenheit sind dabei unter das Kreuzfeuer heftigster Kritik geraten.

Hinzu kommt, daß eine sensationelle Ausgrabung, die eben an einem syrischen Ort namens Tell Mardikh, etwa vierzig Kilometer südlich von Aleppo, durchgeführt wird, unsere Vorstellung von der gesamten Epoche völlig auf den Kopf gestellt hat. Hier hat eine Gruppe von italienischen Archäologen in Zusammenarbeit mit dem »Directorate General of Antiquities and Museums of Syria« vor kurzem ein riesiges Palastarchiv freigelegt, eines der ältesten Staatsarchive der Welt, das nicht weniger als 15000 beschriebene Tondokumente enthält. Sie verraten, daß in Syrien einmal ein mächtiges kanaanitisches Reich existiert hat, das um 2400 v.Chr. auch Palästina umfaßte, von dem aber bisher kein Mensch gewußt hat. Seine Hauptstadt befand sich an dem heutigen Ort Tell Mardikh: Es war eine fast vergessene Stadt mit Namen Ebla. Dies Ebla, dem selbst ganz moderne Lehrbücher noch kaum eine Bemerkung gönnen, verspricht, einer der markanten Begriffe in der Archäologie des Mittleren Ostens zu werden. Seine Entdekkung hat die Geschichte Syriens und des gesamten Mittleren Ostens um eine gänzlich neue Dimension bereichert.

Für die »biblische Archäologie« war die Entdeckung deshalb doppelt aufregend, weil der größte König dieses mächtigen Staates von Ebla den gleichen Namen trug wie einer der legendären

Tell Mardikh: königlicher Hof des Palastes in Ebla. Vorne links ein Podium für den Königsthron. Rechts die Grundmauer eines dreistöckigen Turmes. Die Tünche an den Wänden ist noch sichtbar.

Vorfahren Abrahams, nämlich sein Ur-ur-ur-urgroßvater: Dieser König hieß »Ebrum« oder »Ebrium«; das entspricht dem biblischen »Eber (Heber«; *1. Mose 11*). So heißt der Vorfahr, nach dem die Hebräer benannt sind.

Außerdem finden wir auf den Täfelchen mehrere Personen- und Ortsnamen, die uns aus späteren Bibeltexten vertraut sind: Orte wie Sinai, Gaza und Jerusalem; Personen wie Abraham, Ismael, David, Saul und – ganz und gar verblüffend – Israel!

Damit hatte man wirklich nicht gerechnet, als im Jahre 1964 eine archäologische Mission aus Italien begann, unter der Leitung eines genialen jungen Wissenschaftlers von der Universität Rom, Professor Paolo Matthiae, in Tell Mardikh zu graben. Tell Mardikh ist ein imposanter *tell* in Nordsyrien. Er erhebt sich sechs Meter über das umliegende Land und ist 56,7 Hektar groß. Der damals erst vierundzwanzigjährige Dr. Matthiae wollte mit seiner Ausgrabung umfassende Informationen über die Kultur und Geschichte Syriens während der beginnenden Mittleren Bronzezeit sammeln.

Der alte Mittlere Osten erlebte in dieser Epoche ein faszinierendes Entwicklungsstadium. Die nichtsemitischen Stadtstaaten Sumers waren von einer angriffslustigen jungen ostsemitischen Dynastie unter Sargon I. von Akkad (Agade) überwältigt worden, die etwa 2350 v. Chr. das erste eigentliche mesopotamische Reich gründete. Später sollte dann ganz Mesopotamien der Herrschaft einer ehrgeizigen westsemitischen Dynastie unterworfen

Professor Giovanni Pettinato, der Epigraphiker der Tell-Mardikh-Expedition, mit einigen der 15000 Tontäfelchen, die er entziffert und katalogisiert.

werden. Es ist das altbabylonische Reich, dessen fähigster König, Hammurabi, etwa um 1750 v.Chr. regierte (vgl. Kap. 11). Dr. Matthiae wollte den Vorgängen in Syrien während dieser Zeit nachspüren, und er beschloß, sich dabei auf Tell Mardikh zu konzentrieren.

Während der ersten Ausgrabungskampagnen fand er reichliche Anzeichen dafür, daß Tell Mardikh zu Anfang der Mittleren Bronzezeit eine große, wohlhabende Stadt gewesen sein muß, eines der bedeutenden Wirtschafts- und Kulturzentren Syriens. Er legte die Ruinen eines gewaltigen Königspalastes frei, der auf 1900 v.Chr. datiert werden konnte, und einen großen Tempel, dessen architektonisches Schema – Vorhof, Vorraum und Heiligtum – der dreiteiligen Struktur späterer kanaanitischer Tempel auffallend glich (vgl. Kap. 8). Die Stadt war mit dicken Mauern befestigt, in die vier Tore eingehauen waren. Die Schutzwälle bestanden aus verschiedenen Schichten von Bruchstein und festgestampfter Erde: eine sogenannte »Glacis-Festung«, die die Archäologen bisher einer viel späteren Periode in Palästina zugeordnet hatten. Der südwestliche Torgang ist, wie er nun nach seiner Ausgrabung daliegt, immer noch eine großartige Anlage: Ein äußeres Tor führt in einen kleinen Hof, der Zugang zu den Haupttoren gewährt. Zwischen drei Paar monumentaler Pylonen,

die noch von dicken, behauenen Basaltblöcken angedeutet werden, waren zwei Paar Torflügel befestigt, die auf genau bemessenen Sockeln hin- und herschwangen.

Welch eine lebendige künstlerische Gestaltungskraft dieser Zeit eigen war, sieht man am Beispiel eines großen steinernen Trinkopferbeckens: Vier Löwenköpfe erheben sich hier in einer Reihe brüllend aus dem Grund; darüber ist auf einem Fries der Großkönig dargestellt, wie er einem sitzenden Gott Wein opfert. Daneben steht eine Gruppe von Kriegern mit krummen Messern.

1968 entdeckten die Ausgräber das große Fragment einer Votivstatue, die der Göttin Ischtar von einem gewissen Ibit-Lim, einem König der Stadt Ebla, geweiht war. Endlich konnte man den großen Hügel positiv identifizieren: Es war die alte Stadt Ebla, die bis dahin nur dunkel aus gelegentlichen Inschriften in Akkad und Babylon bekannt gewesen war.

Erst 1973 entdeckten die Ausgräber den Flügel eines Königspalastes, der verbrannt unter den Westhängen der Akropolis der Stadt lag. Dabei erkannten sie, daß das Ebla der Mittleren Bronzezeit, das etwa 1600 v. Chr. zerstört wurde, auf einer noch älteren Stadt erbaut war. Sie fanden ein dreistöckiges Gebäude mit einem Turm und einem Treppenhaus aus vier Treppen. Dieses schöne Gebäude mit seinen großzügigen, gepflasterten Räumen war etwa 2250 v. Chr. dem Feuer zum Opfer gefallen. Inmitten der Ruinen fanden die Ausgräber 1974 ein kleines Versteck mit beschriebenen Täfelchen. Es waren zwar nur zweiundvierzig Stück mit ausschließlich wirtschaftlichem oder verwaltungstechnischem Inhalt, aber für den Epigraphiker der Expedition, Professor Giovanni Pettinato von der Universität Rom, reichten sie doch aus: Er stellte fest, daß sie in einer bisher unbekannten Sprache geschrieben waren, einer sehr alten Form des Nordwestsemitischen, die er als Frühkanaanitisch bestimmte.

Die Zikkurat von Ur, die Ur-Nammu aus der Dritten Dynastie um 2100 v. Chr. gebaut hat. Sie war ursprünglich vier Stufen hoch und ist jetzt von den irakischen Fachleuten bis zur Höhe der ersten Stufe restauriert worden.

Aber erst das Jahr 1975 brachte die wirklich sensationellen Funde: Zwei kleine Räume neben dem Eingang zum eigentlichen Palast, an die eine Art offener Hof anschloß, erwiesen sich als Aufbewahrungsort der offiziellen Staatsarchive von Ebla in der Zeit zwischen 2400 und 2250 v. Chr. Die beschriebenen Tontäfelchen, von denen bisher 15 000 ans Licht gekommen sind, waren ursprünglich auf Holzregale gestapelt, die an drei Wänden entlangführten. Die Bodensockel für die Regalstützen sind noch zu sehen. Während des großen Brandes, dem der Palast etwa 2250 v. Chr. zum Opfer fiel, wurden die Regale zerstört, und die Täfelchen fielen so, wie sie aufgereiht waren, zu Boden – hochkant geschichtet wie Schallplatten, weil man Raum sparen und die einzelnen Täfelchen leicht wiederfinden wollte. Die glühende Hitze hat die Tontäfelchen hart gebrannt, so daß sie immer noch ausgezeichnet erhalten sind und ihre dünne Keilschrift noch einwandfrei lesbar ist.

Die Mehrzahl der Täfelchen beschäftigt sich mit der Organisation von Handel und Wirtschaft und mit internationalen Geschäften, vor allem mit Textilien, Holz, Kupfer und Edelsteinen. Sie zeigen, daß Eblas wirtschaftlicher Einfluß damals bis an alle Enden der Welt reichte. Andere Täfelchen enthielten königliche Edikte, staatliche Korrespondenz und den Text diplomatischer Unterhandlungen mit anderen Städten. Außerdem gab es Listen derjenigen Städte, die Ebla untertan waren, und Aufstellungen der genauen Beträge ihrer Abgaben. Daneben fand man auch einige literarische Texte, Geschichten mythologischen Inhalts. Einer dieser Texte handelt von einer Sintflut, ein anderer von der Schöpfung.

Vor allem aber fand man zweiunddreißig zweisprachige Lexika, Wörterverzeichnisse, die in dieser Art die ältesten der Welt sind. Es sind darin etwa tausend Wörter aus der nichtsemitischen sumerischen Sprache sorgfältig ins Altkanaanitische übersetzt. Ganz offensichtlich hat das Volk von Ebla aus Sumer das Keilschriftsystem importiert, bei dem man in Logogrammen schreibt (das sind Symbole, die für ein ganzes Wort oder einen Zusammenhang stehen, etwa so, wie das Symbol £ Pfund Sterling bedeutet), und es seiner eigenen Sprache angepaßt, in der die Wörter aus Silben zusammengesetzt sind. Diese frühkanaanitische Sprache von Ebla ist der direkte Vorläufer des Hebräischen und anderer westsemitischer Sprachen.

Aus den Texten entstand ein lebendiges und aufregend neues Bild Syriens während des 3. Jahrtausends v. Chr. Bis jetzt hatte man aufgrund der spärlichen schriftlichen und archäologischen Zeugnisse angenommen, Syrien und Palästina seien zu jener Zeit als Anhängsel der damaligen »Großmächte« Mesopotamien und Ägypten mehr oder weniger nur von analphabetischen Nomaden bewohnt gewesen. Jetzt – so Dr. Matthiae – sehen wir, daß es damals eine dritte wirtschaftliche und politische Großmacht gegeben

Schädel und Schmuck einer Hofdame vom königlichen Friedhof in Ur. Oben ein Stirnband von »Buchenblättern« aus dünnem Blattgold. Um ihren Hals trug sie Halsbänder aus Gold, Lapislazuli und Karneol.

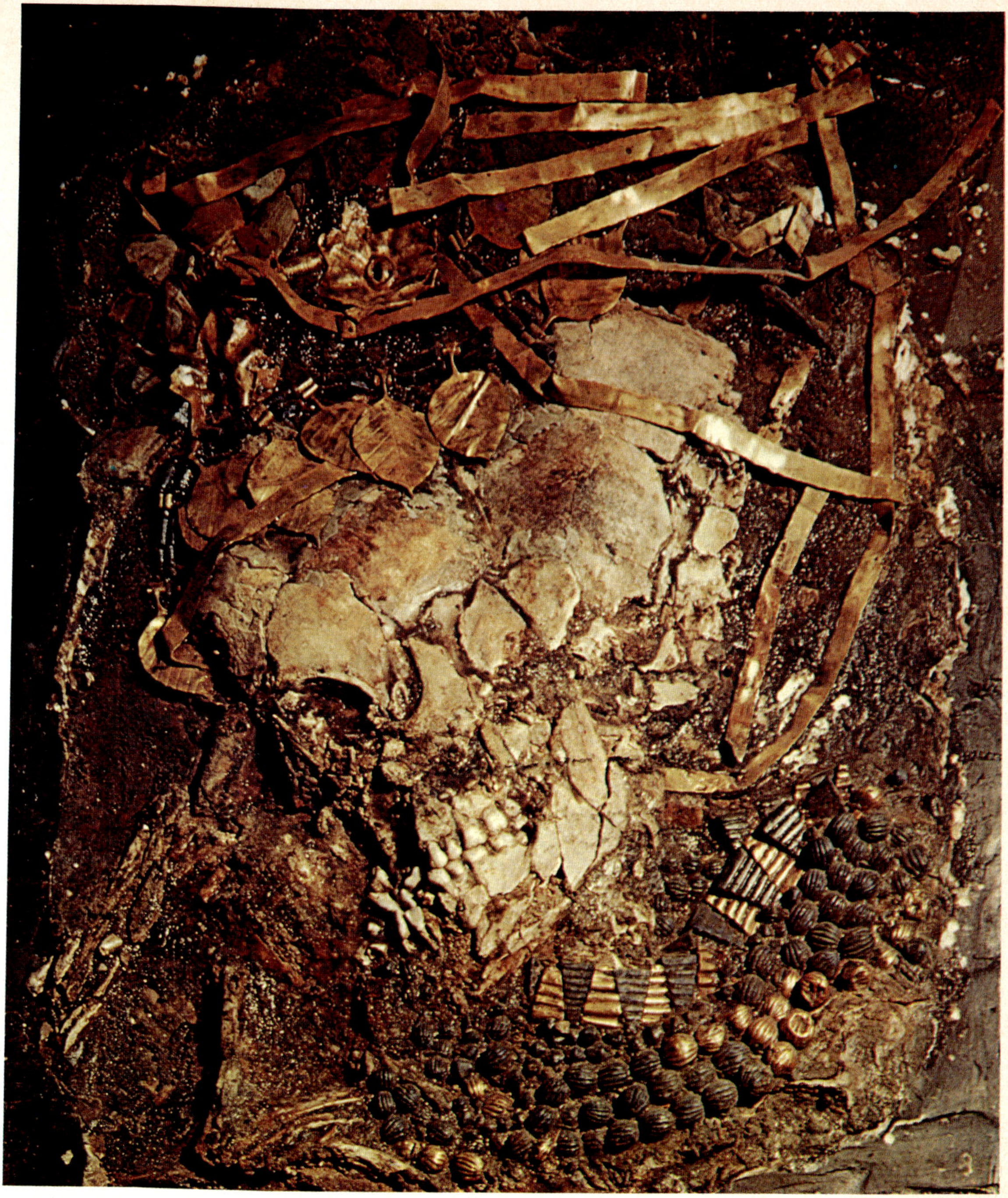

Lots Weib. Auf einer Böschung über dem Toten Meer sieht man einen herausstehenden, vom Wind abgeschliffenen Salzfelsen, der den Touristen als »Lots Weib« vorgestellt wird, das sich nach Sodom umdrehte und deshalb in eine Salzsäule verwandelt wurde.

Das Tote Meer. In seinem mineralhaltigen Wasser haben Romantiker und Abenteurer vergeblich nach Spuren der biblischen Städte Sodom und Gomorrha gesucht.

hat, deren Hauptstadt Ebla war und die ganz Syrien und Palästina beherrschte. Dieser Staat war spezifisch »kanaanitisch« und war in seinen besten Tagen immerhin so mächtig, daß er sogar Mesopotamien lehnspflichtig machen konnte.

Von den mehreren hundert Ortsnamen in den wirtschaftlichen und diplomatischen Texten beschäftigen die Bibelwissenschaftler vor allem Hinweise auf Orte und Lehnsstädte in Palästina, z.B. Hazor, Gaza, Lachis, Megiddo, Akko, Sinai und sogar Jerusalem (Urusalima).

Beinahe noch erstaunlicher sind einige Personennamen, die auch in der Bibel auftauchen: Namen aus der Patriarchenzeit wie Ab-ra-mu (Abraham), E-sa-um (Esau), Is-ma-ilu (Ismael), ja sogar Is-ra-ilu (Israel) und Namen aus späteren Epochen wie Da-'u-dum (David) und Sa-'u-lum (Saul). Am meisten Verwirrung stiftete der Name »Ebrum« (biblisch Eber/Heber), der Name des dritten und größten Königs der sechs Könige der Ebla-Dynastie (zwischen 2400 und 2250 v. Chr.). Wahrscheinlich hat ihn Sargon, der Großkönig von Akkad, nach einer Strafexpedition, bei der Ebla unterworfen worden war, inthronisiert. Doch nach dem Tode Sargons (ca. 2310 v. Chr.) drehte Ebrum den Spieß um und machte nun seinerseits die akkadischen Städte lehnspflichtig. Erst 2250 v. Chr. konnte Sargons Enkel Naram-Sin von Akkad dies Joch wieder abwerfen: Er eroberte Ebla und steckte die Stadt in Brand. Kein Wunder, daß er sich in seinen Inschriften dieser Tat rühmt. Wir wissen jetzt, daß er eine der Großmächte der alten Welt überwunden hat.

Es mag purer Zufall sein, daß dieser mächtige König von Ebla, König Ebrum, den gleichen Namen trägt wie Eber, von dem die Hebräer ihren Stammbaum herleiten. Es mag auch Zufall sein, daß »Abraham« und »Ismael« und so viele andere biblische Namen in Dokumenten aus der Zeit Ebrums belegt sind. Dr. Pettinato warnt deshalb auch davor, aus ihnen allzu schnell auf die Historizität der Patriarchen zu schließen (allerdings wird Abraham auch von arabischen Historikern traditionell auf 2300 v. Chr. datiert). Aber er hält es durchaus für möglich, daß in den biblischen Traditionen über Abraham tatsächlich legendäre Erinnerungen an den vergessenen kanaanitischen Staat von Ebla verarbeitet sind, an eine Zeit, die rund 1500 Jahre vor der Abfassung der ersten biblischen Schriften lag.

Über ein anderes Problem wird man gewiß in Zukunft noch endlos debattieren: Namen wie »Ismael«, »Michael« und »Israel« sind theophorische Formen, d.h., das Suffix *-ilu* oder *-el* ist ein Gottesname, in diesem Fall der des höchsten Gottes El. Nun fiel es Dr. Pettinato auf, daß während der Regierung Ebrums plötzlich ein Wechsel des theophorischen Elementes auftritt, von *-el* zu *-ja(w)*, so daß Mi-ka-ilu zu Mi-ka-ja(w) wurde, usw. Da man sicher weiß, daß beide Endungen göttliche Namen sind, entweder Namen von Göttern oder Wörter, die einfach »Gott« bedeuten, scheint es, als ob König Ebrum zu dieser Zeit eine wichtige Veränderung der Religion von Ebla ausgelöst hätte. Ob *-ja(w)* etwas mit dem biblischen »Jahwe« zu tun hat, dem einzigen Gott Israels, dessen Name die frühere Form »El« ersetzt hat, ist zu diskutieren. Es wird jedenfalls viele geben, die in diesem Wechsel nur zu gern eine Frühform des Wechsels von El zu Jahwe sehen werden, wie wir ihn aus der theologischen Tradition der Hebräer kennen.

Es gibt noch eine Menge Arbeit in Tell Mardikh/Ebla, und auch mit der Entzifferung und Deutung der Texte werden die Forscher noch einiges zu tun haben. Aber zweifellos ist hier ein neues und bedeutendes Kapitel in der Geschichte des Mittleren Ostens aufgeschlagen worden, das seine tiefe Wirkung auf die biblische Wissenschaft nicht verfehlen wird. Schon jetzt hat es unser starres Bild von Kanaan, seiner Kultur und Sprache, für ein ganzes Jahrtausend in Stücke geschlagen (vgl. Kap. 5). Ob es etwas zur Diskussion über die Historizität der Patriarchenüberlieferungen beitragen wird, ist noch reine Vermutung.

Diese Überlieferungen sind in die Abrahamgeschichte eingebettet, die in *1. Mose 11,26* beginnt: Abrahams Vater Tharah soll in »Ur in Chaldäa« gelebt haben. Dort heiratete Abraham Sara, und irgendwann danach zog Tharah mit seiner Familie von Ur in Chaldäa nach Haran, wo Tharah starb. Von dort aus brach Abraham in das verheißene Land Kanaan auf.

Das biblische »Ur in Chaldäa« war schon immer ein Name von magischer Anziehungskraft. In Wirklichkeit ist die Bezeichnung falsch. Ur war ursprünglich einer der alten Stadtstaaten von Sumer und hat bis zum 1. Jahrtausend v.Chr. nie etwas mit den Chaldäern zu tun gehabt, das sind immerhin mehr als tausend Jahre nach dem angeblichen Geburtsdatum Abrahams. So ist »Ur in Chaldäa« hier offensichtlich anachronistisch verwendet.

Sir Leonard Woolley bei seiner Ausgrabung in Ur.

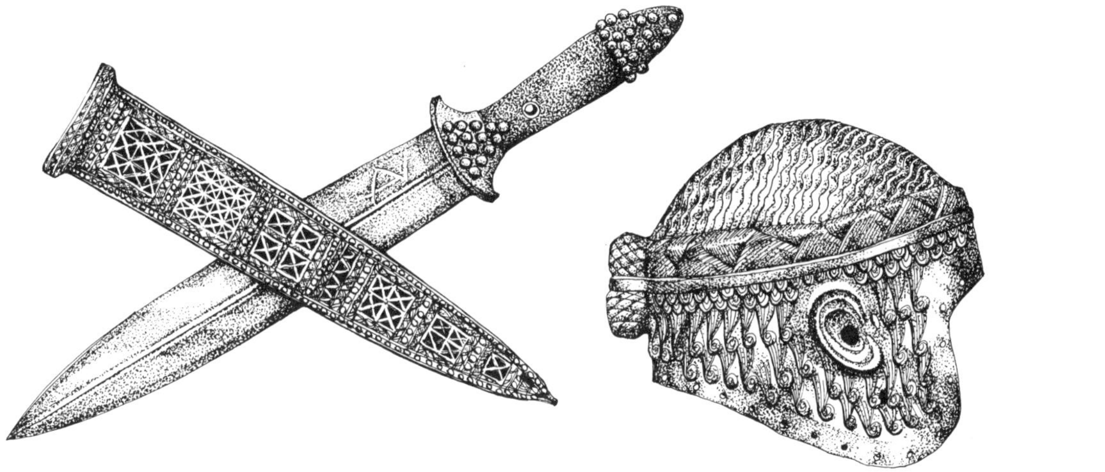

Goldener Helm und Dolch mit einer Scheide aus Lapislazuli: Teil des wertvollen Schatzes vom königlichen Friedhof in Ur (ca. 2500 v. Chr.).

Ur ist mit Tell el-Muqajjar identifiziert worden, dem »Pechhügel« im südlichen Irak, etwa auf halbem Weg zwischen Bagdad und dem Nordende des Persischen Golfes. In alten Zeiten floß hier der Euphrat vorbei; der Strom hat jedoch inzwischen seinen Lauf geändert und fließt heute neun Kilometer weiter weg. Wo einst bewässerte Felder reiche Ernte brachten, liegt nun öde Wüste. Wenig ist von der einstigen großen Stadt übriggeblieben: nur ihre Zikkurat. Sie ist in jüngster Zeit von irakischen Fachleuten bis zur Höhe des ersten Stockwerks geschmackvoll restauriert worden.

Vor fünfzig Jahren war »Ur in Chaldäa« der Schauplatz für die klassische biblische Ausgrabung der damaligen Zeit. Hier machte Sir Leonard Woolley sich und Ur in der ganzen Welt einen Namen. Seit 1922 zeigte Woolley in dreizehn aufsehenerregenden Ausgrabungskampagnen den erstaunten Augen einer sensationslüsternen Öffentlichkeit Zeugnisse königlicher Macht und Reichtums, wie sie niemals jemand zu so früher Zeit in Mesopotamien erwartet hätte.

Die bemerkenswertesten Funde stammten aus einem königlichen Friedhof aus der Zeit der sogenannten Ersten Dynastie von Ur (ca. 2500 v. Chr.). Hier lagen Könige und Königinnen von Ur begraben, umgeben von einer Schar von Dienern, die im Gefolge ihres toten Herrn oder ihrer Herrin den Tod gefunden hatten. Die Fülle der Grabgegenstände war atemberaubend – ein Schatz prächtiger Gegenstände und Schmuckstücke aus Gold und Edelsteinen. Diese prachtvoll ausgestatteten Gräber mit ihren schauerlichen Menschenopfern schlugen die öffentliche Aufmerksamkeit genausosehr in Bann wie fünf Jahre zuvor die Entdekkung des Grabes Tut-ench-Amuns in Ägypten; dabei hatten die Begräbnisse von Ur 1200 Jahre früher stattgefunden.

Unter diesen Funden war nichts unmittelbar relevant für die Bibel. Allerdings dachte der biblisch interessierte Woolley, die berühmte Schnitzerei aus einem der Gräber, die eine Ziege zeigt, die auf ihren Hinterbeinen steht und an einem Strauch nagt, sei eine Abbildung des »Widders, der sich mit seinen Hörnern im Gebüsch verfangen hatte«, den wir aus jener biblischen Erzählung kennen, in der Abraham beinahe seinen Sohn Isaak geopfert hätte *(1. Mose 22)*. Außerdem war Woolley später davon überzeugt, daß er unterhalb der königlichen Gräber Anzeichen der Sintflut gefunden habe. Aber wenigstens eines war jetzt sicher: Die Stadt »Ur in Chaldäa«, die vorher einfach ein exotischer Name der Bibel gewesen war, war Wirklichkeit, und für viele Leute war damit alles bewiesen: Wenn es »Ur in Chaldäa gegeben hatte«, so mußtc es auch Abraham »gegeben haben«.

Mit dem Aufblühen der biblischen Archäologie seit den dreißiger Jahren begannen die Wissenschaftler, ein verführerisches Bild zu entwerfen. Sie zeichneten einen allem Anschein nach historischen Kontext, in dem Abraham gelebt und gewirkt haben konnte: Ur unterlag 2350 v. Chr. Sargon von Akkad, wie die anderen sumerischen Stadtstaaten auch. Unter der Dritten Dynastie, die Ur-Nammu etwa 2100 v. Chr. gründete, lebte Urs einstige Größe noch einmal auf, bis es schließlich um 2000 v. Chr. von semitischen Nomaden aus dem Westen überrollt wurde. Wie die

Der große Graben in Ur nach Woolleys Ausgrabung des königlichen Friedhofs. Ganz unten sieht man den Anfang der »Sintflut«-Schicht.

Das Wohnviertel von Ur (ca. 2000 v. Chr.), wie es Woolley ausgegraben hat. Hier, so Woolley, könnte Abraham mit seiner Familie in »Ur in Chaldäa« gelebt haben.

Ausgrabungen zeigen, konnte Ur zwar viel von seinem früheren Wohlstand beibehalten, doch im damaligen Mesopotamien begann zugleich eine Zeit ungeordneter Wanderungen über weite Gebiete hin. Kein Wunder, daß darum die Meinung aufkam, Abrahams Familie sei damals, als Urs Macht schwand, zu ihrer weiten Reise aufgebrochen!

Aber was war das für ein Ort, den sie verließen? Ein wenig östlich von der großen Zikkurat grub Woolley einen Stadtteil aus, der sein Verständnis der Bibel stark beeinflußte. Es war eines der Wohnviertel der Stadt, ein Labyrinth von engen Straßen und offenen Plätzen. Woolley war erstaunt über die Qualität der Häuser und Heiligtümer, deren Wände manchmal noch drei Meter hoch standen. Es waren ursprünglich einmal aufwendige Bauten gewesen: prächtige zweistöckige Privatvillen mit zehn, zwölf oder sogar vierzehn Räumen, die aus widerstandsfähigen gebrannten Ziegeln gebaut und deren Wände schön verputzt und getüncht waren.

Dies, so Woolley, war Abrahams Ur – ein wohlhabender, eleganter Ort, dessen Bewohner einen hohen privaten Lebensstandard hatten und von Handel lebte. (Lokale Reiseführer wollen sogar dem heutigen Besucher einreden, eines der Häuser sei wirklich Abrahams Haus gewesen!) So zwang Woolley seine Anhänger, sein Urteil über den Patriarchen Abraham zu revidieren. Abraham sei kein einfacher, in einem Zelt hausender Nomade gewesen, der mit seiner kleinen Sippe von Schafhirten auszog, um sein Glück zu machen, sondern ein hochkultivierter Städter, der als Kaufmann auf den großen Karawanenstraßen des Fruchtbaren Halbmondes dahinzog.

All diese archäologischen Spekulationen führten vor allem in den USA zu einem allgemeinen Konsens über das hohe Alter der biblischen Überlieferungen und über die Existenz Abrahams als einer historischen Persönlichkeit. Die offensichtlichen Wider-

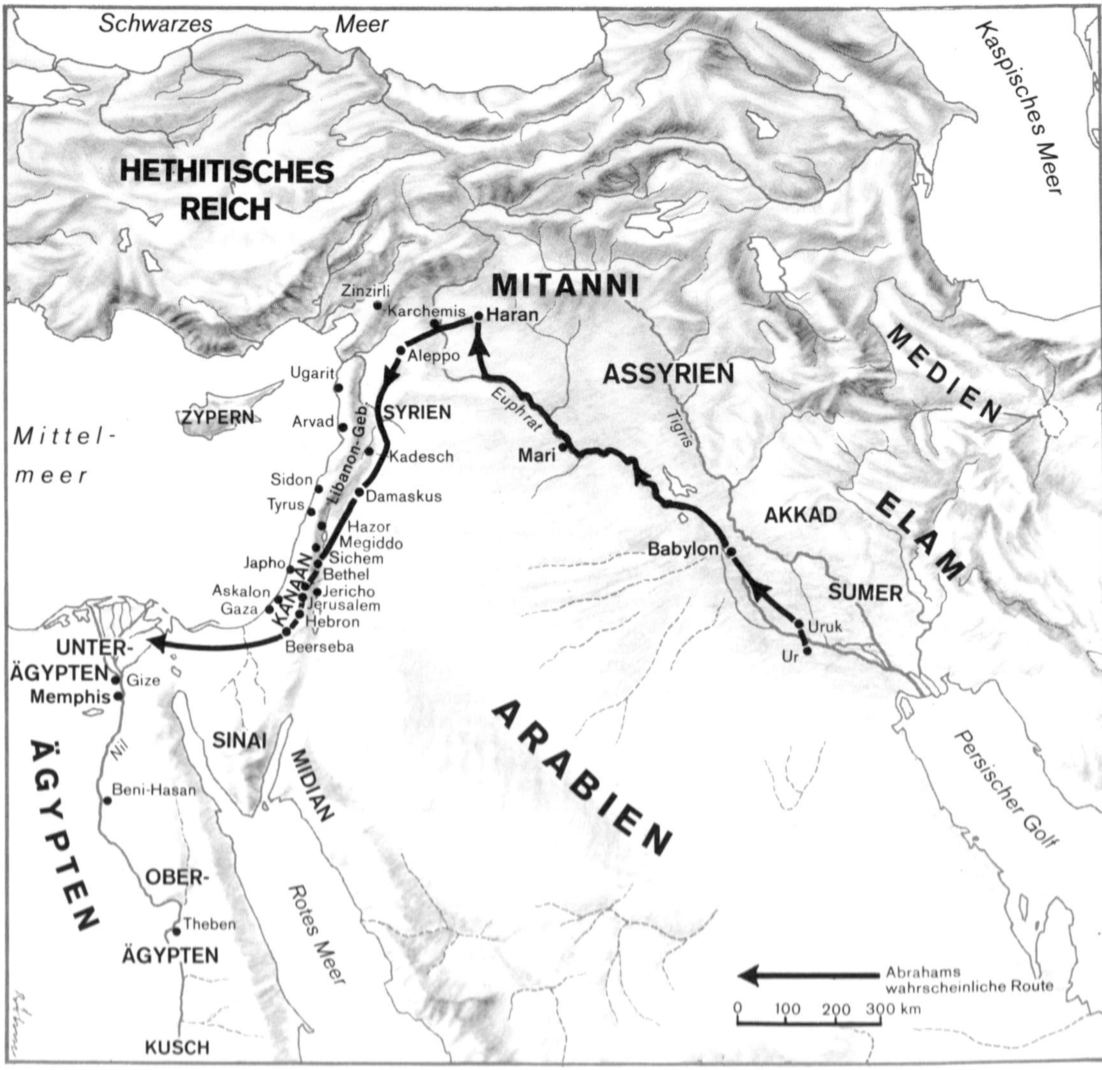

Die mutmaßliche Reiseroute Abrahams von »Ur in Chaldäa« bis nach Sichem in Palästina und sein Aufenthalt in Ägypten.

sprüche zwischen den einzelnen Abraham-Traditionen in der Bibel selbst, die ihn einmal als Nomaden nach Art der Beduinen, dann wieder als vornehmen Grundbesitzer darstellen, blieben dabei – mit oder ohne Absicht – außer acht. Noch vor zehn Jahren hätte ein Besucher Urs ohne allzuviel Furcht vor Widersprüchlichkeiten in die Worte des berühmten verstorbenen amerikanischen Gelehrten William Foxwell Albright einstimmen können, es gebe »außer ein paar Unentwegten unter den älteren Wissenschaftlern kaum noch einen einzigen biblischen Historiker, der nicht beeindruckt davon wäre, wie rasant sich die Daten, die die Historizität der Patriarchentraditionen bezeugen, anhäufen«.

Doch die Arbeit einer neuen Generation von Wissenschaftlern, die Überkommenes radikaler in Frage stellen, hat diese Zuversicht gedämpft. Aber wir wollen noch ein wenig bei Albright und der Abrahamsgeschichte verweilen und sehen, wohin sie uns im *1. Buch Mose* als nächstes führt. Auf dem Weg nach Haran zeigt sie uns einen anderen großen Ursprungsort biblischer Archäologie in Mesopotamien: die alte Stadt Mari.

Mari liegt am Westufer des Euphrat, noch eben in Syrien, gute zwanzig Kilometer nördlich von der irakischen Grenze. Hier gab es nur einen großen *tell*, den man Tell Hariri nannte. 1933 begann eine französische archäologische Expedition, geführt von Professor André Parrot, ihn auszugraben. Professor Parrots Funde waren von so gewaltiger Bedeutung, daß er immer noch Jahr für Jahr geduldig gräbt.

Dabei stellte sich heraus, daß Mari eine der vornehmsten Städte im alten Mesopotamien gewesen ist, die Hauptstadt des Mittleren Euphratgebietes. Sie erlebte zwei glanzvolle Epochen: Die erste fiel in die Zeit des Aufstiegs Eblas im 3. Jahrtausend und endete mit der Unterwerfung durch Sargon von Akkad. Die zweite, noch strahlendere Epoche dauerte vom Beginn des 2. Jahrtausends v. Chr. bis zur Zerstörung durch Hammurabi von Babylon (ca. 1750 v. Chr.).

Ein faszinierendes Bild dieser zweiten Periode bietet ein riesiger Königspalast, die Residenz des letzten Königs von Mari, Zimri-Lim. Der Palast enthielt in einem einzigen Häuserblock mehr als 300 Räume und Höfe; jeder davon war reich ausgestattet mit Statuen und bemalten Wänden. Die Wände dieser Räume stehen noch in einer beträchtlichen Höhe, und kein Besucher kann sich

Mari: eine der großen Hallen im gewaltigen Palast des Königs Zimri-Lim, etwa 1750 v. Chr.. Der Palast bestand aus über 300 Räumen.

dem überwältigenden Eindruck dieser riesigen, ehrfurchtgebietenden Stätte entziehen. Jeder, der den Euphrat hinunter von Ur nach Haran reiste, wie Abraham und seine Sippe es vermutlich getan haben, mußte auf seinem Weg durch Mari oder daran vorbei ziehen.

Für die biblische Wissenschaft war die aufregendste Entdekkung in Mari das Palastarchiv, das etwa 25 000 Keilschrifttäfelchen aus der Zeit zwischen 2000 und 1750 v. Chr. enthielt. Aus ihnen konnten die Wissenschaftler ein genaues Bild von der internationalen Politik jener Zeit und von der sozialen Organisation des Königreichs von Mari gewinnen. Auch diese Täfelchen enthalten biblisch anmutende Namen, die zur Zeit ihrer Entdeckung geradezu einen Aufruhr verursachten. Öfters erwähnt war ein semitischer Nomadenstamm mit Namen Bene-iamina. Für manche Bibelwissenschaftler war er sogleich mit den Benjaminiten der biblischen Tradition identisch. »Die Bene-iamina senden Feuerzeichen«, schrieb zum Beispiel ein Beamter der Mari-Wüstenpolizei. Solche »Feuersignale« der Benjaminiten findet man auch in *Jeremia 6,1* erwähnt. Auch der Name »David« wurde in der Form *davidum* entdeckt. So hieß der Führer der Benjaminiten; man übersetzte den Namen als »Kriegsführer«. Das warf unter den Wissenschaftlern die Frage auf, ob der biblische Name »David« nicht auch eher ein Titel als ein Personenname war. Inzwischen hat man jedoch auf die Lesart *davidum* verzichtet.

Tontäfelchen aus Mari: ein Brief des Königs von Karchemis an König Zimri-Lim; er empfiehlt die Bestrafung durch den Feuertod für zwei Männer, die eines Vergehens beschuldigt sind – oder für ihren Ankläger, falls die Anklage sich als falsch erweist.

Bene-iamina wiederum meint einfach »Söhne der rechten Hand« oder »Söhne des Südens«; darum haben es die Wissenschaftler heute aufgegeben, aus der offensichtlichen Ähnlichkeit solcher Namen auf biblische Parallelen zu schließen.

Noch ein anderer Name auf den Mari-Täfelchen schien damals sich unmittelbar auf die Bibel zu beziehen: der Name Chabiru. Es gab da eine lästige Horde, einen Stamm oder eine Schicht von Räubern und Plünderern, die den Verantwortlichen von Mari endlose Schwierigkeiten bereiteten. Viele Wissenschaftler zogen sofort die Verbindungslinie zu den Hebräern.

Die Argumentationskette schien auch komplett. Die Mari-Dokumente spiegelten eine Periode, in der sich einzelne Stämme in Bewegung setzten, in der es Benjaminiten und Hebräer (= Chabiru) gab und Regeln gesellschaftlichen Zusammenlebens, die Jahrhunderte später in vielen Gesetzen der Kinder Israel nachklingen. Von daher gesehen war es für viele völlig eindeutig, daß es sich hier um das Milieu Abrahams handelte, des ersten hebräischen Patriarchen. Von Mari aus schienen die Hebräer als ein Volk, das in Dokumenten erwähnt, ja nahezu sicher belegt ist, in die Geschichte des Mittleren Ostens eingetreten zu sein.

Heute hegt man jedoch berechtigte Zweifel an der Gleichsetzung von Chabiru und Hebräern. Die Chabiru tauchen zum Beispiel auch in ägyptischen Texten auf; hier sind sie mit Sicherheit eher eine bestimmte Bevölkerungsschicht als ein zusammengehöriger Stamm. Es sind herumziehende Gruppen, die sich als Söldner, manchmal auch als Bauarbeiter anheuern lassen, oder sie verdienen sich ihren Lebensunterhalt als Plünderer und Straßenräuber. Darüber hinaus zweifeln auch die Philologen daran, daß es zwischen den beiden Wörtern eine Verbindung gibt.

Alles in allem ist Mari heute vom biblischen Gesichtspunkt aus so gut wie tot – trotz seiner imposanten Erscheinung und seiner wichtigen Rolle in der Geschichte. Die Aufregungen und die Entschiedenheit der dreißiger Jahre können wir heute nicht mehr nachvollziehen. Der felsenfeste historische Grund, den Mari scheinbar für die Gestalt Abrahams abgegeben hatte, stimmt nicht mehr so zuversichtlich wie einst. Damals leitete jedoch Professor Albright aus dem Mari-Archiv die Überzeugung ab, Abraham definitiv Anfang der Mittleren Bronzezeit zu datieren (ca. 1900 v. Chr.) und ihn auf seine folgenschwere Reise zu schicken, die ihn von Ur über Mari den Euphrat hinauf zu einem Ort namens Haran führen sollte.

Haran wird in den Mari-Texten als Kultzentrum der westsemitischen Stämme erwähnt, die dort dem Mondgott Sin in seinem Tempel huldigten. Außerdem war Haran wahrscheinlich eine nicht unbedeutende Handelsstadt an einer alten Karawanenstraße, die von Mesopotamien nach Nordsyrien und von da aus nach Palästina und Ägypten führte. Nach dem *1. Buch Mose* lebte Abraham in Haran, bis er fünfundsiebzig Jahre alt war. Dann sandte ihn sein Gott in das verheißene Land Kanaan.

Viele Wissenschaftler glauben, daß in Wirklichkeit Haran und nicht Ur Ursprungsort der Patriarchentradition gewesen ist. Sie halten die Erwähnung von »Ur in Chaldäa« für eine spätere anachronistische Einfügung in den Text und weisen darauf hin, daß Abraham nach der biblischen Überlieferung seinen Knecht in das Gebiet von Haran (»mein Land«) sandte, um dort nach einer Frau für seinen Sohn Isaak zu suchen *(1. Mose 24)*. In dasselbe Gebiet sandte dann später Isaak auch seinen Sohn Jakob, der hier in der Familie seines Onkels Laban eine Frau gewinnen sollte *(1. Mose 28)*.

Von Haran aus soll Abraham mit seiner Familie oder Sippe dann etwa 1000 Kilometer weit gen Süden gezogen sein, nach Sichem in Kanaan. Die Bibel verliert kein Wort über die Orte, an denen er vorbeikam. Kommentatoren, die ihn gern in der Rolle eines Händlers sehen wollen, lassen ihn eine der großen Karawanenstraßen ziehen: durch Aleppo (hier lockt der ausgedehnte, überdachte Bazar, der *suk*, noch heute die Besucher wie ein Magnet an), durch die syrische Hauptstadt Damaskus, die sich darauf berufen kann, die ältesten städtischen Traditionen aller Orte des Mittleren Ostens zu besitzen, und von da aus zum See Genezareth und nach Israel hinunter. Diejenigen, die Abraham für einen nomadischen Herdenbesitzer halten, lassen ihn in kürzeren Etappen ziehen, etwas abseits der zivilisierten Gebiete, bis er nach Kanaan kommt. Sie stellen sich Abrahams Lebensstil nicht unähnlich dem heutiger Beduinen in ihren Zelten vor, mit denen er auch viele Gesetze und soziale Gebräuche geteilt habe.

Beide Vermutungen setzen allerdings von vornherein als erwiesen voraus, was junge Wissenschaftler unserer Tage immer hartnäckiger in Zweifel ziehen: daß überhaupt eine Reise stattgefunden hat und daß Abraham überhaupt eine historische Persönlichkeit war.

Zwei Bücher neueren Datums haben die Abraham-Traditionen gründlicher Prüfung unterzogen: *The Historicity of the Patriarchal Narratives* (Die Historizität der Patriarchenerzählungen) von Thomas L. Thomson aus North Carolina, 1974 veröffentlicht, und *Abraham in History and Tradition* (Abraham in Geschichte und Überlieferung) von John van Seters vom University College, Toronto (1975). Sie unterziehen beide die herkömmliche Meinung, Abraham repräsentiere eine nomadische Tradition oder fasse sie in sich zusammen, eine Tradition, die auch in Dokumenten der Mittleren Bronzezeit widergespiegelt wird, härtester wissenschaftlicher Kritik, und sie kommen beide völlig unabhängig voneinander zu dem Ergebnis, daß diese Meinung falsch ist.

Beide sind der Ansicht, daß der rechtliche und soziale Hintergrund, den die Patriarchengeschichten reflektieren und der in diesen alten Dokumenten Parallelen zu haben scheint, ebensogut im 1. wie im 2. Jahrtausend v. Chr. nachgewiesen werden kann. Sie verweisen auf die zahllosen inneren Widersprüche in den biblischen Texten und kritisieren die »fundamentalistische« Ansicht, man könne mit Hilfe der Bibel die Geschichte des Mittleren Ostens rekonstruieren, so wie etwa mit Hilfe der Archive aus Mari und anderen Städten.

Hinter der ganzen Diskussion steht letzten Endes die Frage, wann und warum der biblische Bericht geschrieben wurde. Sehr verbreitet ist die unkritische Annahme, die Patriarchengeschichten seien mehr oder weniger unverändert mündlich an den Lagerfeuern der nomadischen Israeliten weitergegeben worden und dann während der Regierung Davids und Salomos im 10. Jahrhundert v. Chr. schriftlich festgehalten worden. Dagegen steht die Ansicht von Wissenschaftlern, die die Abfassung der ersten Bücher der Bibel erheblich später, in die Zeit des babylonischen Exils im 6. Jahrhundert v. Chr., ansetzen (vgl. Kap. 11). Sie berufen sich dabei vor allem auf text- und literarkritische Befunde, aber auch auf sozialgeschichtliche Überlegungen: Der Schock des Exils machte es notwendig, die eigene Vergangenheit faßbar zu gestalten und auf den Begriff zu bringen, einen Standpunkt zu gewinnen, von dem aus sich das Selbstverständnis der Hebräer, ihre besondere Beziehung zu Gott, wie sie sie erlebten, sinnvoll in die geschichtlichen Zusammenhänge einordnen ließ.

All dies bleibt weiterhin Gegenstand heftiger Diskussionen; es

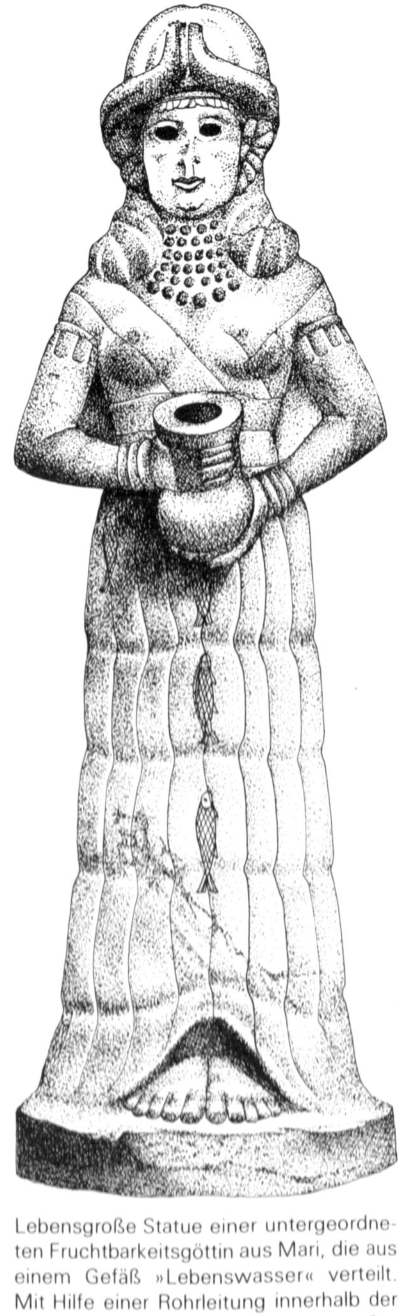

Lebensgroße Statue einer untergeordneten Fruchtbarkeitsgöttin aus Mari, die aus einem Gefäß »Lebenswasser« verteilt. Mit Hilfe einer Rohrleitung innerhalb der Statue konnte man Wasser aus dem Gefäß heraus ihr Gewand mit dem Fischmuster hinunterfließen lassen.

ist ein vielschichtiges Problem, dessen Lösung noch völlig offensteht – das sollte man nicht vergessen!

Nachdem Abraham einmal in Kanaan angelangt ist, geben sich die Erzähler der Patriarchengeschichten nicht mehr viel Mühe, historisch glaubwürdig zu erscheinen: Es folgen Märchen- und Sagenmotive im Überfluß, Anachronismen, Brüche und Widersprüche. Viele Geschichten geben sich ganz offen als Ätiologien, d.h., sie erklären, wie es zu Ortsnamen und einzelnen Gegebenheiten gekommen ist, z.B. zu den Namen der zwölf Stämme, oder sie wollen die Feindschaft zwischen den Israeliten und den Moabitern und Ammonitern rechtfertigen (letztere entstammten angeblich der Inzestverbindung zwischen Lot und seinen Töchtern) usw.

Die Erzählung von Lot und seiner Frau und von der Zerstörung Sodoms und Gomorrhas ist ein typisches Beispiel dafür. Sie ist eine der einprägsamsten Geschichten im *1. Buch Mose.* Bilder von Schrecken und Katastrophen begleiten sie, und es sprechen aus ihr die uralten Gedanken von Götterzorn und -strafe. Unten an den salzverkrusteten Ufern des Toten Meeres, 450 Meter unter dem Meeresspiegel, wo die Städte Sodom und Gomorrha einmal existiert haben sollen, kann man deutlich erkennen, wie derlei Geschichten entstanden.

An allen Orten der Welt, an denen die Natur sonderbare Formen ausgebildet hat, möchte die Phantasie des Volkes ihnen Leben verleihen; man denke nur an die Hexe von Wockey in England oder die merkwürdigen Lavaformationen in Island, in denen das Volk Zwerge und Trolle sieht, die, von der aufgehenden Sonne festgehalten, sich in Steine verwandelt hätten. Am Toten Meer entstand die Sage von Lots Frau, die »sich hinter ihm umsah und zur Salzsäule wurde«. Die Hügelkette, die das Binnenmeer säumt, ist reiner Salzstein. Sogar das Tote Meer selbst besteht zu 32 Prozent aus Salz. Jahrhundertelange Erosion hat oben auf der Böschung einen einzelnen herausragenden Salzfelsen zu einer freistehenden Säule modelliert. Man kann darin, wenn man sie aus der richtigen Perspektive sieht, ohne weiteres das Gesicht und die Figur einer Frau erkennen. Man hat immer wieder versucht, in der Geschichte von Sodom und Gomorrha ein historisches Ereignis zu sehen, z.B. eine Vulkankatastrophe, die die Städte zerstört hat. Aber wahrscheinlich ist es wie mit der Geschichte von Atlantis, die, wenn ihr auch vielleicht im Kern irgendeine historische Erinnerung zugrunde liegt, doch vor allem die Katastrophe als Strafe der Götter für die Bosheit der Bewohner darstellen will.

Im Fall von Atlantis gibt es wenigstens Reste der Insel Santorin (sie wurde etwa 1450 v. Chr. bei einem Vulkanausbruch aufgerissen), die Anlaß zur Sage gegeben haben könnten oder zu deren Erklärung die Sage geschaffen sein dürfte. Aber trotz großer Anstrengung der Archäologen wie der Phantasten hat man absolut keine Spur der biblischen Städte im Tal von Siddim gefunden, weder auf dem Land noch auf dem Grund des Toten Meeres. Sodom und Gomorrha bleiben mitsamt Lots Frau in Gestalt der Salzsäule auf ewig versteinert im Reich der Sage.

Menschen, die in den religiösen und kulturellen Traditionen aufgewachsen sind, die auf dem Text der Bibel basieren, mögen es geschmacklos finden, wenn der alttestamentliche Text, die »Heilige Schrift«, überhaupt in Zweifel gezogen wird. Aber unvoreingenommen nach der Historizität der Bibel fragen heißt ja nicht ihre literarische Größe oder theologische Tiefe bestreiten. Einige Theologen haben sich ganz ohne Grund in einen Winkel zurückgezogen, weil sie darauf beharren, daß die Bibel das planvolle Handeln Gottes in der Geschichte eines ganz bestimmten Volkes schildert und daß sie darum – soll ihre Aussage gültig sein – historisch gesicherte Begebenheiten erzählen muß. Aber es ist doch durchaus möglich, die Vergangenheit in einer Weise darzustellen, die nicht streng historisch ist, wenn es darum geht, einer Überzeugung über die Vergangenheit Ausdruck zu verleihen, einer Überzeugung, die von Faktoren bestimmt ist, die nichts mit korrekter Geschichtsschreibung zu tun haben.

Es ist nur menschlich, daß man solche Vorstellungen durch irgendeinen greifbaren »Beweis« bestätigt sehen will, auf den man seine Ehrfurcht richten kann. Ein derartiger Beweis vermittelt ein Gefühl intimen Kontakts mit der Heilsgeschichte, ob er nun echt ist oder nicht. Im Zusammenhang mit den Patriarchen gibt es dafür ein schönes Beispiel: die von Juden, Christen und Muslim gleichermaßen verehrte angebliche Grabstätte Abrahams.

Als die neue Religion des Islam zu Anfang des 7. Jahrhunderts von Mohammed gestiftet wurde, übernahm dieser unverändert die Hauptgestalten des Alten und Neuen Testaments. Darum verehren die Muslim heute Mose und Jesus als große Propheten. Als Urahn der Araber feiert man Ismael, Abrahams ausgestoßenen Sohn von seiner ägyptischen Nebenfrau Hagar. Mit Ismael wurde auch Abraham in die Gemeinde des Islam aufgenommen. Darum wird noch heute ein Karpfenteich in der Nähe des modernen Abraham – nach biblischer Darstellung – von Ephron, dem Hethiter, das Feld und die Höhle von Machpela bei Hebron gekauft haben *(1. Mose 23)*. Man zeigt heute Pilgern wie Touristen eine Höhle am Fuß der Moschee in Hebron, die jene Höhle gewesen sein soll, in der Abraham seine Frau Sara begraben habe. Schließlich hielt man die Höhle für die Grabstätte aller drei großen Patriarchengestalten, Abraham, Isaak und Jakob; und im 7. Jahrhundert bauten die Muslim die Moschee zum Gedenken an die gemeinsamen Väter von Judentum und Islam.

Die einzige unbestreitbare Tatsache ist bei alledem, daß die Höhle zu Hebron unmöglich die biblische Höhle von Machpela gewesen sein kann. Sie ist nämlich in Wirklichkeit eine künstliche Wasserzisterne, die einst sorgfältig getüncht wurde, damit das

Wasser nicht in den Fels sickern konnte. Aber berührt das im mindesten die religiösen Überzeugungen derer, die an ihren Gott glauben?

Doch wir wollen zu unserer Geschichte zurückkehren. Wenn man auch die Patriarchen ungestört inzwischen in der Höhle von Machpela zur letzten Ruhe gelegt hat, so ist doch die Bibel mit ihnen noch nicht fertig. Für eine Weile soll nun nicht mehr das Land der Verheißung, Kanaan, ihr Ziel sein, sondern ein fremdes Land: Ägypten.

3 Knechtschaft in Ägypten

Zwischen Afrika und Asien liegt heute der Suezkanal, der das Mittelmeer mit dem Roten Meer verbindet. Er bildete auch annähernd die Nordostgrenze Ägyptens. Ägypten lag am einen Ende des Fruchtbaren Halbmonds, Mesopotamien am anderen; dazwischen befanden sich die Pufferzonen Palästina, Syrien und die öde Sinaiwüste.

In alten Zeiten kam es immer wieder vor, daß Asiaten aus Palästina und aus noch entfernteren Gebieten die Grenze Ägyptens überquerten, um von der reichen Kultur des Niltals zu profitieren: Händler, Eroberer, Sklaven, Arbeiter oder auch einfach nur Diebe. Nach biblischer Darstellung war unter diesen Einwanderern ein semitischer Stamm, eine Sippe oder Gruppe, die sich »Kinder Israel« nannte.

Die Bibel berichtet, die Kinder Israel hätten – von ihrer ersten Reise nach Ägypten auf den Spuren Josephs während einer Hungersnot bis zu ihrem Auszug aus Ägypten in das verheißene Land Kanaan unter Mose – genau 430 Jahre in Ägypten zugebracht *(2. Mose 12,40)*. Solche präzisen Angaben – so möchte man zunächst meinen – sollten es leichtmachen, den Aufenthalt der Israeliten in Ägypten in bekannte historische Zusammenhänge einzuordnen. Die ägyptische Geschichte ist ja einigermaßen belegt, und die biblischen Erzählungen stecken voller anschaulicher Details.

Bis heute konnten sich jedoch die Wissenschaftler nicht einig werden, in welche historischen Epochen die einzelnen biblischen Episoden einzuordnen sind: die Ankunft Josephs und sein Aufstieg zur Macht am ägyptischen Hof, die Zeit der Knechtschaft, in der die Kinder Israel für den Pharao Zwangsarbeit leisten mußten, oder die Flucht aus Ägypten und die wunderbare Durchquerung des Roten Meers. Ja, einige Wissenschaftler hegen sogar Zweifel daran, ob das ägyptische Zwischenspiel – jedenfalls so, wie die Bibel es beschreibt – überhaupt stattgefunden hat.

Ein Teil dieses Problems ist, daß man trotz der großen Anzahl zeitgenössischer Dokumente, die in Ägypten ausgegraben worden sind, bislang noch keine einzige historische Erwähnung einer Anwesenheit der Israeliten gefunden hat. Keine einzige Notiz über Joseph, den »Großwesir« des Pharao. Kein Wort über Mose oder über die aufsehenerregende Flucht aus dem Land und die Vernichtung des zur Verfolgung angesetzten Ägypterheers.

Die Stufenpyramide von Sakkara, der älteste monumentale Steinbau in Ägypten, um 2750 v. Chr. Im Vordergrund die Überreste des Tempelbezirks und eine unvollendete Statue, die auf dem Rücken liegt.

Und doch hilft uns gerade dieses Schweigen, die gewaltige biblische Überlieferung in einem größeren Zusammenhang zu verstehen.

Natürlich war die Reise von Palästina hinab nach Ägypten nicht die erste Begegnung mit Ägypten. In den biblischen Patriarchensagen lesen wir, daß sich schon Abraham eine Zeitlang in Ägypten aufgehalten hatte. Das 12. Kapitel des *1. Buches Mose* schildert, wie Abraham nach Ägypten reiste, weil in Palästina eine Hungersnot herrschte. Während seines Aufenthalts dort gab er seine Frau Sara als seine Schwester aus, weil er fürchtete, daß die Ägypter ihn töten könnten, um sich ihrer zu bemächtigen – dabei war Sara damals immerhin schon über siebzig Jahre alt!

Die Täuschung gelang perfekt: Man holte Sara in Pharaos Harem, und Abraham wurde dafür reich belohnt. Doch nicht lange, so suchte der Herr den Pharao und sein Haus mit Plagen heim, zur Strafe für seinen unwissentlich begangenen Ehebruch. Daraufhin wurden Abraham und Sara aus Ägypten vertrieben.

Das berühmteste »Beweisstück«, das Abrahams Aufenthalt in Ägypten veranschaulichen soll, ist ein Wandgemälde aus dem Grab eines hohen ägyptischen Beamten in Beni Hasan an den Ufern des Nils, etwa 300 Kilometer südlich von Kairo. Es zeigt eine Gruppe von siebenunddreißig Semiten, die mit beladenen Eseln an einem Grenzposten nahe bei Beni Hasan in Ägypten einziehen und dabei von Grenzbeamten geleitet werden. Das Gemälde kann auf etwa 1890 v. Chr. datiert werden, und da viele Wissenschaftler hier auch die Patriarchenzeit ansetzen, hat man dieses Grabgemälde als Darstellung einer nomadischen oder halbnomadischen semitischen Familie – »wie die Abrahams« – gedeutet, die in Ägypten während einer Zeit der Hungersnot Zuflucht sucht. Die Personen auf dem Gemälde hat man unterschiedlich interpretiert: als eine Gruppe von Musikanten, als reisende Schmiede, als Beduinen oder als Kesselflicker. In Wirklichkeit sagt der Begleittext aber ganz unmißverständlich, daß es sich hier um Händler handelt, die eine Ladung Bleisulfid (Galenit) mit sich führen, das als Augenschminke und auch zu medizinischen Zwecken verwendet wurde. Aller Wahrscheinlichkeit nach kamen sie nicht aus Palästina, sondern aus dem Gebirge am Rand des Roten Meers, denn dort wurde Bleisulfid gewonnen. Einige Kommentatoren haben in den Gewändern aus farbig gestreiftem Stoff einen Hinweis auf Josephs »bunten Rock« *(1. Mose 37,3)* gesehen. Neuere Textstudien haben jedoch erwiesen, daß diese vertraute Wendung aus der Lutherbibel eine Fehlübersetzung ist und daß es wohl eher heißen sollte: »ein Rock mit Ärmeln« (Zürcher Bibel).

Wenn das Beni-Hasan-Gemälde nichts über die Abrahamsgeschichte aussagt, so ist das natürlich immer noch kein Beweis *gegen* den Aufenthalt Abrahams in Ägypten. Andere ägyptische Quellen zeigen deutlich, daß Ägypten, und besonders das frucht-

Beduinenzeltlager in der Negeb-Wüste. Manche Wissenschaftler sehen im nomadischen Lebensstil der Beduinenstämme eine Entsprechung zu den Wanderungen Abrahams in der Bibel.

Die Moschee in Hebron. Nach der Überlieferung sind hier die Patriarchen in der »Höhle von Machpela« begraben.

Das Beni-Hasan-Grabgemälde. Auf der oberen Reihe begleiteten rechts zwei ägyptische Grenzbeamten eine Gruppe von Semiten mit einer Ladung Galenit (Bleisulfid).

Getreidefeld in Ägypten. Die drei Pyramiden von Gize beherrschen die fruchtbaren Nilgestade, die im Laufe der Jahrhunderte Scharen von hungernden Wanderern aus der Wüste angezogen haben.

bare östliche Deltagebiet, in den meisten Stadien seiner Geschichte hungernden Stämmen von Wüstennomaden Zuflucht und Hilfe gewährt hat. Es sind zahlreiche amtliche Dokumente erhalten, die Ausländern die Einreise erlauben und dabei sogar genau festlegen, welche Weideplätze ihnen für ihre Herden zur Verfügung stehen sollen. Das eigentliche Problem ist nur, daß Wanderungen dieser Art zu allen Zeiten der Geschichte üblich waren. Es ist unmöglich, unter Berufung auf derartige »Beweisstücke« Abrahams angeblichen Besuch zeitlich zu fixieren.

Rein literarische Überlegungen lassen sogar mit Recht vermuten, daß die Geschichte überhaupt keinen historischen Kern hat. Es fällt auf, daß die List Abrahams – zu verbergen, daß Sara in Wirklichkeit seine Frau ist, und sie statt dessen als seine Schwester auszugeben, um sein eigenes Leben zu schützen und dazu noch reich zu werden – insgesamt dreimal im *1. Buch Mose* vorkommt: Abraham selbst wendet sie ein zweites Mal gegen Abimelech, den König von Gerar, an *(1. Mose 20)*, und sein Sohn Isaak spielt wiederum das gleiche Spiel mit seiner Frau Rebekka gegen Abimelech, der anachronistisch »König der Philister« genannt wird *(1. Mose 26)*. Wie John van Seters in seinem Buch über die Patriarchentradition ausführt, haben wir hier ein Motiv aus Volkserzählungen vor uns, das in verschiedenen Variationen auf die Patriarchen übertragen wurde, weil man damit bestimmten moralischen und theologischen Überzeugungen Ausdruck geben wollte.

Doch wir sollten hier einhalten und vielleicht zunächst einmal Ägypten klarer in die geschichtlichen Zusammenhänge des Nahen und Mittleren Ostens einordnen. Ägypten war zu der Zeit, in der das Beni-Hasan-Grab bemalt wurde, schon ein sehr altes Land. Jahrtausendelang hatte es dort Jäger und Sammler gegeben, die von den fruchtbaren Ufern des Nils gezehrt hatten. Wie anderswo auch, waren sie von seßhaften Bauern aufgesogen oder verdrängt worden, die Dörfer und Städte bauten und lernten, den Ertrag der Felder durch geregelte Bewässerung zu verbessern.

Die eigentliche Geschichte – d.h. schriftlich festgehaltene Geschichte – begann in Ägypten etwa zur gleichen Zeit wie in Sumer am anderen Ende des Fruchtbaren Halbmonds, vielleicht auch etwas später: um 3100 v.Chr., als Ober- und Unterägypten durch einen König namens Menes, den Gründer der Ersten Dynastie, vereinigt wurden. Die erste Periode ägyptischer Großmacht, das sogenannte Alte Reich, begann etwa 2700 v.Chr. mit der Dritten Dynastie. Dies war die Zeit, in der Ägypten zu einer bedeutenden Kulturmacht aufblühte, die Zeit der Pyramidenbauten, die mit der Stufenpyramide in Sakkara begann und ihren Höhepunkt mit der großen Pyramide von Gize (um 2600 v.Chr.) erreichte. Man hat die Pyramiden immer für die ältesten Steindenkmäler der Welt gehalten, hat aber inzwischen erkannt, daß die Megalithe in Westeuropa und die prähistorischen Tempel auf Malta noch erheblich älter sind. Doch waren die Pyramiden gewiß die gewaltigsten Bauwerke, die die Welt bis dahin gesehen hatte. Es sprach aus ihnen die Macht und Hoheit des Alten Reichs während der fünf Jahrhunderte zwischen 2700 und 2200 v. Chr.

Das Alte Reich löste sich gegen Ende der Sechsten Dynastie in Anarchie auf. Erst um 2000 v. Chr. wurde Ägypten durch die starken Könige der Elften und Zwölften Dynastie wiedervereinigt: Das war der Beginn des Mittleren Reiches. Sesostris III., der kurz nach der Zeit, in der das Beni-Hasan-Grabgemälde geschaffen wurde, in Ägypten herrschte, war einer der Könige, unter denen Ägypten wieder eine wirtschaftliche und kulturelle Glanzzeit erlebte und seinen politischen, militärischen und wirtschaftlichen Einfluß über ganz Palästina und einen Großteil Syriens ausdehnte.

Im Laufe des 18. Jahrhunderts schwanden jedoch politische Größe und Glanz des Mittleren Reichs. Wieder einmal begann die zentrale Regierung sich aufzuspalten. Unter-(Nord-)Ägypten fiel

Die Große Pyramide in Gize; im Vordergrund die Sphinx.

in die Gewalt von Fremden, von semitischen Einwanderern oder Eroberern, die die ägyptischen Geschichtsschreiber »Hyksos« (»Herrscher der Fremdländer«) nannten. Sie scheinen in das Deltagebiet eingedrungen zu sein, wo die Autorität des Königs nur geringen Einfluß hatte, und hier ein Gegenkönigtum errichtet zu haben. Nach dem ägyptischen Geschichtsschreiber Manetho aus dem 3. Jahrhundert v. Chr. gelangten die Hyksos durch eine wilde, blutige Invasion von Osten her zur Macht. Moderne Wissenschaftler messen der Invasionstheorie jedoch geringeren Wert bei und glauben eher, daß die Hyksos sich von innen her durchgesetzt haben, bis sie etwa 1700 v. Chr. eine eigene Dynastie gründen konnten. Ober-(Süd-)Ägypten wurde indessen weiterhin von Fürsten des alten thebanischen Herrscherhauses regiert.

Die Hyksoskönige machten einen Ort im Delta namens Auaris zu ihrer Hauptstadt und stationierten dort eine Garnison von nicht weniger als 240 000 Soldaten – nach Manetho. Auaris lag irgendwo in der Nähe der Nordostgrenze, aber wo genau? Die biblischen Wissenschaftler haben an dieser Frage mehr als nur akademisches Interesse, denn lange nach der Vertreibung der Hyksos aus Ägypten wurde Auaris von Ramses II., dem mächtigen Pharao der Neunzehnten Dynastie, als königliche Deltaresidenz wiederaufgebaut. Er nannte sie Pi Ramses (»Haus des Ramses«), und sie erscheint in der Bibel als Ramses (Raemses). Sie war eine der beiden königlichen Vorrats- und Schatzstädte »im Lande Gosen« (dem östlichen Deltagebiet), die die Kinder Israel während ihrer Knechtschaft in Zwangsarbeit bauen mußten *(2. Mose 1,11)*.

Bis vor kurzem hat man Auaris/Ramses gewöhnlich mit den Ruinen der alten ägyptischen Stadt Tanis gleichgesetzt, die in der Nähe des modernen Fischerdorfes San el-Hagar liegt und in den zwanziger und dreißiger Jahren von Professor Pierre Montet von der Universität Straßburg ausgegraben wurde. Er entdeckte in Tanis riesige Tempelruinen und zahlreiche Statuen, Sphinxe, Obeliske und Stelen, von denen viele den Namen Ramses' II. und seiner Nachfolger tragen. Er fand auch Reste von Kornspeichern und Lagerhäusern, wie in allen ägyptischen Städten.

Inzwischen hat sich unter den Ägyptologen jedoch die Ansicht durchgesetzt, daß Auaris nicht in Tanis, sondern an einem dreißig Kilometer südlich gelegenen Ort zu finden ist: in der Nähe des Dorfes Khatana-Qantir. Hier legte Dr. Labib Habachi, der frühere Direktor für Feldforschung im »Egyptian Department of Antiquities«, Überreste königlicher Paläste und Tempel mit Sokkeln für Statuen und Obeliske frei, von denen man allerdings heute in der stillen, ländlichen Gegend nichts mehr sehen kann. Er fand heraus, daß die fehlenden Statuen vorsätzlich von ihrem ursprünglichen Standort entfernt worden waren und zu einer späteren Zeit in Tanis auf Steinblöcken wiederaufgestellt wurden. Dadurch entstand der Eindruck, Ramses II. habe Tanis gebaut, während Tanis in Wirklichkeit nicht vor dem 11. Jahrhundert v. Chr. errichtet wurde.

Diese These hat inzwischen Dr. Manfred Bietak, der Leiter des Österreichischen Archäologischen Instituts in Kairo, glänzend bestätigt. Er ist dabei, einen Ort namens Tell el-Dab'a, etwa zwei Kilometer südlich von Khatana-Qantir, auszugraben. Tell el-Dab'a ist ein Hügel, der neben dem ehemals östlichsten Seitenarm des Nils liegt. Dr. Bietaks Ausgrabungen haben dort eine deutliche Siedlungsfolge freigelegt, innerhalb deren man eindeutige Spuren der Hyksoszeit erkennen kann: Über der ägyptischen Besiedlungsschicht aus der Zeit des Mittleren Reichs liegt eine kulturell semitische Schicht mit Hinweisen auf Palästina und Syrien; danach folgt nach einer großen Lücke ein umfassender Neuaufbau aus der Zeit Ramses' II.

Es gelang Dr. Bietak außerdem, die alte Topographie des Gebietes bis in alle Einzelheiten zu rekonstruieren. Er weist nach, daß Khatana-Qantir und Tell el-Dab'a Teile eines einzigen riesigen Stadtkomplexes waren, zu dem auch ein sehr günstiger Hafen gehörte. Aber im 12. Jahrhundert v. Chr. begann der Nilarm, der bis dahin wichtigster Handelsweg gewesen war, zu verschlammen. Zunächst bot man noch einmal alle Kräfte auf, um ihn auszubaggern, und man baute auch Zuflußkanäle, wie die künstlichen Schutthügel in der Gegend zeigen. Aber schließlich gab man den Versuch, die Stadt zu retten, doch auf. Zu dieser Zeit wurde weiter im Norden an einem anderen Nilarm, der leichten Zugang zum Mittelmeer gewährte, Tanis gegründet. Wenn das so ist, versteht man auch, warum in Tanis so viele monumentale Teile von Bauwerken aus Auaris/Ramses gefunden worden sind: Die äyptischen Pharaonen, die all die wertvollen Statuen nicht einfach aufgeben wollten, transportierten sie in die neue Hauptstadt, als aus wirtschaftlichen Gründen ihr ursprünglicher Standort nicht mehr zu halten war. Für die meisten modernen Ägyptologen ist die Identifikation von Auaris mit Khatana-Qantir/Tell el-Dab'a inzwischen gesichert.

Aber wir wollen uns wieder dem Auaris der Hyksoszeit zuwenden. Zweifellos erlebte diese Zeit einen großen Zustrom von Nichtägyptern, von Semiten, denen eine fremde Wesensart und fremdes Gedankengut eigen waren. In diese Periode intensiver semitischer Einwanderung aus Palästina und noch entfernteren Gebieten wollen Bibelwissenschaftler die Erzählung von Joseph und seinen Brüder im *1. Buch Mose* einordnen.

Die Erzählung von Joseph, dem jüngsten Sohn des Patriarchen Jakob, hebt sich deutlich von dem ungeordneten und weitschweifigen Erzählgut der vorhergehenden Kapitel des *1. Buches Mose* ab. Sie ist eine erfreulich klar gegliederte Geschichte, dicht komponiert, ausgefeilt und höchst kunstvoll ausgestaltet, wahrscheinlich die gelungenste Kurzgeschichte im gesamten Alten Testament.

Sesostris III.: Granitstatue des Kriegerkönigs der Zwölften Dynastie, der verschiedene Feldzüge gegen die »erbärmlichen Asiaten« Palästinas und Syriens führte.

Im wesentlichen ist die Handlung der Geschichte einfach und packend geschrieben: Jakob, der Enkel Abrahams, hatte zwölf Söhne; seinen elften Sohn, Joseph, liebte er mehr als alle anderen Kinder. Er schenkte ihm, neben anderen Gunstbeweisen, den berühmten langärmeligen »bunten Rock«. Die älteren Brüder waren eifersüchtig auf diese unverhohlene Bevorzugung, und ihr Haß entbrannte noch mehr, als das altkluge Kind darauf bestand, ihnen seine Träume zu erzählen, die vorhersagten, daß eines Tages nicht nur seine Brüder, sondern auch seine Eltern ihm huldigen müßten. Wütend packten ihn die Brüder, zogen ihm seinen bunten Rock aus und verkauften ihn für zwanzig Stück Silber an eine Händlerkarawane, die gerade auf dem Weg nach Ägypten war. In Ägypten angekommen, wurde Joseph an einen Beamten namens Potiphar verkauft, der ihn binnen kurzer Frist zum Aufseher über sein Haus beförderte. Einmal versuchte Potiphars Frau, Joseph zu verführen. Als dieser auf ihre Annäherungsversuche nicht einging, beschuldigte sie ihn, er habe sie verführen wollen, und Joseph wurde dafür ins Gefängnis geworfen. Im Gefängnis machte er sich einen Namen als Traumdeuter. Als den Pharao von Ägypten Angstträume quälten, die ihm niemand deuten konnte, rief man Joseph aus seinem Kerker. Joseph erklärte dem Pharao die Bedeutung seiner Träume: Es würden in Ägypten auf sieben Jahre Überfluß sieben Jahre Hungersnot folgen. Der Pharao solle darum jemanden dazu bestimmen, einen Teil des Überflusses zu speichern, um so dem Land über die mageren Jahre hinwegzuhelfen. Der Pharao war dankbar und ernannte Joseph zu seinem höchsten Minister, zu seinem Großwesir, der den Siebenjahresplan beaufsichtigen sollte.

Die Hungersnot griff auch auf Palästina über. Dort schickte Jakob seine zehn erwachsenen Söhne hinab nach Ägypten, um Korn zu kaufen. Joseph, von seinen Brüdern unerkannt, zwang sie, ihm zu huldigen, und demütigte sie tief. Endlich gab er aber doch seine wahre Identität preis, verzieh ihnen und schickte nach seinem Vater, der ihm ebenfalls alle Ehren erwies. Joseph erhob seine Familie zu hohem Ansehen, und als sein Vater in hohem Alter starb, mumifizierte er seinen Leichnam und begrub ihn in der Höhle von Machpela bei Hebron. Als die Zeit gekommen war und Joseph selbst starb, wurde auch er einbalsamiert, wie es in Ägypten Brauch war.

Soweit die Josephsgeschichte. In ihrer vorliegenden Gestalt im *1. Buch Mose* ist sie häufig durch Einschübe unterbrochen. Wenn man sie jedoch von genealogischen und theologischen Zusätzen befreit, steht sie als eine kunstvoll gestaltete *Novelle* vor uns. Das Traummotiv dient dazu, jeweils die Struktur des Handlungsverlaufes vorherzusagen.

Fundamentalisten, die jeden Buchstaben des Alten Testamentes für wahr halten, versuchen, die Josephsepisode in die Hyksoszeit hineinzuzwängen, denn dies war die einzige Zeit, in der ein eingewanderter Semit möglicherweise ein hohes Amt im pharaonischen Ägypten hätte bekleiden können. Sie weisen dabei darauf hin, daß der Erzähler offensichtlich mit allen Einzelheiten ägyptischen Lebens in alter Zeit vertraut war.

Professor Donald Redford von der Universität Toronto, heute Leiter des Echnaton-Tempelprojekts in Ägypten, ist da ganz anderer Meinung. In seiner Monographie *A Study of the Biblical Story of Joseph* (Eine Studie über die biblische Josephserzählung) versucht er nachzuweisen, daß aus den ägyptischen Elementen und den Motiven der Erzählung nicht das siebzehnte, sondern frühestens das siebte Jahrhundert v. Chr. spricht. Die Geschichte hat für sich genommen keinen historischen Wert; vielmehr wurde hier zu einer späten Zeit ein bekanntes Volksmärchenmotiv, oder besser mehrere Motive, aufgenommen (ein kindlicher Träumer macht sein Glück; ein unschuldiger Mann wird der Verführung bezichtigt; ein Weiser rettet den König durch verständigen Rat usw.). Sie wurden im *1. Buch Mose* zu einer in sich vollständigen Kurzgeschichte verarbeitet, die erklären sollte, wie es zur Reise nach Ägypten und zur nachfolgenden Knechtschaft gekommen war – zu einem Zeitpunkt in der Geschichte Israels, da eine neue Knechtschaft, das babylonische Exil im 6. Jahrhundert v. Chr., schon bedrohlich nahe war.

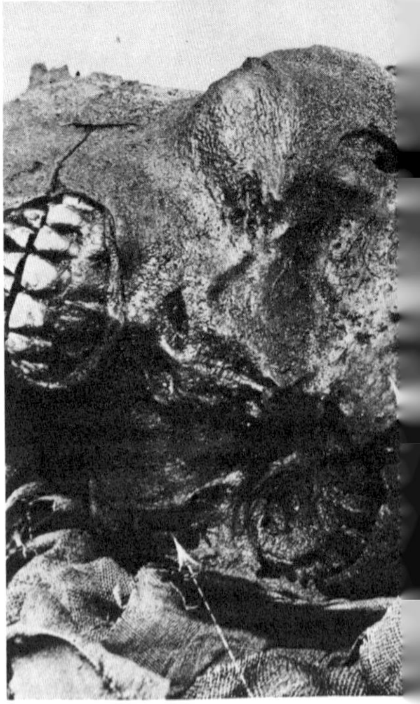

Die Mumie Sekenenres II.: die fünf Schwertwunden in Kopf und Hals lassen vermuten, daß er im Kampf gegen die Hyksos gestorben ist.

Dennoch finden es viele Bibelkommentatoren nach wie vor verlockend, die Josephsgeschichte vor dem Hintergrund der Hyksoszeit zu sehen, nicht zuletzt deshalb, weil sie damit auch gleich eine Erklärung für die Knechtschaft der Israeliten hätten, die auf diese Ereignisse folgte, als (allerdings dreihundert Jahre später) ein Pharao den Thron bestieg, »der Joseph nicht kannte« *(2. Mose 1,8)*. Die Hyksos wurden nämlich rund 1550 v. Chr., nachdem sie über hundert Jahre lang in Unterägypten geherrscht hatten, aus dem Lande vertrieben. Damit waren die glücklichen Tage für die semitischen Einwanderer zu Ende.

Während der Zeit der Hyksosherrschaft hatte in Oberägypten eine Linie einheimischer ägyptischer Fürsten in der alten Hauptstadt Theben regiert, die sogenannte Siebzehnte Dynastie, die den Hyksos lehnspflichtig war. Hier in Theben nahm der Freiheitskampf seinen Anfang. Der erste Führer der Befreiungsbewegung war wohl Sekenenre II.; allem Anschein nach revoltierte er gegen den provokativen Befehl aus Auaris, in Theben »das nächtliche Gebrüll des Nilpferdes in seinem Teich zum Schweigen zu bringen«. Sein mumifizierter Leichnam, der 1881 gefunden wurde, war im Todeskampf gekrümmt und wies an Hals und Kopf fünf schreckliche Wunden auf.

Man weiß noch nicht genau, wie Sekenenre ums Leben gekommen ist, ob im Kampf oder durch Verrat. Sicher ist jedenfalls, daß sein Sohn und Nachfolger Kamose einen offenen Angriff auf den Hyksoskönig Apophis wagte und ihn bis vor die Mauern seiner Feste Auaris zurückwarf. Dr. Labib Habachi hatte das Glück, den

Bericht über diesen Feldzug 1954 im Amon-Re-Tempel zu Karnak zu entdecken. Dort war die Kalksteinstele, auf der er geschrieben stand, als Grundsockel der Statue eines späteren Königs wiederverwendet worden. Kamoses Mutter, Königin Ahhotep, hatte aktiv daran mitgewirkt, Männer zum Kampf zu sammeln, und ihr wurden dafür militärische Ehren in Form von drei goldenen Fliegen zuteil. Kamoses jüngerer Bruder und Nachfolger Ahmose I., der als Gründer der Achtzehnten Dynastie gilt, setzte den Kampf gegen die Hyksos fort. Er belagerte nun auch Auaris selbst, das irgendwann um 1550 v. Chr. fiel, und setzte den geschlagenen Hyksos bis nach Palästina nach.

Der Sieg über die Hyksos war für Ägypten der Auftakt zu einer langen Periode der Größe und Machtentfaltung, dem sogenannten Neuen Reich (ca. 1550–1080 v. Chr.). Ägypten wurde nun eine Zeitlang das mächtigste Land der Welt. Unter einer Reihe von Königen mit Namen Amenophis oder Thutmosis drangen ägyptische Heere immer wieder nach Palästina und Syrien vor und verwüsteten bis zum Euphrat Städte und Königreiche. Zur Ausrüstung der Truppen gehörten nun mit Pferden bespannte Streitwagen und ein verbesserter zusammengesetzter Bogen (wahrscheinlich von den Hyksos übernommen), so daß ihnen kein Heer an Beweglichkeit und Bewaffnung gleichkam. Thutmosis III., der furchtbarste aller Pharaonen (ca. 1490–1436 v. Chr.), führte mehrere Feldzüge nach Palästina und Syrien. Im dreiundzwanzigsten Jahr seiner Regierung, etwa 1468, unternahm er einen Feldzug gegen eine Verschwörung von palästinensischen Kleinfürsten, bei denen es sich zum großen Teil um Abkömmlinge der vertriebenen Hyksos handelte. Er schlug sie vernichtend in der Schlacht bei Megiddo, einer stark befestigten Stadt mit Sicht auf die Ebene von Jesreel. Der Bericht über diesen entscheidenden Feldzug, der Ägypten auf den Zenit seiner Macht erhob, steht auf der Rückseite des siebten Pylon, den Thutmosis im Amon-Re-Tempel zu Karnak errichten ließ.

Einige Wissenschaftler, unter ihnen Dr. Habachi, halten Thutmosis III. für jenen Pharao, »der Joseph nicht kannte«, den Pharao der Unterdrückung, der die Kinder Israel zu demütigender Sklavenarbeit zwang – oder, so möchte Dr. Habachi es lieber ausgedrückt wissen, der sie zusammen mit der anderen Bevölkerung zur Arbeit an seinen riesigen Bauprojekten heranzog. Diese Theorie findet auch Bestätigung durch die biblischen Texte – sofern man sie selektiv liest. So vergingen z. B. nach dem *1. Buch der Könige 6,1* 480 Jahre zwischen der Befreiung aus Ägypten und dem Bau von Salomos Tempel, der gewöhnlich auf 960 v. Chr. datiert wird: das ergibt für die Befreiung das Datum von 1440 v. Chr., gegen Ende der Regierungszeit Thutmosis' III. Doch andere Wissenschaftler führen ihre eigenen Varianten in diesem Spiel um Zahlen an: Sie nehmen an, daß die 480 Jahre in der Bibel für zwölf biblische Generationen von je vierzig Jahren

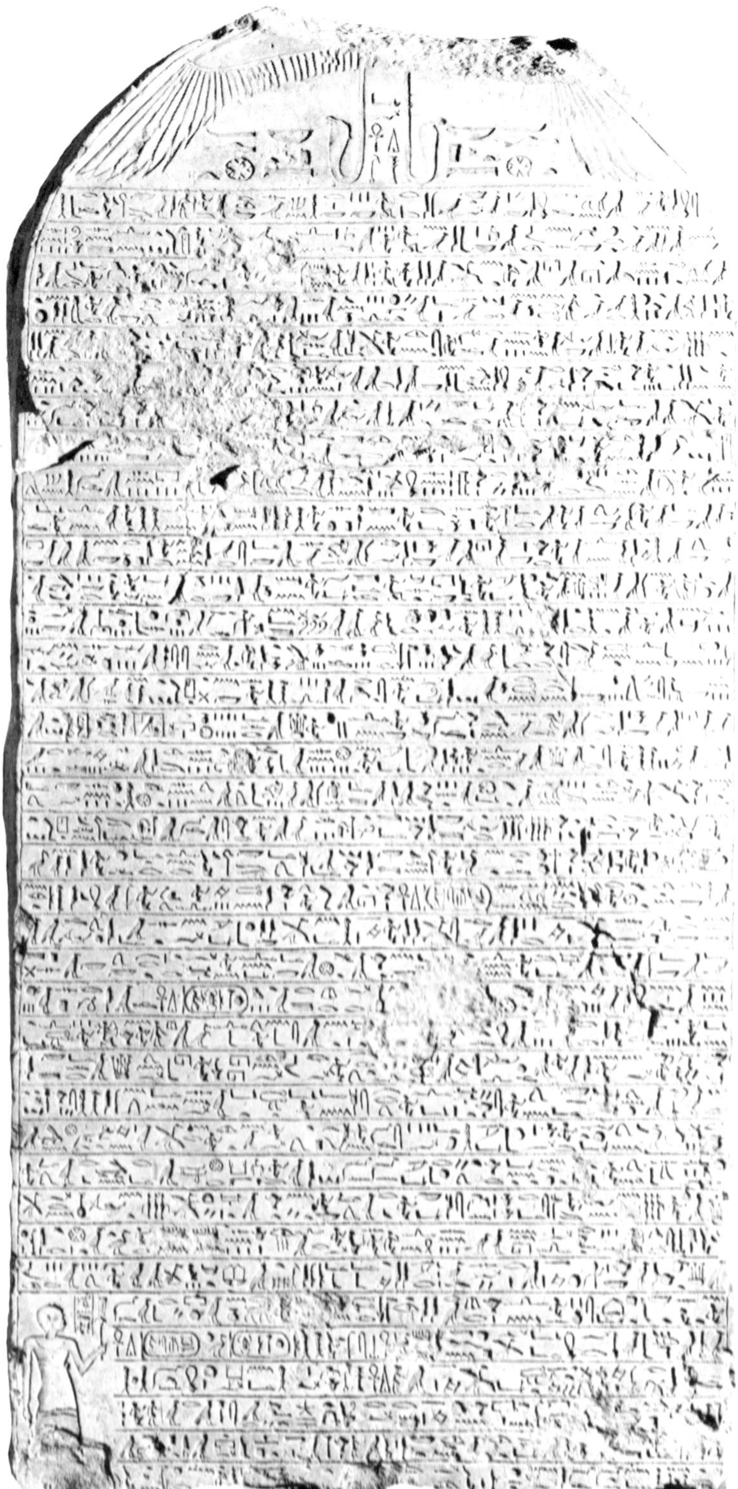

Die Kamose-Stele, 1954 in Karnak von Dr. Labib Habachi entdeckt. Sie erzählt die Geschichte von Kamoses Kampf gegen die Hyksos.

stehen. Da aber für eine Generation besser nur fünfundzwanzig Jahre angesetzt werden sollten, ergäbe sich daraus ein späteres Datum für die Befreiung: 1260 v.Chr., die Regierungszeit eines anderen schrecklichen ägyptischen Pharaos, Ramses' II., Ramses des Großen (ca. 1290–1224 v.Chr.).

Ramses II. war die markanteste Persönlichkeit unter den Monarchen der Neunzehnten Dynastie, die etwa um 1306 v.Chr. von seinem Großvater Ramses I. gegründet worden war. Diese Dynastie führte Ägypten – nach einer Zeit äußerster Schwäche und Unordnung, die der berühmte »Ketzerpharao« Echnaton in der Mitte des 14. Jahrhunderts heraufbeschworen hatte – erneut glücklichen Zeiten entgegen. Ramses II. und vor ihm sein Vater (Sethos I.) stellten energisch die ägyptische Herrschaft über die Garnisonsstädte in Palästina wieder her. Vor allem Ramses II. geriet dadurch aber in Konflikt mit der wachsenden Macht der Hethiter im Norden.

Das Ursprungsland des sogenannten Neuen Hethiterreichs (ca. 1475–1200 v.Chr.) war die anatolische Ebene in der heutigen

Ramses II.: Reliefschnitzerei aus dem Tempel in Abu Simbel. Die oberste Reihe zeigt einen Teil der Schlacht von Kadesch.

Türkei. Der Expansionsdrang der Hethiter richtete sich stets auf Syrien, da sie die wichtigen Handelsstraßen, die dort hindurchführten, unter ihre Kontrolle bringen wollten. Als die Macht Ägyptens schwand, hatte der bedeutendste Hethiterkönig, Schuppiluliuma (ca. 1380–1345 v. Chr.), Syrien schon fest in seiner Gewalt. Als nun die militärische Stärke Ägyptens unter der Neunzehnten Dynastie wieder zunahm, wurde eine Kraftprobe zwischen den beiden Großmächten um die Herrschaft in Syrien unvermeidlich.

Nicht lange nach seiner Thronbesteigung (ca. 1290 v. Chr.) führte Ramses II. ein gewaltiges Heer nordwärts nach Syrien. Etwa 150 Kilometer nördlich von Damaskus, an einem Ort in der Nähe der Stadt Homs, der heute Nebi Mend heißt, wurden die Ägypter von den Hethitern aus dem Hinterhalt überfallen, und es kam zur Schlacht von Kadesch. Der großflächige *tell* von Nebi Mend, noch kaum von Ausgrabungen berührt, beherrscht heute das breite Tal des Flusses Orontes geradeso wie einst die Stadt Kadesch. Heute wird das Tal intensiv landwirtschaftlich genutzt. Dies war die Stelle, an der das ägyptische Heer, das in weit auseinandergezogenen Kolonnen marschierte, durch den heftigen und völlig überraschenden Angriff der Hethiter fast vernichtet worden wäre. Später sollte sich dann Ramses in seinen Inschriften rühmen, nur dank seiner überragenden persönlichen Tapferkeit habe

Die Schlacht von Kadesch: in der Mitte eine befestigte Stadt, von einem Graben umgeben. Links greift die ägyptische Armee die Hethiter an; rechts sieht man den Hethiterkönig auf seinem Streitwagen. Aus dem Relief von Abu Simbel.

sich die Lage gewendet und sei aus der nahen Niederlage ein überwältigender Sieg geworden. Dagegen feiern hethitische Berichte, die man kürzlich in Bogazköy gefunden hat, den Ausgang als hethitischen Sieg. Was immer davon nun wahr ist, Ramses mußte jedenfalls sein Heer zurückziehen, und beide Seiten sahen wohl ein, daß sie sich solche aufwendigen »Siege« nicht leisten konnten. Einige Jahre später schlossen die Ägypter und die Hethiter einen Friedensvertrag, der Syrien den Hethitern und Palästina den Ägyptern überließ. Abschriften des Vertrages, der etwa 1270 v. Chr. durch die Hochzeit einer hethitischen Prinzessin mit Ramses II. noch gefestigt wurde, hat man sowohl in Ägypten als auch in Bogazköy in Anatolien gefunden.

Macht und Ansehen Ägyptens hatten durch das Abenteuer von Kadesch schwere Einbußen erlitten, und Ramses mußte sich danach gegen eine Reihe von Revolten in den Städten Palästinas zur Wehr setzen. Im Tempel von Luxor in Theben hat Ramses die Zerstörungen, die er in Palästina anrichtete, im Bild festgehalten: einstürzende Gebäude, entwurzelte Bäume, eingerissene Tore. Von der Brutalität, mit der er solche Aufstände unterdrückte, hatten sich Palästina und seine Städte Jahrzehnte später noch nicht wieder erholt.

Ramses II. war vielleicht der ruhmsüchtigste Pharao aller Zeiten. In der Spätzeit seiner Regierung widmete er sich gewaltigen und ehrgeizigen Bauprojekten, die im wesentlichen den Zweck hatten, seinen eigenen Namen unsterblich zu machen, z. B. die berühmten Tempel zu Abu Simbel. Zu seinen bedeutendsten Bauten gehörte das Ramesseum, der Grabtempel am Westufer des Nils in Theben, von dem heute nur noch Ruinen stehen. Eben diese Stätte hat Shelley zu seinem Gedicht *Ozymandias of Egypt* angeregt: »Mein Name ist Ozymandias, König der Könige: seht meine Werke an, ihr Mächtigen, und verzweifelt . . .«

Wie tief sind die Mächtigen gestürzt! Diese bitter ironische Aussage in Shelleys Dichtung empfindet man, wenn man am Kopfende der umgestürzten Bruchstücke der größten Statue Ägyptens steht, des Kolosses Ramses' des Großen. Er war ursprünglich fast zwanzig Meter hoch und bestand aus 1000 Tonnen gemeißeltem und geglättetem Granit – und doch konnte ihn ein Erdbeben in Stücke schlagen. Die Statue hatte über einen Meter lange Ohren; die Zehen sind insgesamt eineinhalb Meter breit, die Schultern über sieben Meter. Auf dem rechten Oberarm ist einer der königlichen Namen des Ramses in Hieroglyphen eingeschnitzt und noch gut lesbar: »User-maat-re«. Dieser Name gab Anlaß zu der griechischen Übersetzung »Ozymandias«. Aber es ist eine Ironie der Weltgeschichte, daß am Ende nicht Ramses der Große dazu bestimmt war, den Lauf der Welt zu ändern, wie er selbst doch so zuversichtlich erwartete, sondern – wenn man der Mehrheit der Wissenschaftler in ihrer Deutung der biblischen Überlieferung von der Knechtschaft folgt – ein kleiner Teil eines höchst unbedeutenden Volkes aus der Menge derer, die er zu Sklaven gemacht hatte: die Kinder Israel, die im Gefolge Josephs und Jakobs nach Ägypten gekommen und dort wohlhabend geworden waren.

Nach dieser Sicht der Dinge war es der Tyrann Ramses (vielleicht auch sein Vater Sethos I.), der sich durch die Art und Weise, wie die Kinder Israel an Zahl und Wohlstand zugenommen hatten, bedroht fühlte: »So setzte man denn Fronvögte über sie, um sie mit Fronarbeiten zu bedrücken, und sie mußten dem Pharao die Vorratsstädte Pithom und Ramses bauen . . . Da zwangen die Ägypter die Israeliten zum Sklavendienst und machten ihnen das Leben sauer mit harter Arbeit in Lehm und Ziegeln und mit allerlei Arbeit auf dem Felde . . .« *(2. Mose 1,12–14).*

Ägyptische Quellen aus dieser Zeit berichten, daß damals die königlichen Bauprojekte nur mit Hilfe eines großen Heers von Zwangsarbeitern verwirklicht werden konnten. Einige dieser staatlichen Arbeiter wurden noch aus den Reihen der »Chabiru« eingezogen. Bibelkommentatoren weisen zur Illustration ihrer These gern auf die berühmten Sklavenszenen hin, die an die Wände des Grabens des Wesirs Rekh-mi-Re gemalt sind. Sie zeigen eine Gruppe von Arbeitern, die für den Amon-Re-Tempel in Karnak Ziegelsteine herstellen und Mauern bauen. Die Tatsache, daß Rekh-mi-Re Wesir bei Thutmosis III. war, also zwei Jahrhunderte vor Ramses II. lebte, und daß die Bilder nichts mit Pithom oder Ramses zu tun haben, findet dabei gewöhnlich wenig Beachtung.

Ramses II.: ein Sinnbild der Macht und Hoheit des größten Pharaos der Neunzehnten Dynastie; in Theben.

Die nächste Szene im biblischen Drehbuch des *2. Buches Mose* zeigt die Geburt des Mannes, der die Kinder Israel von ihrer schweren Prüfung und Demütigung erretten sollte: ein Mann mit dem entschieden ägyptischen Namen Mose. »Mose« ist einfach ein Suffix, das man an vielen ägyptischen Namen findet. Es bedeutet »Sohn von«, so z. B. in »Ramses« (Sohn des Re) oder »Thutmosis« (Sohn des Toth). Nach dem biblischen Bericht wollte der Pharao gerade zu der Zeit, als Mose geboren wurde, der israelitischen Bevölkerungsexplosion Einhalt gebieten und ordnete deshalb an, daß jeder neugeborene israelitische Knabe getötet werde sollte. Moses Mutter wollte ihr Kind vor diesem grausamen Schicksal bewahren und versteckte es darum in einem Korb im Schilf des Flußufers, wo es von Pharaos Tochter gefunden und am königlichen Hof aufgezogen wurde.

Die Geschichte ist ganz offensichtlich eine volkstümliche Erzählung, denn sie wiederholt fast wörtlich die Geburtslegende König Sargons des Großen, der 1000 Jahre zuvor die akkadische Dynastie gegründet hatte. Die Ähnlichkeit ist verblüffend. In der Bibel steht: »Und da sie ihn nicht länger verbergen konnte, nahm sie ein Kästlein von Rohr, verklebte es mit Asphalt und Pech und legte das Kind darein; dann setzte sie es ins Schilf am Ufer des Nil« *(2. Mose 2,3).* Die Legende von Sargon, übersetzt nach *Ancient*

Near Eastern Texts, erzählt: »Ich bin Sargon, der mächtige König von Akkad. Meine Mutter war . . . meinen Vater kannte ich nicht . . . Meine . . . Mutter empfing mich, und sie brachte mich im geheimen zur Welt. Sie legte mich in ein Rohrkörbchen, mit Pech versiegelte sie den Deckel. Sie übergab mich dem Fluß, der mich nicht verschlang . . . Akki, der Wasserträger, nahm mich an Sohnes Statt an und zog mich auf.«

In Moses Jugendgeschichte finden wir weitere Themen aus Volkserzählungen. Trotz seiner ägyptischen Erziehung fühlte sich Mose seinen hebräischen Freunden verbunden. Als er eines Tages zusehen mußte, wie ein Ägypter einen Hebräer schlug, packte ihn eine solche Wut, daß er, nach einem kurzen Blick in die Runde, ob auch niemand zuschaute, diesen Ägypter tötete und seine Leiche im Sand verscharrte. Irgend jemand mußte aber trotzdem zugesehen haben, denn das Ganze kam dem Pharao zu Ohren. So mußte Mose in das Land Midian fliehen, in das kupferhaltige Gebirge östlich des Golfs von Akaba, wo er die Tochter Jethros, des Priesters von Midian, heiratete.

Eines Tages starb nach biblischem Bericht der ägyptische König. Die Kinder Israel seufzten weiterhin unter dem Joch der Sklaverei und schrien auf zu Gott. Da endlich erinnerte sich dieser an den Bund, den er 430 Jahre zuvor mit den Patriarchen geschlossen hatte, die ihn noch als El kannten. Er redete zu Mose aus einem brennenden Busch und offenbarte sich dabei mit seinem neuen Namen »Jahwe«. Er befahl Mose, nach Ägypten zurückzukehren und dort sein Volk aus der Knechtschaft zu befreien.

Der neue Pharao – es müßte Merenptah, der Nachfolger Ramses' II., gewesen sein – sträubte sich, sein ganzes Arbeiterheer von Sklaven ziehen zu lassen, und bürdete ihnen nur noch mehr Lasten auf: Er zwang sie, ohne Stroh Ziegel zu brennen. Daraufhin verhängte Jahwe eine Reihe von Plagen über Ägypten, die dem Pharao viel zu schaffen machten: blutiges Wasser, Frösche, Läuse, Fliegen, Rinderpest, Geschwüre, Hagelschauer, Heuschrecken und Finsternis. Zuletzt strafte er ihn mit einer Plage, so schrecklich, daß kein rationalistischer Interpretationsversuch der Wissenschaft sie hinwegdeuten kann: Jedes erstgeborene Geschöpf im Lande Ägypten wurde um Mitternacht totgeschlagen, mit Ausnahme der Israeliten, die ihre Türe mit Blut gezeichnet hatten. Dies war der Ursprung des Passahfestes.

Bevor in jüngster Zeit Dr. Bietak nachgewiesen hat, daß der Ort Auaris/Pi Ramses in Khatana Qantir gesucht werden muß, hatten die Wissenschaftler angenommen, Tanis sei die ehemalige biblische Sklavenstadt des Ramses gewesen. In der Tat ist dies auch die Wirkung, die sie auf den Betrachter ausübt. Mit ihren massiven Ruinen, ihren Statuen und Obelisken, die beschädigt und unordentlich daliegen, bietet sie ein elendes Bild, das in aufregender Weise zu der ungeheuerlichen Idee des Passah stimmt. Aber trotz des mächtigen Eindrucks, den die Atmosphäre um die

Ruinen von Tanis erweckt, dürfen wir nicht vergessen, daß es keine objektiven Beweise gibt, keinen zeitgenössischen Hinweis darauf, daß die Knechtschaft oder die Befreiung jemals als einzelne, identifizierbare geschichtliche Episoden in irgendeiner Deltastadt im biblischen »Lande Gosen« stattgefunden hat. Können denn nicht überhaupt die Vorgänge um Moses Geburt und die Flucht vor Ramses in all ihren Einzelheiten volkstümlichem Erzählgut zugewiesen werden? Was sagen moderne Wissenschaftler dazu?

Die verstreuten Überreste von Tanis. Bis in jüngster Zeit hielt man Tanis für die »Sklavenstadt« des Ramses, aber es hat sich jetzt erwiesen, daß Tanis nicht vor dem 11. Jahrhundert v. Chr. gebaut worden ist.

Dr. Pritchard weist darauf hin, daß uns das Fehlen von Hinweisen auf die Anwesenheit der Hebräer oder ihre Befreiung in altägyptischen Berichten nicht zu überraschen braucht. Die ägyptischen Chronisten interessierten sich mehr für Angelegenheiten, die das Königshaus betrafen, als für soziale Probleme. Und die Aktivität einer kleinen Gruppe semitischer Einwanderer und ihre Flucht aus den Arbeiterkolonnen dürfte kaum ihre Aufmerksamkeit auf sich gezogen haben. Andererseits könnte es aber auch durchaus sein, daß die zweifellos sehr eindrucksvolle Überlieferung von einer Knechtschaft in Ägypten erst aus dem kultischen Ritual der Passahfeier entstanden ist oder durch sie klare Umrisse gewonnen hat, so daß in Wirklichkeit das Ritual die Tradition gestalten half.

Auch Dr. Habachi findet es nicht verwunderlich, daß es in ägyptischen Berichten keine Erwähnung der Knechtschaft oder des Auszugs der Israeliten gibt. Das hebräische Volk war nur eine Minderheit, und die Ägypter überlieferten nicht gern etwas, das nach Niederlage oder Demütigung aussah.

Um so interessanter ist es, daß es *doch* eine ägyptische Fassung der Geschichte gibt – oder, um genauer zu sein, eine Art Gegen-Sage aus ägyptischer Perspektive. Sie wird dem ägyptischen Historiker Manetho zugeschrieben, der im dritten Jahrhundert v. Chr., 1000 Jahre nach dem angeblichen Datum des Auszugs aus Ägypten, gelebt hat. Die Geschichte ist reichlich skurril und läuft darauf hinaus, daß die Hebräer nicht entflohen, sondern hinausgeworfen worden sind. Sie erzählt von einer Gruppe asiatischer Aussätziger und Seuchenkranker, die einst gewaltsam aus Ägypten vertrieben worden und nach Palästina zurückgegangen sein sollen, wo sie als Vorfahren der Juden Jerusalem gegründet hätten.

Den Kern dieser antisemitischen Erzählung bildet nach Professor Donald Redford ein ägyptisches Motiv, das seinen Ursprung durchaus in der Vertreibung der verhaßten Hyksos gehabt haben könnte, das aber durch die Wellen der Invasion, die im 1. Jahrtausend v. Chr. über Ägypten hereinbrachen, verstärkt wurde. Die Eindringlinge dieser Zeit waren fast immer Asiaten, kamen immer aus dem Norden und richteten immer entsetzliche Zerstörungen an: die Assyrer, Babylonier und Perser. Daher ist die Geschichte ein zeitloses Beispiel für Patriotismus und Fremdenhaß.

Aber was ist nun mit Mose, der eine so fundamentale Rolle als Begründer des israelitischen Glaubens spielt? Außerhalb der Bibel gibt es keinen Beweis für seine Existenz, obwohl man kaum bestreiten kann, daß sein Name auf eine genuin ägyptische Namensform zurückgeht. Auf der anderen Seite ist es fast nicht denkbar, daß der mächtigen biblischen Tradition über ihn nicht die Erinnerung an eine charismatische Persönlichkeit dieses Namens zugrunde liegen sollte. Israelische Wissenschaftler sagen ironisch: »Mose hat vielleicht nicht existiert, aber dann hatte er mit Sicherheit einen Vetter namens Mose!«

Ob der Bericht vom Auszug aus Ägypten ein wahres Bild von ihm zeichnet, ist allerdings eine ganze andere Frage. Professor Redford ist der Ansicht, daß das *1.* und *2. Buch Mose* erst im 7. oder 6. Jahrhundert v. Chr. Form gewannen, als das drohende oder schon hereingebrochene Exil die Israeliten veranlaßte, ihre Überlieferungen gedanklich zu klären und in ihre gegenwärtige Gestalt zu bringen. Was die Exilierten wissen sollten, war vor allem, daß es schon einmal eine solche Knechtschaft, ein Exil, gegeben hatte und daß ihre Vorfahren davon befreit worden waren. Aus dieser Perspektive gesehen ist der Bericht von der Knechtschaft in Ägypten und von der Befreiung daraus weit eher ein Glaubensbekenntnis als Geschichtsschreibung.

4 Der Auszug aus Ägypten

Nebi Mend am Orontes in Syrien; hier fand die Schlacht von Kadesch zwischen den Ägyptern und den Hethitern statt.

»Laß mein Volk ziehen!« – rief Mose, als er die Entlassung der Kinder Israel aus ihrer Knechtschaft in Pharaos Arbeiterkolonnen in Ägypten forderte. Sein Schrei lebt weiter in den Hoffnungen der Unterdrückten, und er hat die Träume der Befreier von alters her erfüllt. Künstler aller Jahrhunderte schufen daraus ein ergreifendes Bild, das aus der Kultur unseres Volkes nicht mehr wegzudenken ist: der Befreier Mose, ein Greis von achtzig Jahren, der vor dem allmächtigen Pharao von Ägypten steht und ihm dies fordernde »Laß mein Volk ziehen!« entgegenruft.

Zermürbt durch die verheerenden Folgen der zehn Plagen, die Mose auf Ägypten herabgerufen hatte, erklärte sich der Pharao schließlich bereit, die Hebräer ziehen zu lassen. Ja, er war sogar so froh, diese schädlichen Leute endlich loszuwerden, daß er ihnen erlaubte, so viel Silber, Gold und Kleidung, wie sie »entleihen« konnten *(2. Mose 12,35–6)*, von den Ägyptern zu plündern. So traten die Kinder Israel ihren Auszug aus Ägypten an.

Doch was war ihr Ziel? Und welchen Weg zogen sie? Was die Bibel darüber zu berichten hat, ist erstaunlich widersprüchlich, präzis und unscharf zugleich, klar und verwirrend. Die Bibelwissenschaftler haben unermüdlich daran gearbeitet, einen geographischen Plan des Auszugs aus Ägypten zu erstellen, aber ihre Versuche bleiben notwendigerweise spekulativ, weil sie von der jeweiligen Deutung der vorgegebenen Anhaltspunkte abhängen. Das Ergebnis ist denn auch, daß einige Wissenschaftler uns vorführen wollen, wie die Kinder Israel knietief durch die seichten Stellen des Mittelmeers waten, während andere sie das Rote Meer durchziehen lassen. Dazwischen gibt es alle möglichen Variationen. Eine Karte, die sämtliche Reiserouten aus Ägypten heraus und durch die Sinaihalbinsel zusammenstellen wollte, die all die Jahre hindurch zur Debatte standen, würde aussehen, als ob man die Irrwege eines betrunkenen Tausendfüßlers hätte abbilden wollen.

Hyksos-Schutzwälle in Geser, Palästina. Im Vordergrund die massive Steinbefestigung, die man zur Hyksosherrschaft in Palästina und Syrien während der Mitte des 2. Jahrtausends v. Chr. in Verbindung setzt. Im Hintergrund schräg ansteigend der Glacis-Wall aus gestampfter Erde und Bruchstein.

Ein anderes Problem stellt der Umfang des Auszugs dar. Nach dem 1. Kapitel des *4. Buches Mose* konnten die zwölf Stämme Israels, die am Auszug teilnahmen, nicht weniger als 603 550 Männer im waffenfähigen Alter aufbieten. Dann müßte die Gesamtzahl der Flüchtlinge mindestens zwei Millionen betragen haben, was selbst den Gutgläubigsten kritisch stimmt. Es ist schlicht unmöglich, daß eine Menschenmenge dieser Größenordnung ganze

Links: Akazien in der Sinaiwüste. Trotz der Trockenheit gibt es in der Wüste eine überraschend reichhaltige Vegetation. Angeblich haben die wandernden Israeliten aus Akazienholz die Bundeslade gebaut.

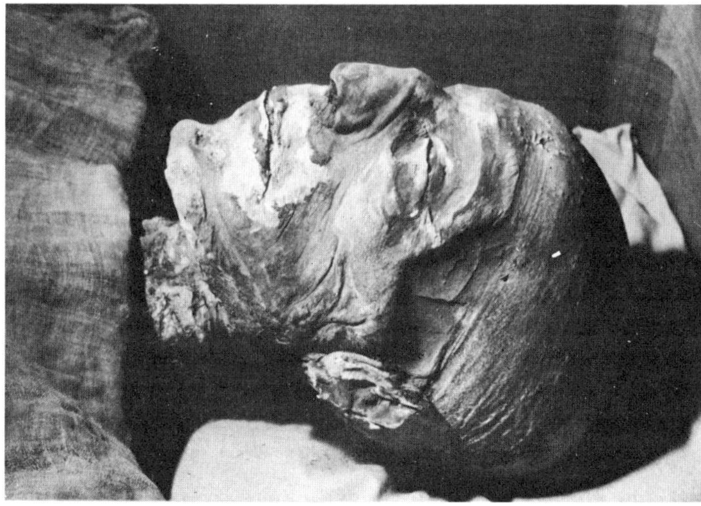

Rechts: Die Mumie Merenptahs, des »Pharaos des Auszugs«, von dem man früher glaubte, er sei im Roten Meer ertrunken.

Links: Das Katharinenkloster; nach christlicher Überlieferung steht es am Fuß des Berges Sinai (Dschebel Musa), wo Mose die Gesetzestafeln von Jahwe empfing.

vierzig Jahre lang in der Wüste überlebt haben soll, wie die Bibel glauben machen will.

Außerdem hätte Ägypten es sich ja auch gar nicht leisten können, einen so großen Teil seiner arbeitsfähigen Bevölkerung zu verlieren, zumal es zweifelhaft ist, ob zur Zeit des Neuen Reichs die gesamte Einwohnerzahl Ägyptens überhaupt die genannte Zahl überschritten hat. Die biblischen Schriftsteller wollten vielleicht einem solchen möglichen Einwand begegnen, wenn sie berichteten, der Pharao sei nach dem furchtbaren Gemetzel der Passahnacht zur Besinnung gekommen und habe seine Entscheidung, »das Volk ziehen zu lassen«, bereut: Er rüstete ein großes Heer von Streitwagen und jagte den Kindern Israel nach, bis er sie einholte, »als sie am Meere lagerten ... bei Pihahiroth gegenüber Baal-Zephon« *(2. Mose 14,9)*. In früheren Bibelübersetzungen hielt man besagtes Meer für das Rote Meer, und so war gleich die Szene für die wunderbare Durchquerung des Roten Meeres bereit: Dabei teilte Mose die Wasser, so daß die Kinder Israel trocken hinübergelangen konnten. Danach ließ er die Meeresfluten wieder über dem verfolgenden Ägypterheer zusammenschlagen, so daß alle, mitsamt dem unglückseligen Pharao, ertranken.

Vorausgesetzt, der Pharao der Knechtschaft war Ramses II., so muß der Pharao des Auszugs aus Ägypten Ramses' Nachfolger Merenptah gewesen sein. Die Aufregung war groß, als 1881 sein mumifizierter Körper in einem Grab in der Nähe von Deir el-Bahri am Westufer des Nils bei Theben gefunden wurde – aber man war auch leicht verstimmt: Wenn Merenptah im Roten Meer ertrunken ist, wie kann dann seine Leiche in einem Grab auf dem Festland bestattet liegen? Die besorgten Fundamentalisten waren jedoch wieder besänftigt, als sie erfuhren, daß die Mumie deutliche Salzspuren auf der Haut trug: Offensichtlich war die Leiche Pharaos nach dem Unglück an die Küste gespült und dann nach ägyptischem Brauch begraben worden. Leider übersah (oder verschwieg) man dabei gewöhnlich, daß *alle* Mumien Salzrückstände auf der Haut aufweisen, einfach deshalb, weil zur Einbalsamierung eine Behandlung mit salzhaltigem Natron gehört. Spätere Analysen haben gezeigt, daß Merenptahs Mumie nicht mehr und nicht weniger Salz auf der Haut enthält als jede andere Mumie auch.

Auch noch aus einem anderen Grund ist Merenptah ein denkbar ungeeigneter Anwärter für den Pharao des Auszugs aus Ägypten. Er hat wahrscheinlich etwa von 1224–1211 v. Chr. regiert und im fünften Jahr seiner Regierung einen Feldzug nach Palästina geführt. Auf einer Stele zur Erinnerung an seine Taten – eher eine hymnische Feier seiner Siege als eine Chronik – listet er die Gegner, die er besiegt hat, auf: unter anderen Kanaan, Askalon und Geser. Nun finden wir überraschenderweise an dieser Stelle die einzige Erwähnung des Namens »Israel« in altägyptischen Zeugnissen: »Israel ist verwüstet und hat keinen Samen.« Es ist höchst umstritten, ob sich das auf den Staat Israel oder einfach auf das Volk, die »Kinder Israel«, bezieht. Aber auf jeden Fall hätte sich Merenptah schwerlich eines Sieges über »Israel« und Palästina rühmen können, wenn er bei dem vergeblichen Versuch, die Israeliten daran zu hindern, Palästina überhaupt erst einmal zu erreichen, ertrunken wäre.

»Israel«: Ausschnitt aus der Merenptah-Stele, etwa 1220 v. Chr.; die einzige Erwähnung Israels in altägyptischen Zeugnissen.

Wer den biblischen Auszugsbericht mit seinen offenkundigen Widersprüchen rationalistisch erklären möchte, kann sich darauf berufen, daß man neuerdings den Begriff »Rotes Meer« für eine Fehlübersetzung hält: der hebräische Ausdruck *jam suph* heißt »Schilfmeer«, nicht »Rotes Meer«. Damit sind die Schleusen für eine Flut von Hypothesen geöffnet, die jenes »Schilfmeer« zu lokalisieren versuchen. Wenigstens ein Dutzend Plätze zwischen dem Suezkanal und den Bitterseen sind in Erwägung gezogen worden, und da sich die Topographie des östlichen Deltas seit biblischen Zeiten erheblich verändert hat, nicht zuletzt durch den Bau des Suezkanals, ist es unmöglich, irgendeinen davon zu verifizieren. Jede Landschaft mit Wasser und Schilf könnte die richtige sein. Dann hätte nur plötzlich ein Wind aufkommen müssen, der das Meer austrocknete und die Kinder Israel ans andere Ufer entwischen ließ, während die verfolgenden Ägypter mit ihren Wagen im Schlamm steckenblieben und ertranken, sobald der Wind sich änderte und das Wasser wiederkam.

Es werden heute zu diesem Problem zwei Hauptpositionen vertreten: Eine Gruppe von Wissenschaftlern bevorzugt eine Route, die nördlich aus Ägypten herausführt, die andere eine südliche. Beide berufen sich dabei auf verschiedene Vertauschungen der unidentifizierbaren Ortsnamen, von denen die biblische Erzählung wimmelt. Und beide ignorieren, daß an anderer Stelle der Bibel, nämlich im Bericht über Salomos Schiffs- und Handelsunternehmungen zu Ezjon-Geber (vgl. Kap. 8), *jam suph* geographisch eindeutig das Rote Meer (den Golf von Akaba) meint.

Es ist wohl nicht möglich, die vielen Probleme, die mit diesem Aspekt des Auszugs aus Ägypten verbunden sind, befriedigend zu lösen. Dr. Pritchard formuliert das Ergebnis einsichtsvoll wie immer: »Die Route des Auszugs stellt eines der Hauptprobleme in der biblischen Geographie dar. Es gibt eine Liste von Orten, durch die die Israeliten hindurchgezogen sind – Lagerplätze, Rastplätze usw. –, und diese Liste ist ohne Schwierigkeiten lesbar. Das Problem ist nur, daß wenige dieser Orte mit Sicherheit identifizierbar sind. Das ist verständlich, denn in der Wüste gibt es keine Städte, und ein Lagerplatz hinterläßt keine archäologischen Spuren. Es ist ein riesiges Gebiet, das noch nicht durchkämmt worden ist, darum ist es völlig verständlich, daß es nicht auf einer modernen Landkarte aufgezeichnet werden kann. Das soll aber nicht heißen, daß der biblische Bericht nicht zuverlässig wäre; es heißt nur, daß wir die Lösung noch nicht gefunden haben.«

Und so zogen nach dem biblischen Bericht die Kinder Israel in die Wüste. Der Begriff »Wüste« könnte dabei unter Umständen mißverstanden werden. Man denkt dabei an riesige Flächen von Sanddünen wie etwa in der Sahara. Ganz anders die Wüste Sinai: Sie ist eher eine staubige Kalksteinwildnis, in der erstaunlich mannigfaltiges Leben gedeihen kann – nicht zuletzt mehrere tausend Beduinen mit ihren Schafen, Ziegen und Kamelen. Der Leopard ist in Sinai erst in jüngster Zeit ausgerottet worden; Wölfe, Hyänen und Luchse gibt es auch heute noch dort, außerdem den Steinbock, die »Bergziege« der Bibel. Die Vegetation ist überraschend reichhaltig, wenn man bedenkt, daß die jährliche Regenmenge nur 25 Millimeter beträgt. Für das Herdenvieh wachsen reichlich Kameldornbüsche, die den amerikanischen Sträuchern ähnlich sehen, die man oft in Wildwestfilmen die verlassenen Straßen von Grenzstädten hinunterwehen sieht; und zur Not gibt es immer noch Wermut mit seinem bitteren Geschmack.

Für Menschen, die hindurchreisen, finden sich besonders in den nördlichen Gegenden der Wüste manchmal Zug-Wachteln *(2. Mose 16,13; 4. Mose 11,31–2)*. Und dann gibt es jenes geheimnisvolle »Manna«, das die Kinder Israel am Leben erhalten half *(2. Mose 16,15)*. Manna wird in der Tat aus einigen Wüstenpflanzen gewonnen, vor allem aus Tamarisken. In der Bibel steht, es gleiche Koriandersaat und sei weiß wie Gummiharz – das

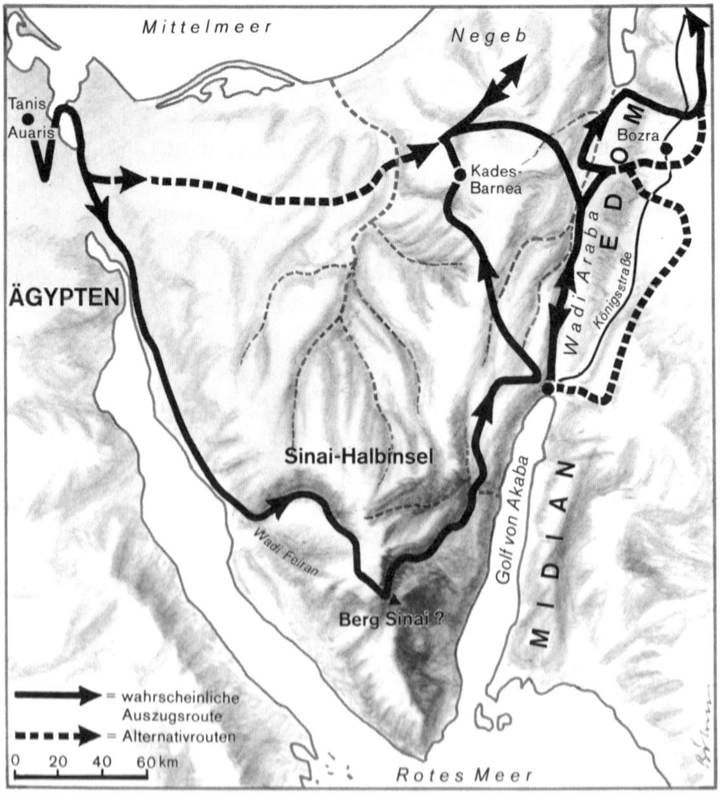

Die vermutliche Auszugsroute. Im Laufe der Jahre hat man allerdings zahllose Variationen vorgeschlagen, die Gelehrten sind deshalb noch zu keinem einstimmigen Ergebnis gekommen.

stimmt genau. Es handelt sich nämlich um einen Saft, der aus den Stengeln der Sträucher abgesondert wird, nachdem sie von einer bestimmten Insektenart angestochen worden sind; wenn er hart wird, blättert er ab; seine Farbe ist zunächst weiß. Das Manna hat ganz und gar nichts Wunderbares an sich – außer der Menge, die laut biblischen Angaben ausgereicht haben soll, um zwei Millionen Menschen vierzig Jahre lang zu ernähren. Wenn heute jemand eine ausreichende Menge Manna suchen wollte, um auch nur eine einzige Person in der Wüste am Leben zu erhalten, würde er es ganz bestimmt für ein Wunder halten, wenn er sie fände!

In der Wüste ist Überleben erstes Gebot. Keiner weiß das besser als die Beduinen. Die Regeln ihres Zusammenlebens gründen vor allem auf der Notwendigkeit zu überleben: die Gebote des Teilens, die Gebote der Gastfreundschaft gegenüber Durchreisenden und die kompromißlosen Strafen, wenn eine solche Regel verletzt und damit das Überleben des Stammes gefährdet wird. Dr. Clinton Bailey, Dozent für Beduinenkultur an der Universität Tel Aviv, weist nach, daß man vielen Gebräuchen und ethischen Vorschriften, die bei den Israeliten in der Wüste galten, auch noch in heutigen Beduinengemeinschaften begegnen kann. Dies ist selbstverständlich kein Argument für das Alter oder die Historizität der biblischen Überlieferungen; denn wenn diese sozialen Regeln »zeitlos« sind, können sie uns nichts über einen besonderen Zeitraum verraten, in dem sie galten und in dem sie in die biblische Überlieferung eingegliedert wurden.

Höhepunkt und Halbzeit ihrer Wüstenwanderung waren für die Kinder Israel ihre Erfahrungen am Berg Sinai (auch Horeb genannt). Hier soll Mose von Gott die Gesetzestafeln empfangen haben. Aber wo soll das geschehen sein? Einige denken an einen Ort im Norden der Sinaihalbinsel. Andere suchen ihn an der Ostseite des Golfes von Akaba, in den Bergen Midians, wo Mose den größten Teil seines Lebens verbrachte und wo die Tätigkeit von Vulkanen durch geologische Spuren nachweisbar ist. Vielleicht wurde die biblische Beschreibung einer Bergspitze, die in Rauchwolken gehüllt und von Blitzen durchzuckt gewesen sein soll, davon angeregt *(2. Mose 19,16)*. Aber es ist wohl eine vergebliche Mühe, den Ort definitiv identifizieren zu wollen.

Die traditionelle Stätte des Berges Sinai ist – zumindest für Christen – der Dschebel Musa (Berg Moses) fast am Südende der Sinaihalbinsel. Schon ganz früh, im 4. Jahrhundert n. Chr., entdeckte eine fromme reisende Dame mit Namen Etheria am Fuß des Berges den brennenden Dornbusch (»Er ist immer noch lebendig und hat junge Triebe«). Er wurde damals von einer Gruppe von Eremiten gepflegt, die in der Nähe eine Kirche gebaut hatten. Im 6. Jahrhundert n. Chr. errichtete Kaiser Justinian dort ein befestigtes Kloster zum Schutz für die heiligen Männer; es steht heute noch dort und ist immer noch von Mönchen bewohnt. Es kann sich rühmen, das älteste kontinuierlich bewohnte Gebäude der Welt zu sein. Hier können Pilger und Besucher – allerdings unter etwas spartanischen Umständen – übernachten, wenn sie bei Tagesanbruch die 716 Meter zum Gipfel hinaufsteigen wollen.

Das Kloster ist der heiligen Katharina gewidmet, einer ägyptischen Christin, die in Alexandria das Martyrium erlitten haben soll. Ihre Gebeine sind angeblich von Engeln zum Dschebel Musa getragen worden. Das Kloster selbst ist überaus reizvoll; aus allen seinen Winkeln atmet Geschichte. Seine Bibliothek besitzt eine kostbare Sammlung alter Handschriften; hier wurde 1859 der *Codex Sinaiticus* gefunden. Diese griechische Übersetzung des Neuen und einiger Teile des Alten Testaments aus dem 4. Jahrhundert n. Chr. hatte man zunächst dem Zar von Rußland im Austausch für eine Gabe von 9000 Rubeln überlassen. Nach der kommunistischen Revolution in Rußland kaufte sie das Britische Museum der sowjetischen Regierung für 100000 Pfund wieder ab.

Der Anstieg zum Gipfel des Dschebel Musa erschöpft und belebt zugleich. Vom Gipfel aus, wo über der Höhle, in der Mose Schutz gesucht haben soll, eine kleine Kapelle gebaut ist, hat man einen atemberaubenden Rundblick über die zerklüfteten, schroffen Bergketten des Sinaigebirges. Dort oben, inmitten endloser öder Wildnis, verstummt jeder Widerspruch gegen irgend etwas,

Das Wadi Araba. Im Vordergrund die Berge von Edom; in der Mitte die tiefe Senke des Wadi Araba, die vom Golf von Akaba nördlich bis zum Toten Meer verläuft, das man im Hintergrund noch sehen kann.

was man sich gern vorstellen möchte, gegen irgend etwas, was ein Mensch denken – oder ein Gott lenken möchte. Dort oben erscheint einem gar nicht mehr fremd und unwahrscheinlich, was viele für eines der Schlüsselereignisse menschlicher Geschichte halten: die erste persönliche Begegnung zwischen Mensch und Gott, bei der die einzelnen Bedingungen eines Bundes ausgearbeitet wurden, eines Gesellschaftsvertrages, der letztlich besagt: »Ihr sorgt für mich – ich will für euch sorgen.«

Unter den Wissenschaftlern ist man geteilter Meinung darüber, ob dieses dramatische Ereignis wirklich die Geburtsstunde des monotheistischen Konzepts gewesen ist, der Vorstellung, daß es einen einzigen Schöpfergott gibt, der die täglichen Geschicke von Menschen und Nationen bestimmen kann, oder ob wir hier nicht eher eine nachträgliche Deutung vor uns haben, die spätere Propheten im nachhinein großzügig mit der vorhandenen Überlieferung verweben konnten. Die Verfasser der biblischen Texte sahen hier ein Ereignis von übernatürlicher Bedeutung: Gott war nicht länger einfach »El« (Plural Elohim), sondern JHWE (»Ich bin, der ich bin«). Wenn dies manchmal als »Jehova« gelesen wurde, so liegt das daran, daß im Urtext die hebräischen Konsonanten mit den Vokalen des hebräischen Wortes für »Herr« kombiniert wurden, weil die besondere Ehrfurcht vor dem göttlichen Namen es den Juden verbot, ihn selbst auszusprechen. Heute sagt man »Jahwe«. Der Bund mit Jahwe erhob die Religion der Israeliten von einer Beschwichtigungspolitik gegenüber dem eigenwilligen und zufälligen Walten von Naturmächten zu einem dynamischen und gezielten Abkommen mit dem einen Schöpfer des Universums selbst. Dieses neue Gottesverhältnis war nicht das Ergebnis müßiger philosophischer Spekulation über die Natur des Unendlichen, sondern es beruhte auf einer besonderen Vereinbarung, die den Israeliten (und durch sie der westlichen Welt) als Gegenleistung für Gottes Liebe ein gewaltiges Maß an moralischem Gehorsam abverlangte.

Mose hatte laut biblischer Erzählung zwei solche Begegnungen mit Jahwe. Bei der ersten wurden die Grundprinzipien des Vertrages erstellt, die Zehn Gebote, die Mose pflichtgetreu den Israeliten weitergab, die sich alle unten im Tal versammelt hatten. Bei der zweiten – das war diesmal eine längere Sitzung von insgesamt vierzig Tagen – wurden die Einzelheiten eines Gesetzescodex ausgefeilt, der das soziale Verhalten des Volkes regeln sollte. Dieser Gesetzescodex, so ist uns überliefert, wurde von Gott auf zwei Steinplatten, die beiden »Tafeln«, geschrieben. Lange glaubte man, in diesem Gesetzescodex seien wirklich zum erstenmal solche sozialen und ethischen Forderungen formuliert. Die archäologischen Entdeckungen der letzten Jahrzehnte haben hingegen gezeigt, daß Gesetzessammlungen dieser Art schon Jahrhunderte früher auf mesopotamischen Steinstelen und Tontäfelchen festgehalten wurden; ein berühmtes Beispiel ist der Gesetzescodex des Königs Hammurabi von Babylon aus dem 18. Jahrhundert v. Chr. Diese frühen Sammlungen enthalten schon viele von den Gedanken, die später im Mosaischen Codex der Bibel wiederkehren.

Leider sind die Steintafeln des Mose der Archäologie nicht zugänglich, denn Mose soll sie wütend zerschlagen haben, als er zum israelitischen Lager zurückkam und dort entdeckte, daß seine ganze lange Unterredung mit Gott vergeblich gewesen war: Während seiner Abwesenheit hatte sein Bruder, der Priester Aaron, das Volk dazu verführt, statt Jahwe ein eigens hergestelltes Goldenes Kalb zu verehren.

Die Episode vom Goldenen Kalb, das Aaron aus den goldenen Ohrringen der Kinder Israel goß, ist als Treuebruch dargestellt, als schwerer Rückfall zu der Verehrung ägyptischer Tiergottheiten, der von Mose aufs strengste bestraft wurde. Dieser Vorgang sollte sich später in der Geschichte Israels wiederholen, als das israelitische Nordreich mit der offiziellen Kultpraxis Jerusalems brach (vgl. Kap. 9). So haben wir hier vielleicht eine sinnbildliche Darstellung des langen Kampfes zwischen den Priestern des monotheistischen Judentums und den Anhängern einer liberaleren und pluralistischen Religion vor uns, die offenbar nie ganz ausstarb. Im *2. Buch Mose* lenkt Mose den Wunsch und die Fähigkeit seines Volkes, sich Bilder von Gott zu machen, in eine andere Richtung und läßt sie die Bundeslade und die Stiftshütte anfertigen. Letztere war ein Zelt mit einem Vorhang, das als bewegliches Heiligtum die Lade beherbergen sollte.

Die Bibel verwendet ganze sechs Kapitel darauf, um zu beschreiben, wie die Lade aus Akazienholz gebaut wurde und wie reich die Stiftshütte geschmückt war *(2. Mose 35–40)*. Das spricht allerdings in erster Linie für das Ausmaß der kultischen Bedeutung dieses Heiligtums und garantiert keineswegs die Richtigkeit der Beschreibung. Rekonstruktionsversuche der Lade und der Stiftshütte, die sich an den biblischen Angaben orientierten – z. B. der Versuch des Diamantenkaufmanns Moses Levine aus Tel Aviv, der dafür fünfzehn Jahre lang seine Freizeit opferte –, gerieten am Ende so kunstvoll und kostbar, daß es kaum möglich ist, sie sich als Teil des Gepäcks eines Wüstenvolkes vorzustellen. Die mit der Stiftshütte verbundenen Überlieferungen sind deshalb eher eine Rückprojektion des prächtig geschmückten Tempels, den Salomo im 10. Jahrhundert v. Chr. in Jerusalem baute (vgl. Kap. 8).

Jedenfalls berichtet die Bibel im *4. Buch Mose* weiter, die Israeliten hätten deutlich sehen können, daß Gott in der Stiftshütte symbolisch Wohnung genommen hatte. Von nun an führte sie tagsüber eine Wolke und nachts eine Feuersäule bei ihrem Zug durch die Wüste Sinai, bis sie ihren nächsten wichtigen Standort in der »Wüste Paran« erreicht hatten, einen Ort namens Kades-Barnea.

Kades-Barnea war und ist auch heute noch eine wichtige Oase an der äußersten Grenze der Sinaiwüste. Geschichtlich bedeutsam wurde sie als Festungsstadt an der Südgrenze des Königreichs Juda. Ausgrabungen, die Rudolf Cohen vom »Israel Department of Antiquities« im Jahr 1976 durchführte, haben gezeigt, daß es hier seit dem 10. Jahrhundert v. Chr. eine unbefestigte Siedlung gegeben hat. Vorher lag die Bedeutung des Ortes in seinem Reichtum an Quellwasser. Dadurch diente er Händlern, die über Land zogen, und Nomaden gleichermaßen als Rastplatz und bot ihnen so viel Wasser, wie sie sich nur wünschen konnten. Jeder, der aus der Wüste kam, machte in Kades-Barnea halt. Auch Mose bildete hier offenbar keine Ausnahme. Nach dem *5. Buch Mose 1,46* verweilten die Kinder Israel hier eine geraume Zeit, ruhten sich aus und tränkten ihre Herden – vielleicht über ein Jahr.

In Kades-Barnea befanden sie sich unmittelbar an der Schwelle des verheißenen Landes Kanaan. Die Bibel sagt damit zugleich, daß dies der Punkt war, von dem aus Mose ursprünglich nach Kanaan hatte einziehen wollen. Vorausschauend wie er war, sandte er eine Gruppe von zwölf Kundschaftern aus, die ausspionieren sollten, was sie erwartete. Einer von ihnen war ein junger Mann namens Josua, Sohn des Nun, der zu gegebener Zeit eine weit größere Rolle spielen sollte!

Die Kundschafter kehrten nach vierzig Tagen zurück (vieles geschieht in der Bibel offenbar in Zeiträumen, die mit der Zahl vierzig zusammenhängen) und berichteten, Kanaan sei tatsächlich ein Land, in dem Milch und Honig fließt. Zum Beweis brachten

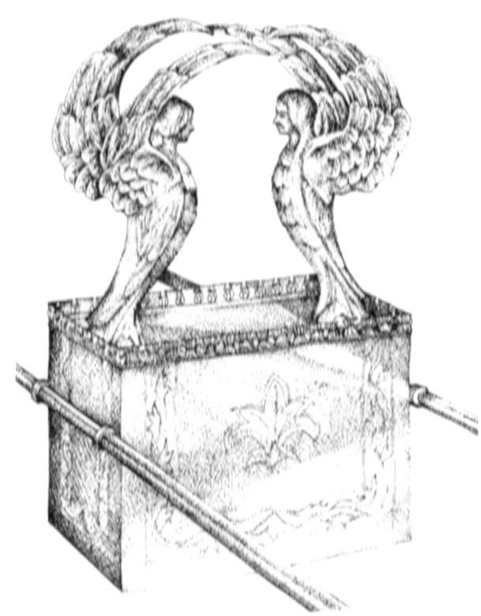

Die Bundeslade: Ausschnitt aus einer Miniaturrekonstruktion, die der Diamantenhändler Moses Levine aus Tel Aviv nach den detaillierten Angaben im *2. Buch Mose* angefertigt hat.

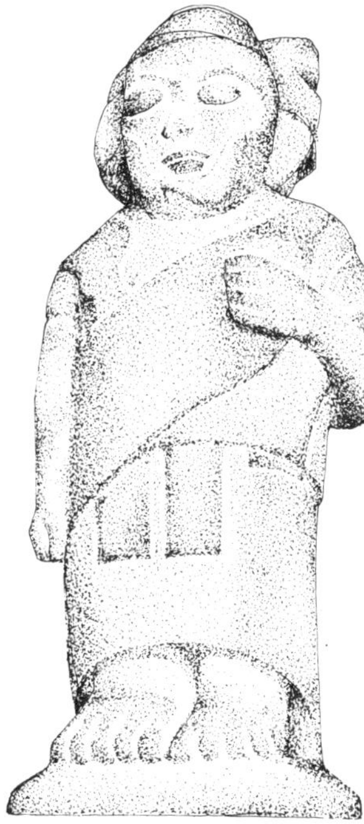

Ammoniterkönig aus dem späten 8. Jahrhundert v. Chr.

sie eine riesige Weintraube mit, die so schwer war, daß sie zwei Männer an einem Stock über ihren Schultern tragen mußten – dies ist übrigens heute das Symbol des israelischen Fremdenverkehrsbüros. Aber sie berichteten auch, daß Kanaan ein dicht bevölkertes Land sei; seine Städte seien sicher befestigt, und zu allem Überfluß lebten auch noch ein paar Riesen darin. Gegen eine solche Übermacht, so fürchtete man, würden die Kinder Israel keine Chance haben.

Bitter enttäuscht von diesen deprimierenden Nachrichten, noch dazu direkt an der Schwelle des Landes, das ihnen ihr Gott verheißen hatte, »murrten« die Kinder Israel gegen den Herrn. Viele von ihnen wollten kehrtmachen und geradewegs zu den »Fleischtöpfen Ägyptens« zurückkehren. Aber Mose beriet sich erst einmal, wie es sich gehörte, mit dem Herrn und entschied sich dann für einen weiten Umweg nach Osten um das andere Ufer des Toten Meeres, um Kanaan vom jenseitigen Ufer des Jordans aus anzugreifen. Doch der Herr strafte die Kinder Israel, weil sie gewagt hatten, an seiner Verheißung zu zweifeln, und verdammte sie dazu, vierzig Jahre lang durch die Wüste zu wandern (ebenso lang, wie die Kundschafter in Tagen gebraucht hatten), bevor sie ihr Ziel erreichten.

Dieser östliche Umweg führte die Kinder Israel durch das heutige Haschemitische Königreich von Jordanien. Wieder einmal sind die verschiedenen biblischen Berichte über diesen Reiseabschnitt so wenig einheitlich, ja sogar widersprüchlich, daß niemand davon eine sinnvolle geographische Skizze anfertigen kann. Unter den Bibelwissenschaftlern ist deshalb die Meinung verbreitet, es handele sich hier um eine Zusammenfassung von Traditionen über die Wanderungen vieler Gruppen zu verschiedenen Zeiten, die um die dominante Figur des Mose vereinigt worden seien.

Politisch sahen die biblischen Schriftsteller Jordanien in viele Einzelkönigreiche aufgeteilt: Im Süden Edom, das vom Golf von Akaba bis zum Toten Meer reichte; dann Moab, das den größten Teil des Landes östlich vom Toten Meer einnahm, mit seiner Hauptstadt Hesbon als Zentrum; nördlich von Hesbon gehörte das östliche Jordanland zum Königreich Ammon, dessen Hauptstadt in der Gegend der jetzigen Hauptstadt von Jordanien, Amman, lag. Durch all diese Königreiche hindurch, vom Golf von Akaba direkt nach Damaskus und Mesopotamien, führte eine der wichtigsten Hauptverkehrsstraßen, die sogenannte »Königsstraße«. Die zweite bedeutende Straße, die Via Maris, die »Meeresstraße«, verlief entlang der Mittelmeerküste von Ägypten bis zum Libanon.

Um von Osten her über den Jordan nach Kanaan zu gelangen, mußten Mose und seine Leute erst die Hindernisse Edom, Moab und Ammon überwinden oder umgehen. Edom lag am weitesten südlich, und mit ihm mußte daher zuerst verhandelt werden. Es war ein unwirtliches Land voller Hügel; nach Westen hin schützte es eine steile Bergkette. Die kürzeste Strecke führte aber nun einmal die Königsstraße hinauf. Mose versuchte es deshalb auf diplomatischem Wege: Er sandte von Kades-Barnea aus Botschafter zum König von Edom, die ihn um Erlaubnis bitten sollten, auf der Landstraße durch sein Land zu ziehen. Sie versprachen, dabei weder Äcker und Weinberge zu betreten noch Wasser zu nehmen, ohne dafür zu bezahlen. Aber der König von Edom weigerte sich: »Und Edom zog ihm entgegen mit mächtigem Kriegsvolk und starker Hand. Da Edom sich weigerte, Israel durch sein Gebiet ziehen zu lassen, wandte sich Israel seitwärts und ließ von ihm ab« *(4. Mose 20,20–1)*.

An anderen Stellen der Bibel heißt es, die Hauptstadt Edoms sei eine Stadt namens Bozra im Norden des Königreiches gewesen. Man hat das biblische Bozra mit dem heutigen Dorf el-Busera identifiziert, das am Rand der Königsstraße im Wadi Araba fast genau östlich von Kades-Barnea liegt. Es ist ein naheliegender Gedanke, daß eine israelitische Gesandtschaft zum König in seine Hauptstadt Bozra gegangen sein wird. Der Name »Bozra« bedeutete ursprünglich »Festung«, und wirklich ist der Platz, an dem Busera steht, schon von Natur aus an drei Seiten durch jähe Schluchten geschützt. Sicher hätte man eine befestigte Stadt in dieser Lage, die ja jetzt noch die alte Königsstraße beherrscht, nicht einfach umgehen können. Offensichtlich hatte der biblische Erzähler wirklich eine militärisch bestens ausgerüstete königliche Festung vor Augen, deren mächtiges Heer, die »starke Hand«, den Kindern Israel die Reise auf der Landstraße verwehrte.

Das Gelände von Busera (biblisch Bozra). Man sieht von der Königsstraße auf die natürliche Hochebene, auf der die Hauptstadt von Edom lag. Sie war an drei Seiten durch steile Schluchten geschützt.

So also stellten sich die biblischen Schriftsteller Edom und Bozra im 13. Jahrhundert v. Chr. vor (vorausgesetzt, das ist die Zeit, in der der Auszug aus Ägypten unter Mose stattgefunden hat). Dieses Bild hat die Archäologie früher aus lauter Nachlässigkeit eher noch verstärkt. Bis in jüngste Zeit war jedoch kein einziger edomitischer Ort aus der fraglichen Zeit ausgegraben worden. Bei einer archäologischen Sichtung vor dreißig Jahren hatte man in Orten wie Busera an der Oberfläche vereinzelte Stückchen Keramik gefunden, und diese Scherben wurden einfach dem 13. Jahrhundert v. Chr. zugeordnet, obwohl niemand so recht etwas über die damalige edomitische Töpferkunst wußte. Solche Ergebnisse waren wohl in erster Linie auf das Wunschdenken solcher Wissenschaftler zurückzuführen, die – vielleicht ohne es zu wissen – lieber die Bibel benutzen, um archäologische Funde zu erklären, als umgekehrt.

Das war die Lage im Jahre 1971, als Mrs. Crystal Bennett, die Leiterin der »British School of Archaeology in Jerusalem«, daranging, in Busera zu graben. Sie tat das, wie sie selbst zugibt, um eine sichtbare Bestätigung für dic biblische Behauptung zu finden, es habe hier im 13. Jahrhundert v. Chr. eine edomitische Königsstadt gegeben: Sie war auf der Suche nach dem biblischen Bozra.

Bei ihren Ausgrabungen erkannte sie, daß der Ort viel ausgedehnter gewesen war, als die Oberflächenfunde hatten vermuten lassen. Abschreckende Mauern, über einen Meter dick, hatten die Stadt umgeben. An ihrer höchsten Stelle hatte eine befestigte Zitadelle gestanden, die einen Tempel oder ein Heiligtum einschloß. Im Bereich zwischen der Zitadelle und den Außenmauern fand

Busera/Bozra: Gesamtsicht der Akropolis während der Ausgrabung durch Mrs. Crystal Bennett (1974).

Mrs. Bennett ein großes Durcheinander von Gebäuden, von denen immer eins auf das andere gesetzt war. Es gab auch deutliche Spuren von zwei getrennten Zerstörungen, bei denen die Stadt bis auf den Grund niedergebrannt war. Aber vier Ausgrabungskampagnen zwangen Mrs. Bennett zu Schlußfolgerungen in bezug auf die Datierung der Stadt, die sie selbst so überraschten wie die übrigen Archäologen und Bibelwissenschaftler: Sie mußte erkennen, daß es dort vor dem Ende des 8. Jahrhunderts v. Chr. überhaupt keine Stadt, ja nicht eimal eine Siedlung gegeben hat. Erst fünfhundert Jahre nach dem vermutlichen Datum des Auszugs aus Ägypten war diese Lokalität besiedelt worden! Wenn aber dort zur Zeit des Mose keine Stadt stand, was war dann mit jenen edomitischen Königen, von denen die Bibel erzählt? Die Konsequenz aus den Funden von Busera war nur allzu klar: Die Könige waren einfache Stammesscheichs gewesen, und ihre Städte waren Zelte. Mrs. Bennett ist nun im Zweifel, ob den biblischen Traditionen über den Auszug aus Ägypten überhaupt irgendein historischer Wert beizumessen ist.

Diese Zweifel erhielten neue Nahrung durch eine weitere Ausgrabung jüngeren Datums in Jordanien, an einem Ort, den man hypothetisch mit der moabitischen Stadt Hesbon identifiziert hat. Hesbon war der Schauplatz für eine andere Begegnung zwischen den Kindern Israel und einem jordanischen König: Diesmal war es König Sihon, ein Amoriterkönig, der Moab erobert hatte *(4. Mose 21,26)*.

Nach dem *4. Buch Mose* hatte Mose Gesandte zu Sihon geschickt, genau wie vorher zum König von Edom, die um sicheren Durchzug durch sein Territorium bitten sollten. Sihon weigerte sich und griff die Israeliten in offener Schlacht an. Er verlor, woraufhin die Israeliten vom gesamten Land Moab Besitz ergriffen.

Man hat das biblische Hesbon mit Tell Hesban identifiziert, das 26 Kilometer südlich an der Hauptstraße liegt. Der *tell* beherrscht die ganze Gegend. Er liegt am Rande des langgestreckten Flachlandes von Moab, steigt auf über 900 Meter über der Meereshöhe an und ist von den Überresten einer Zitadelle gekrönt. Das heutige Dorf Hesban bedeckt die Südhänge des *tell*.

Tell Hesban ist vor kurzem von einer amerikanischen Gruppe unter der Schirmherrschaft der »Andrews University of Berrien Spring, Michigan« und den »American Schools of Oriental Research« in fünf Ausgrabungskampagnen seit 1968 ausgegraben worden. Die Ausgrabung wurde ursprünglich von Dr. Siegfried Horn, dem Vorstand der Andrews University, geleitet, der den Ort eigens in der Absicht ausgewählt hatte, mehr über den Durchzug der Israeliten durch Jordanien in Erfahrung zu bringen. Seine Hochschule ist eine kleine Adventistenuniversität, und Dr. Horn, der sich 1973 zur Ruhe gesetzt hat, verstand den biblischen Bericht vorwiegend fundamentalistisch und buchstäblich. Er war sich ganz sicher, daß Hesbon den unwiderlegbaren Beweis erbrin-

Tell Hesban: Blick von Osten auf den Ort, den man mit dem biblischen Hesbon, der Hauptstadt des Königreichs Moab identifiziert. Die Ausgrabungen fanden auf der Spitze des *tell* statt.

gen würde, daß hier seit etwa 1250–1200 v. Chr. Israeliten wohnten und daß hier vorher eine Moabiterstadt gestanden hatte, die die Israeliten nach ihrem Sieg über König Sihon zerstörten.

In der Fachsprache der Archäologie gilt das Jahr 1200 v. Chr. als Grenze zwischen der Späten Bronzezeit (ca. 1550–1200 v. Chr.) und der Eisenzeit (ca. 1200–580 v. Chr.) in Palästina. Kennzeichnend für diesen Einschnitt ist ein Wechsel im Töpferstil, der uns zu dieser Zeit an unzähligen Orten in ganz Palästina begegnet. Und weil man gewöhnlich annimmt, der Auszug aus Ägypten und die Eroberung Kanaans hätten zu dieser Zeit stattgefunden, wird die Keramik der ersten Periode der Eisenzeit (Eisenzeit I) oft für »israelitische« Keramik gehalten und auch so genannt. Diese ganz zufällige Bezeichnung führt zuweilen zu gefährlichen Zirkelschlüssen. Nämlich: Wenn die Bibel dazu benutzt wird zu beweisen, daß die Eisenzeit-I-Keramik »israelitisch« ist, und »israelitische« Keramik dann wiederum dazu dienen soll, die Korrektheit der biblischen Texte zu beweisen!

Dr. Horns Erwartungen wurden jedoch enttäuscht. Als die Ausgräber durch die Siedlungsschichten nach unten stießen, fanden sie sichere Beweise dafür, daß Hesbon erst in der zweiten Eisenzeitperiode (vom Ende des 8. Jahrhunderts v. Chr. an) eine Stadt von größeren Ausmaßen gewesen ist, während es dort in der ersten Eisenzeitperiode (1200–700 v. Chr.) nur eine sehr spärliche Besiedlung gegeben hat – höchstens ein Dorf. Aus dieser Zeit ist praktisch nichts mehr erhalten, gerade noch Spuren einiger abgerissener Hauswände, einige kleine Vertiefungen, vielleicht ein Kopfsteinboden und einige Keramikscherben. Hesbons städtische Entwicklung gleicht also exakt der von Bozra: Es gab dort während der angenommenen Zeit der israelitischen Besetzung keine größere Stadt.

Aber nicht nur das: Wie in Busera/Bozra fanden die Ausgräber nicht einmal Spuren einer Besiedlung während der späten Bronzezeit. Zu der Zeit, in der Hesbon nach biblischen Angaben die Hauptstadt des Königs Sihon gewesen sein soll, war es in Wirklichkeit völlig unbewohnt.

Eine abschließende Veröffentlichung dieser Ausgrabungen ist noch nicht erhältlich, aber Dr. James Sauer, der Leiter des »American Centre of Oriental Research« in Amman, der an der Ausgrabung als Experte für Töpferkunst teilgenommen hat, faßt zusammen, welche Schlüsse man aus den bisherigen Ergebnissen ziehen kann. Zunächst einmal können wir aus ihnen folgern, daß der biblische Bericht, historisch betrachtet, einfach falsch ist. Diese Diskrepanz ließe sich erklären, wenn man annähme, daß die biblischen Schriftsteller die politischen Rivalitäten, die sie in ihren eigenen Tagen erlebten, zeitlich zurückverlegt haben, um sie besser erklären zu können. Vielleicht wollten sie auch die israelitische Haltung bei aktuellen Grenzstreitigkeiten rechtfertigen. Diese Interpretation schließt ein, daß diese frühen Abschnitte der Bibel viel später geschrieben sein müssen, als man früher angenommen hat, erst im 7. oder 6. Jahrhundert v. Chr., wie allmählich viele Wissenschaftler besonders in Deutschland und den USA glauben. Damit wäre die Glaubwürdigkeit der Bibel als einer faktengetreuen historischen Quelle in Frage gestellt.

Es ist andererseits allerdings auch möglich, daß Tell Hesban überhaupt nicht die biblische Stadt Hesbon ist und daß die archäologische Forschung an einem anderen Ort in diesem Gebiet, z. B. in Tell Dschalul, ein ganz anderes Bild ergeben könnte. Und es gibt schließlich noch eine dritte Möglichkeit: daß es zwar eine israelitische Einwanderung gegeben hat, aber in einer komplizierteren Weise, als es die vereinfachenden Berichte der Bibel glauben machen wollen: nicht durch militärische Eroberung, sondern auf dem Weg allmählicher Unterwanderung, vielleicht auch mit Hilfe örtlicher Aufstände oder sozialer Revolten, die von relativ kleinen Gruppen von Einwanderern ausgelöst wurden.

Unser Bild von den Geschehnissen im Jordanien des 13. und 12. Jahrhunderts v. Chr. will keine klaren Konturen gewinnen, ja, es ist noch viel unschärfer geworden, als man dies früher erwartet hatte. Der jordanische Archäologe Dr. Mouawiye Ibrahim hat Eisenzeit-I-Keramik (»israelitische« Keramik) an einem Ort namens Sahab, östlich von Amman, ausgegraben, ein gutes Stück weit entfernt von dem vermutlich israelitisch beeinflußten Gebiet. Das mehrt die Zweifel daran, daß die Eisenzeit-I-Keramik allzu selbstverständlich von vornherein als »israelitisch« etikettiert

Tell Hesban: Die älteste Siedlungsschicht wurde durch eine kleine Zisterne und eine Stützmauer angezeigt, die man auf den Anfang der Eisenzeit (ca. 1200 v. Chr.) zurückdatiert.

werden kann; sie ist vielleicht gar nicht von israelitischen Einwanderern eingeführt worden, sondern hat sich im Land selbst entwickelt.

Die biblische Erzählung weiß zu berichten, daß die Kinder Israel weitere Siege errangen und noch mehr Land gewannen, diesmal im Gebiet des Königreichs Basan, nördlich von Ammon bis ganz hinauf zum Berg Hermon, wo sie den gigantischen König Og besiegten. Die Archäologie konnte bisher wenig zur Klärung dieser Vorgänge beitragen, aber man kann wohl kaum daran zweifeln, daß auch Ausgrabungen weiter im Norden nach dem Muster von Busera und Hesban verlaufen würden. Sie würden bestätigen, daß die Zuverlässigkeit der Bibel als historischer Quelle für den Versuch der Israeliten, vom östlichen Jordanufer aus in das Land der Verheißung einzudringen, einer radikalen Kritik unterzogen werden muß.

Nach biblischer Darstellung nahmen die Kinder Israel nach

vierzigjähriger Wanderung das östliche Jordanufer ein. Sie versammelten sich dort zum Sturm auf Kanaan – nun trennte sie nur noch der Jordan von ihrem Gegner. Sie hatten viele Kämpfe bestanden, doch einen – er war nicht einmal militärischer Natur – bewahrten sie während ihres späteren Aufenthalts in Palästina in besonderer Weise im Gedächtnis: Der Anlaß war, daß das Volk anfing, »mit den Töchtern der Moabiter zu buhlen« *(4. Mose 25,1)*. Der Vorwurf des »Buhlens« meint nicht so sehr, oder jedenfalls nicht nur, ein sexuelles Vergehen. Er war im Grunde religiöser Art. Obwohl wir nicht viel über die kultischen Handlungen der Moabiter wissen, können wir vermuten, daß die biblischen Schriftsteller jene Art polytheistischer Religion meinten, die in Kanaan vorherrschte (vgl. Kap. 5). Das Blutbad, das auf Moses Befehl angerichtet wurde, um die Israeliten von ihrer Treulosigkeit zu reinigen, steht im *4. Buch Mose* sinnbildlich für den ständigen Konflikt zwischen der unnachgiebig strengen monotheistischen Jahwereligion und den komplizierten und hochentwickelten kultischen Ritualen der Kanaaniter. Das spricht dafür, daß solche Rückfälle unter den Israeliten öfter vorkamen, als man vermutet hat. Von daher versteht man vielleicht auch die Grausamkeit der Versuche von seiten der priesterlichen Autorität, sie auszulöschen.

Das verheißene Land vom Berg Nebo aus. Wie Mose sehen wir über den Jordan und das Tote Meer bis zum judäischen Hügelland.

Mose selbst, so erzählt die Bibel, war es nicht bestimmt, seinen Fuß in das Land der Verheißung zu setzen. Er durfte nur kurz vor seinem Tod im Alter von 120 Jahren vom »Berg Nebo« aus einen Blick darauf werfen *(5. Mose 34)*. Beim Berg Nebo denkt man gewöhnlich an den heutigen Dschebel en-Neba (807 Meter), der etwa 30 Kilometer südwestlich von Amman liegt. Etwas weiter westlich liegt die weite dürre Hochfläche von Ras Sijaga (718 Meter), das biblische Pisga, die Gegend, von der aus der Herr Mose den Blick auf Kanaan gewährt haben soll. Weit im Westen ragen dunkel und schwer die judäischen Berge auf; dazwischen liegt die tief eingegrabene Serpentinenschlucht des Jordan, der nach Süden in das nur noch düster schimmernde Tote Meer fließt. Jericho hebt sich als ein lebendiger grüner Fleck ab; die Türme des modernen Jerusalem kann man gerade noch durch ein Fernglas erspähen. Es ist ein herrlicher Aussichtspunkt. Hier starb Mose, noch rüstig und gesund, »und niemand kennt sein Grab bis auf diesen Tag« *(5. Mose 34,6)*.

Kades-Barnea. Die üppige Oase im Tal war eine natürliche Zwischenstation für Reisende und Nomaden. In mittlerer Entfernung sieht man, halb von Bäumen umgeben, die kahlen Umrisse des *tell* von Kades-Barnea.

Allerdings erfuhr im 4. Jahrhundert n. Chr. offenbar doch jemand von seinem Grab: ein Schafhirt, dem diese Kunde in einer Vision zuteil wurde. An der Stelle des Grabes wurde eine große byzantinische Basilika errichtet, die inzwischen vom »Franciscan Biblical Institute of Jerusalem« ausgegraben worden ist. Es gibt dort auch Überreste römischen Mauerwerks, aber diese Monumente datieren alle über 1000 Jahre nach dem vermutlichen Todesjahr des Mose. Dagegen existieren keine archäologischen Funde, die die biblische Aussage erhärten könnten, nichts, das be-

Miss Kathleen Kenyon bei Filmaufnahmen in Jericho. Hinter ihr Reste der Stadtbefestigung aus der Mittleren Bronzezeit.

weisen könnte, daß hier die wechselvolle und dramatische Karriere Mose ihr Märchenbuch-Ende gefunden hat – als wäre er ein König Arthur des Altertums!

Die Kinder Israel warten indes an der Schwelle des Landes, nach dem sie sich gesehnt haben. Ihr charismatischer Führer ist tot, doch ein Nachfolger steht schon bereit, sie über den Jordan zu führen: ein glänzend begabter junger Militärführer mit Namen Josua.

Megiddo. In dem riesigen Graben, den die Expedition der Chicago-Universität in den zwanziger und dreißiger Jahren gegraben hat, sieht man (Mitte) einen schönen kanaanitischen Rundaltar aus Stein.

5 Ein Land, das von Milch und Honig fließt

Die Gestalt Josuas und die Geschichte von der Eroberung Kanaans durch die Israeliten sind fest in unserer volkstümlichen Kultur verwurzelt: »Josua kämpfte die Schlacht von Jericho, da stürzten die Mauern herab.« – Der Ort, von dem aus die Israeliten nun endlich, am Vorabend der Invasion, den Jordan überqueren durften, lag nach biblischer Überlieferung »gegenüber Jericho«, im Gebiet der alten Allenby-Brücke, etwa acht Kilometer entfernt von der Stelle, wo der Fluß ins Tote Meer fließt. Hier, in Beth-Abara, soll nach alter Tradition Jesus getauft worden sein.

Der Jordan bildet eine geographische Grenze, ein natürliches Hindernis zwischen den Ländern auf beiden Seiten. Er ist niemals schiffbar gewesen, denn sein gewundener Lauf ist vom See Genezareth bis zum Toten Meer mit Felsen übersät. Eigentlich macht der Jordan, den sich die meisten Leute als einen majestätischen, breiten Strom vorstellen, auf den ersten Blick einen enttäuschenden Eindruck: Er ist gelblich-braun gefärbt und ausgesprochen schmal – nur ungefähr zehn Meter breit. Er sieht aus, als könnte man ihn recht leicht durchwaten; trotzdem ging es bei seiner Überquerung durch die Israeliten nicht ohne ein Wunder ab, eine nicht sehr überzeugende Kopie des Wunders vom Roten Meer, mit dessen Hilfe die Israeliten den Fluß trockenen Fußes durchwaten konnten *(Josua 3)*. Man hat allen Ernstes auf mancherlei Weise zu zeigen versucht, wie so ein Phänomen auf natürliche Weise zustande kommen kann: als Stau infolge eines Erdbebens oder Einsturz des Flußufers usw., doch scheint es mir immer, als würden solche gutgemeinten Apologien nur den theologischen Gehalt des Alten Testaments verwässern, ohne dafür seine historische Glaubwürdigkeit zu stärken.

Der Sturmgott: Baal, der Gott des Donners; er schwingt eine Keule in seiner rechten und einen Speer in seiner linken Hand (vielleicht eine stilisierte Darstellung des Blitzes). Kalksteintafel aus Ugarit.

Wenn wir nun zunächst einmal den Ertrag der archäologischen Forschung für diese – nach dem biblischen Verständnis der Frühgeschichte Israels so entscheidende – Periode ins Auge fassen, so stoßen wir auf erbitterte Kontroversen unter den Wissenschaftlern, und zwar nicht nur darüber, wann oder wie die Eroberung Kanaans stattgefunden hat, sondern auch darüber, ob sie überhaupt in der Weise, wie die Bibel sie darstellt, stattgefunden hat.

Die Worte »Kanaan« und »kanaanitisch« bedürfen zunächst einmal einer Erklärung. Die Bibel bezeichnet damit – etwas diskriminierend – diejenigen Teile Palästinas, die später zu den Königreichen Israel und Juda gehören sollten, diejenigen Gebiete also, die die Israeliten zuerst besiegten und dann im nachhinein rationalisierend als »Land der Verheißung« deuteten. Man hielt die Kanaaniter für die größte, doch keineswegs einzige semitische Bevölkerungsgruppe, die von den Israeliten enteignet oder vereinnahmt wurde. Inzwischen hat man jedoch erkannt, daß »Kanaan« ein viel weiteres Gebiet umfaßte. Es reichte von der ägyptischen Grenze im Süden bis zur nordsyrischen Küste einschließlich des Libanon: Damit war Kanaan die Landbrücke zwischen Ägypten und Mesopotamien.

Dieses vielgestaltige Gebiet besaß keine Naturerscheinung wie z.B. den Nil als einheitsstiftenden Mittelpunkt; es war denn auch selten eine geschlossene politische Größe. Die neuesten Entdekkungen in Tell Mardikh (vgl. Kap. 2) haben die Existenz eines mächtigen Kanaaniterreiches während der zweiten Hälfte des 3. Jahrtausends v.Chr. erwiesen. Im 2. Jahrtausend v.Chr. geriet es immer wieder unter den Einfluß oder die Herrschaft Ägyptens, und zur Zeit des Neuen Reichs (1500–1200 v.Chr.) war es ägyptische Provinz. Unter politischem und ethnischem Gesichtspunkt war Kanaan niemals ein einheitliches Gebiet. Die Besiedlung konzentrierte sich auf sicher befestigte Städte, die ständig versuchten, sich unter ihren Lehnskönigen einen unabhängigen Status zu verschaffen. Auffällig ist die kosmopolitische Haltung dieser Städte, besonders im Norden. Infolge ihrer Tätigkeit als Zwischenhändler begegneten die Kanaaniter dort Einflüssen aus der gesamten damals bekannten Welt und machten sie sich zu eigen: Einflüsse aus Ägypten, Mesopotamien, Arabien, Anatolien, Mykene und der Ägäis. Solche Einflüsse halfen ihnen, eine anspruchsvolle Zivilisation und Kultur zu entwickeln, von deren Fülle die Archäologie immer mehr Zeugnisse entdeckt.

Ugarit (Ras esch-Schamra): einer der vielen diplomatischen Texte, die man im Archiv von Ugarit gefunden hat, mit dem Siegel des Hethiterkönigs.

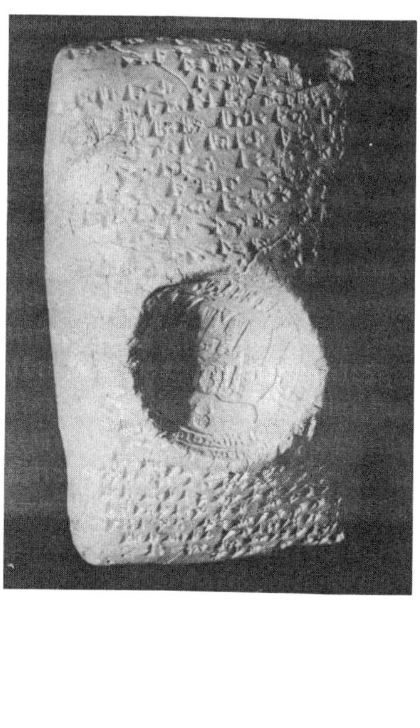

Eine der größten kanaanitischen Städte war Ugarit, das heutige Ras esch-Schamra an der nordsyrischen Küste, direkt nördlich von Ladakije, das seit 1929 von französischen Archäologen ausgegraben wird. Es begann, wie so oft bei großen archäologischen Überraschungen, mit einem Zufallsfund: 1929 stieß ein syrischer Bauer beim Pflügen eines Feldes hinter einem winzigen Fischerhafen namens Minet el-Beda (weißer Hafen) auf einen behauenen Stein, der in ein großes Grab hinabführte. Eine Gruppe von Archäologen, geführt von Claude Schaeffer, kam eilends aus Paris herbei, um dieser Entdeckung auf den Grund zu gehen. Sie erkannten bald, daß sie im Begriff waren, eine vollständige Totenstadt mit Grabgewölben in eindeutig mykenischem Stil auszugraben. Im folgenden Frühjahr wurde Dr. Schaeffer auf einen niedrigen *tell* aufmerksam, der etwa eineinhalb Kilometer weiter im Landinneren lag und dort als Ras esch-Schamra bekannt war (Fenchelkopf). Das war offenbar die Stadt, zu der der Friedhof gehört hatte. Nach inzwischen vierzig Ausgrabungskampagnen gehört Ugarit heute zu den eindrucksvollsten Stätten des Mittleren Ostens.

Das Erscheinungsbild des Ortes ist geprägt von einem gewaltigen Königspalast aus der Zeit zwischen 1400 und 1200 v. Chr., der Zeit, in der Ugarit auf der Höhe seiner Macht stand. Er bestand aus 120 Räumen auf einer Fläche von etwa 10000 Quadratmetern mit Innenhöfen, Gärten und Treppen. Neben einer ausgedehnten Wohnfläche gab es zwei Tempel, die Göttern geweiht waren, deren Namen uns aus der Bibel vertraut sind: Baal und Dagon. Heute wird das ganze Gelände vom »Directorate General of Antiquities and Museums of Syria« für den Besucher bestens instand gehalten.

Aber die interessanteste Entdeckung in Ugarit war auf jeden Fall die Palastbibliothek, mehrere Archive aus den Bereichen Verwaltung, Finanzen, Wirtschaft, Gesetzgebung, Handel und Diplomatie. Dazu gab es zwei Tempelbibliotheken mit religiösen und mythologischen Texten.

Die Texte waren in mehreren Sprachen und Schriften verfaßt; das spricht für Ugarits kosmopolitische Stellung in Welthandel und -politik der damaligen Zeit. Was die Wissenschaftler aber völlig aus der Fassung brachte, war die Entdeckung einer bis dahin unbekannten Keilschrift (man hat sie »ugaritisch« genannt), bei der zum erstenmal ein Alphabet verwendet wird. Die Keilschriftsysteme Mesopotamiens waren syllabisch, d. h., sie bestanden aus Hunderten von Zeichen, die Silben oder Wörter bedeuteten – eine sehr komplizierte Schrift, die nur äußerst begabte Spezialisten beherrschen konnten. Das Ugaritische zeigt die Entwicklung eines Alphabets aus dreißig Schriftzeichen, die das Schreiben und Lesen unendlich erleichterten und damit dem gemeinen Mann eher zugänglich machten. Es ist nicht, wie manchmal behauptet wird, das älteste Alphabet der Welt; diese Auszeichnung gebührt eher den sogenannten »protosinaitischen« Inschriften von 1500 v. Chr., die in einem ägyptischen Bergbaulager bei Serabit el-Chadem auf der westlichen Sinaihalbinsel von Sir Flinders Petrie gefunden worden sind. Diese frühsemitische Schrift, die aus siebenundzwanzig Konsonantenzeichen besteht, stellt den ersten uns bekannten Versuch dar, ein lineares (nicht keilförmiges) Alphabet zu entwickeln, das auf einer glatten Oberfläche wie Keramik oder Papyrus geschrieben werden konnte. Nichtsdestoweniger war das Keilschriftalphabet des kanaanitischen Ugarit ein bemerkenswerter Beitrag zum Fortschritt der Menschheit.

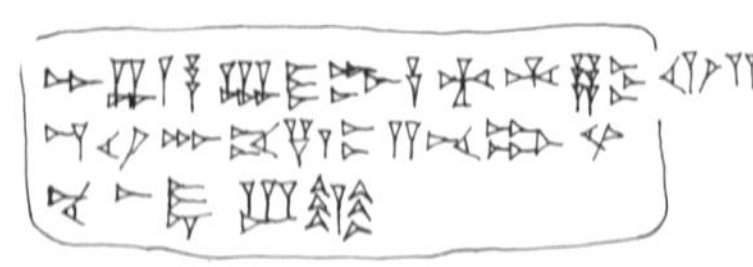

Ugarit: Auf einem kleinen Tontäfelchen sehen wir das erste Keilschriftalphabet mit dreißig Schriftzeichen. Es beginnt von links nach rechts mit »a b g . . .«

Gabriel Saade, ein Schriftsteller und Gelehrter aus der nahe gelegenen Stadt Ladakije, der die Ausgrabungen in Ugarit inzwischen mehr als vierzig Jahre lang verfolgt hat, nennt es »eine der großen Stätten in der Geschichte der Zivilisation. Ugarit ist im wahrsten Sinne des Wortes eine sprechende Stadt.« Vor allen Dingen sieht er in Ugarit eine von Grund auf kanaanitische Stadt: Seine Tempel waren kanaanitischen Göttern gewidmet, seine mythologischen und religiösen Dichtungen lebten in der Welt des

Protosinaitische Inschrift von einer Statue, die Petrie in Serabit el-Chadem gefunden hat; darauf steht *lb'lt*, »für Ba'alat«.

Ugarit: der große Steinaltar und Sockel aus dem Baalstempel.

kanaanitischen Pantheons, sein westsemitischer Dialekt war kanaanitisch.

Bis zu den Entdeckungen von Ugarit kannten wir die Kanaaniter praktisch nur aus den Flüchen der alttestamentlichen Propheten, die mit viel Abscheu gegen die religiösen »Greueltaten« dieses Volkes wettern. Nun wissen wir dank der ugaritischen Texte und ihrer mythologischen Bildersprache besser Bescheid über die theologische Organisation des kanaanitischen Pantheons und über die Funktionen und die Charakteristika jedes seiner vielen Götter.

Oberhaupt der Götter war El (»Gott«), der alte Vater der Götterfamilie und Vorsitzende der Götterversammlung. Man verehrte ihn als Schöpfergott, als den »Gütigen«, den »Mitleidigen«, der das Konzept einer geordneten Regierung und gerechten Gesellschaftsordnung verkörpert. Es ist auffällig, daß die Bibel niemals die kanaanitische El-Verehrung brandmarkt, ja daß seine Autorität in sozialen Angelegenheiten von den Patriarchen sogar anerkannt wird. Seine Gemahlin war Aschera, die Muttergöttin. In kanaanitischen Heiligtümern ist sie als naturgetreuer oder stilisierter Baum dargestellt (hebräisch *'aschērā*).

Baal, einer der Söhne Els, war mit der Exekutive im Pantheon beauftragt; er war der Gott des Donners und der Winterstürme, der starke Kriegsgott, der die göttliche Ordnung gegen die drohenden Chaosmächte durchsetzen mußte. Man verbindet ihn auch mit der Vegetation und dem jährlichen Fruchtbarkeitszyklus. Es gibt in den Ras-Schamra-Texten wenig Hinweise auf sexuelle

Freizügigkeit, die menschlich verständlichen magischen Aspekte des Kultes, die die Fruchtbarkeit der Natur sichern sollten und die die biblischen Schriftsteller so abstießen. Im Gegenteil, man kann vielerorts erkennen, daß sich in einigen von Jahwes Zügen Eigenschaften Baals als des göttlichen Königs widerspiegeln: etwa wenn von seinem Sieg über das Meerungeheuer Leviathan oder von seiner ewigen Königsherrschaft die Rede ist. Sogar einige Elemente der liturgischen Sprache weisen erstaunliche Ähnlichkeiten auf, etwa wenn Psalm 68 formuliert: »Ihm, der daherfährt im höchsten Himmel, dem ewigen«, »seine Macht in den Wolken« usw.

Baal wird manchmal »Sohn des Dagon« genannt. Dagon war auch eine Vegetationsgottheit, zuständig vor allem für das Wachstum von Getreide, wie sein Name sagt.

Die höchste Fruchtbarkeitsgöttin war Astarte, das kanaanitische Äquivalent zu Ischtar, die im Alten Testament als Asthoreth bekannt ist. Auch sie war den Schmähreden der biblischen Autoren ausgesetzt, denn mit ihr verband man die Rituale der Tempelprostitution. Man hat zahlreiche Tontafeln mit Darstellungen einer nackten Frauenfigur gefunden, deren Geschlechtsmerkmale überbetont sind und die man deshalb gewöhnlich dem Astartekult zuordnet. Sie sind offenbar als Amulette benutzt worden, um Fruchtbarkeit herbeizuzaubern. Vielleicht waren sie der Anlaß für das strenge biblische Verbot, Götterbilder herzustellen.

Neben den Tempeln von Baal und Dagon in Ugarit sind in Palästina verschiedene andere kanaanitische Tempel ausgegraben worden. Charakteristisch für alle diese Heiligtümer waren ihre

Hazor: Miniaturheiligtum mit Stelen. Links eine sitzende Gottheit, die man ursprünglich ohne Kopf gefunden hat; vorne ein Opfertisch; auf der mittleren Stele sieht man Hände, die im Gebet zu dem Emblem des Mondgottes erhoben sind.

steinernen Säulen, Stelen, die im Alten Testament *masseba* (Plural *masseboth*) heißen. Ein besonders schönes Miniaturheiligtum mit einem Opferaltar hat man in Hazor freigelegt; darin sieht man die Statuette eines sitzenden Gottes und eine Reihe von Stelen. Auf einer davon sind ein Paar Hände dargestellt, die im Gebet zu einem Halbmond-Emblem erhoben sind, das den Mondgott symbolisieren soll. Das eindrucksvollste Heiligtum unter freiem Himmel ist die lange Reihe von zehn steinernen Säulen auf der Kulthöhe von Geser aus der Mitte des 2. Jahrtausends v. Chr. Der Brauch, steinerne Säulen als Götterbilder aufzustellen, scheint in der Geschichte von Jakobs Traum einen Ausdruck zu finden, wenn er den Stein, der ihm als Ruhekissen gedient hat, als Säule aufstellt, auf seine Spitze Öl gießt und den Ort Beth-el (»Haus Gottes«) nennt *(1. Mose 28,11–22)*.

Der kanaanitische Göttervater El sitzt rechts vor einem kanaanitischen König (Ugarit).

Unser zunehmendes Wissen über die kanaanitische Zivilisation und Kultur hat dazu geführt, daß wir heute mehr Verständnis für die Kanaaniter aufbringen als die biblischen Autoren. Dr. John Gray, Professor für Hebräisch und semitische Sprachen an der Aberdeen University in Schottland, eine der führenden Autoritäten auf dem Gebiet der kanaanitischen Kultur, verweist darauf, daß die Religion der Kanaaniter auch einen sehr realen Wert für sie hatte. Er sieht in den großen Herbstfesten der Kanaaniter (widergespiegelt im Laubhüttenfest der Israeliten) ein notwendiges und nützliches Sicherheitsventil für die Gemeinschaft. Sobald der Sommer sich dem Ende zuneigte und die Regenfälle bevorstanden, begann für die Bauern regelmäßig eine Zeit der Angst: Würde der Regen wirklich kommen? Und würde er ausreichend sein? Dadurch, daß sie den Regengott Baal anriefen und seinem Eintreten durch stellvertretende magische Riten, zu denen auch die sexuelle Vereinigung gehörte, nachhalfen, befreiten sie sich von diesen Spannungen. Solche Rituale wurden natürlich zum Gegenstand des Mißbrauchs, so daß die Propheten und Reformer fürchteten, die einfachen israelitischen Bauern könnten sich dadurch verführen lassen und die Gesetze der hebräischen Religion vergessen: die Idee, daß Gehorsam gegenüber dem Willen Gottes wichtiger ist als Kultakte oder Beschwichtigungszeremonien, die doch letzten Endes auf den materiellen landwirtschaftlichen Wohlstand abzielten.

Dr. James B. Pritchard vom Universitätsmuseum in Pennsylvania teilt Dr. Grays Begeisterung für die Kanaaniter und meint, sie seien von den biblischen Autoren übel verleumdet worden. Er ist bei seinen Ausgrabungen in Palästina auf zahlreiche kanaanitische Funde gestoßen und ist dabei zu folgender Überzeugung gelangt: »Sie waren ein hochgebildetes Volk, waren bestens mit Geräten ausgerüstet und besaßen eine Religion, die in mancherlei Hinsicht den modernen Welterklärungen vergleichbar ist. Die Kanaaniter haben nämlich schon erkannt, daß es vielfältige Gründe für bestimmte Phänomene auf der Welt gibt. So machten

Geschnitzte Elfenbeinplatte in ägyptischem Stil aus Megiddo: Siegesfeier mit festlicher Bewirtung, Musik und nackten Gefangenen. Späte Bronzezeit.

sie für ein bestimmtes Gebiet menschlicher Erfahrung einen Gott verantwortlich, für ein anderes einen anderen und so fort. Nun fällt auf, daß diese Deutungen menschlicher Erfahrung sich genau dem Weltbild der modernen Wissenschaften einfügen, in dem es auch bestimmte determinierende Faktoren gibt: die Gene, die Umweltbedingungen, die wirtschaftlichen Mächte – lauter Gewalten, die wir nicht kontrollieren können. Es kommt mir so vor, als hätten die Kanaaniter schon eine Idee von diesen Zusammenhängen gehabt. Sie setzten sich damit nicht durch, aber wir können heute ihre Gedanken aus den archäologischen Quellen wiederentdecken.«

Dies also war das Volk, dem die Kinder Israel seinen Besitz nehmen wollten, um das ihnen verheißene Land zu gewinnen. Nach dem Buch *Josua* geschah dies durch eine militärische Eroberung in drei von ganz Israel gemeinsam durchgeführten Blitzkriegaktionen, die auf die Zerstörung Jerichos folgten. Die erste führte mitten durch das Land hindurch und endete mit der Zerstörung der Stadt Ai *(Josua 7–8)*; die zweite richtete sich gegen eine Verschwörung kanaanitischer Könige in Gibeon *(Josua 10)*, und die dritte hatte das Ziel, ein Bündnis von Königen im Norden zu zerschlagen und ihre wichtigste Stadt, Hazor, zu zerstören *(Josua 11)*.

Hazor (Tell el-Qedach), etwa vierzehn Kilometer nördlich vom See Genezareth gelegen, war in den fünfziger Jahren der Schauplatz einer sensationellen Ausgrabung, die der berühmte israelische Archäologe Professor Dr. Yigael Yadin, Direktor des Archäologischen Instituts der Hebräischen Universität Jerusalem, durchführte. Im Lauf von fünf Ausgrabungskampagnen fand Dr. Yadin (dem später als Ausgräber von Masada noch größerer internationaler Ruhm zuteil werden sollte) eindeutige Spuren einer gewaltsamen Zerstörung der Stadt zwischen 1250 und 1225 v.Chr. Er schrieb sie, ohne zu zögern, Josua zu.

Hazor ist ein ausgedehnter Ort; es besteht aus zwei verschiedenen Teilen: dem eigentlichen keilförmigen *tell* im Westen und einem weiten rechteckigen Plateau, einer Einfriedung von fast 81 Hektar Größe, auf der Nordseite. Sie ist an drei Seiten von

Die Liebesgöttin: Auf einer Terrakottatafel sieht man Astarte, die in ihren erhobenen Händen Lotusblüten hält. Späte Bronzezeit, Palästina.

Hazor: eine Töpferwerkstatt in der Nähe des Miniaturheiligtums mit kleiner Tonmaske für kultische Zwecke und Töpferscheibe.

massiven Erdwällen geschützt, auf der vierten durch die befestigte Stadt auf dem *tell*. Verschiedene Probegrabungen hatte dort schon 1928 Professor John Garstang von der Liverpool University durchgeführt, der spätere Direktor für Altertümer bei der britischen Mandatsverwaltung in Palästina. Er bestätigte die Identifikation des Ortes, fand aber bei den Erkundungen, die er im Gebiet der Einfriedung vornahm, nichts Bemerkenswertes. Daraus schloß er, daß die Einfriedung höchstens ein Lagerplatz oder vielleicht ein Abstellplatz für Streitwagen gewesen sein könne.

Yadins Ausgrabungen zeigten jedoch im Gegenteil, daß innerhalb der Einfriedung eine riesige Stadt mit 30000–40000 Einwohnern existiert haben muß, so daß die »Untere Stadt« (wie Yadin sie nannte) von Hazor bei weitem das größte Bevölkerungszentrum in Kanaan gewesen ist. Es stellte sich außerdem heraus, daß diese Stadt um 1225 v. Chr. dem Erdboden gleichgemacht und seitdem nicht mehr aufgebaut wurde. Etwa zur gleichen Zeit wurde auch die »Obere Stadt« auf dem eigentlichen *tell* zerstört. In der nächsten Besiedlungsschicht findet man nur Silos, Feuerstellen und Reste von Zelten und Hütten, die vermuten lassen, daß der Ort danach lange Zeit umherziehenden Herdenbesitzern überlassen blieb, deren Keramikstil sehr einfach war, und daß hier erst im 10. Jahrhundert v. Chr., in der Zeit Salomos also, eine neue befestigte Stadt aufgebaut wurde.

In jeder archäologischen Fundstätte ist es die Aufgabe der Ausgräber, zu versuchen, aus den einzelnen Schichten eine sinnvolle chronologische Folge abzuleiten, die die Geschichte des Ortes erklärt. In Hazor fand Dr. Yadin auf den Fußböden der letzten Stadt vor der endgültigen Zerstörung jene Art mykenischer Töpferkunst, die im 13. Jahrhundert gebräuchlich war, die aber im 12. Jahrhundert schon nicht mehr nach Palästina eingeführt wurde. Daraus schloß er auf das Datum der Zerstörung; der Name »Israel« auf der Merenptah-Stele von 1220 lieferte ihm ein Datum für die Anwesenheit der Israeliten in Kanaan, und den Rest besorgte die Bibel.

Dr. Yadin schreibt selbst, er führe seine Ausgrabungen mit dem Spaten in der einen Hand und der Bibel in der anderen durch. Der biblische Bericht im Buch *Josua* über das Schicksal Hazors ist tatsächlich einleuchtend und präzis: Nach dem Sieg über das Bündnis der Nordkönige »am Wasser von Merom« kehrte »Josua . . . um zu derselben Zeit und nahm Hazor ein und schlug seinen König mit dem Schwerte; Hazor war nämlich vor Zeiten die Hauptstadt aller dieser Königreiche. Und sie schlugen alles Lebende, was darin war, mit der Schärfe des Schwertes, indem sie den Bann vollstreckten – nichts blieb übrig, was Atem hatte –, Hazor aber verbrannte er . . . Nur alle Städte, die auf ihrem Hügel standen, verbrannte Israel nicht, ausgenommen Hazor; das allein verbrannte Josua« *(Josua 11,10–13)*.

Dr. Yadin verweist darauf, daß alle Funde in Hazor vollkommen mit der biblischen Darstellung übereinstimmen. Die Datierung Hazors fällt mit der angenommenen Zeit der Einwanderung der Israeliten in Kanaan zusammen. Die Stadt war groß genug, um »die Hauptstadt aller dieser Königreiche« gewesen sein zu können. Sie wurde dem Erdboden gleichgemacht; und während die Untere Stadt niemals wieder bewohnt wurde, fiel die Obere Stadt Zeltbewohnern und Herdenbesitzern in die Hände – ein

Hazor zur Zeit der Ausgrabung: in der Mitte der keilförmige *tell*, an dessen Vorder-(West-)Seite eine größere Ausgrabung stattfindet. Links beginnt die Untere Stadt mit dem riesigen Erdwall im Vordergrund. Das kleine Säulenheiligtum hat man im Ausgrabungsgelände innerhalb des Schutzwalls, genau links von der Mitte, gefunden.

eindeutiges Zeichen dafür, daß sich hier ein halbnomadisches Volk angesiedelt hat, das es noch nicht gewohnt war, in Städten zu leben. Doch nicht genug: Die verschiedenen Tempel und Heiligtümer, die in Hazor ausgegraben wurden, machten den Eindruck, als seien sie absichtlich verunstaltet worden. Die Statuetten waren geköpft und die steinernen Säulen umgeworfen – und hatte man nicht die Kinder Israel aufgefordert, alle Kultstätten der Kanaaniter zu zerstören?

Dr. Yadins Beweisführung ist schlüssig und glaubwürdig, trotzdem sind nicht alle Wissenschaftler bereit, ihr ohne weiteres zu folgen. Einerseits könnte die Stadt durchaus von jemand anderem niedergebrannt worden sein, denn in jenen turbulenten Zeiten kam es gewiß vor, daß Städte von rivalisierenden Nachbarn oder ägyptischen Strafexpeditionen zerstört wurden. Und so verlockend es sein mag, eine Beziehung zwischen archäologischen Funden und biblischer Überlieferung herzustellen, so wenig kann man eine solche Theorie mit absoluter Sicherheit beweisen. Hinsichtlich ihrer Keramik unterscheidet sich die Eisenzeit von der Bronzezeit einzig und allein durch das Fehlen von mykenischen Importen. Es gibt keinen einzigen charakteristischen Kunstgegenstand, mit dessen Hilfe die Archäologen einen Ort überzeugend als israelitisch bestimmen können.

Auch Entdeckungen an anderen biblischen Orten (oder deren Ausbleiben) helfen hier nicht weiter. Nehmen wir zum Beispiel die Stadt Ai, nahe bei Beth-el, die das Ziel von Josuas erstem Blitzangriff nach dem Fall von Jericho gewesen sein soll. Die Bibel berichtet ausführlich über das Schicksal, das ihr Josua bereitete: »Und derer, die an jenem Tage fielen, Männer und Frauen, waren im ganzen zwölftausend, alle Leute von Ai. Josua aber zog seine Hand, die er mit der Lanze ausgereckt hielt, nicht zurück, bis er an allen Bewohnern von Ai den Bann vollstreckt hatte . . . Und Josua äscherte Ai ein und machte es zu einem Trümmerhaufen für ewige Zeiten, zu einer Wüstenei, die noch heute da ist. Den König von Ai aber ließ er an den Pfahl hängen bis zum Abend . . .« *(Josua 8,25–29)*. Diese gnadenlose Grausamkeit wird im biblischen Bericht damit erklärt, daß die Bewohner von Ai den Israeliten zuvor eine schimpfliche Niederlage zugefügt hatten.

Der Ort Ai (der Name ist hebräisch und bedeutet »Ruine«) wird von den meisten Wissenschaftlern mit dem Hügel et-Tell identifiziert, der inzwischen erschöpfend ausgegraben worden ist: zum erstenmal in den dreißiger Jahren von der Rothschild-Expedition, die Madame Judith Marquet-Krause führte, und dann wieder von 1964 bis 1973 von einer großen kooperativen Expedition, einer Vereinigung von zwanzig Institutionen, voran die »American School of Oriental Research« unter Leitung von Dr. Joseph A. Callaway vom »Southern Baptist Theological Seminary« in Louisville, Kentucky. Das Ergebnis dieser Ausgrabungen ist schnell zusammengefaßt: In Ai hat es zu Anfang der

Das Gelände von Ai (et-Tell): Ausgrabungen in den sechziger Jahren unter Dr. Joseph A. Callaway.

Frühen Bronzezeit (ca. 3000 v. Chr.) eine größere befestigte Stadt gegeben, die nach verschiedenen Zerstörungen und erneutem Wiederaufbau etwa 2400 v. Chr. von einem unbekannten Angreifer gewaltsam zerstört wurde. Der Ort wurde verlassen und blieb unbewohnt, bis sich hier zu Anfang der Eisenzeit (ca. 1200 v. Chr.) nach und nach Herdenbesitzer und Zeltbewohner niederließen und ein unbefestigtes Dorf bauten.

Das bedeutet, daß Ai, sofern die Geschichte nicht ursprünglich mit einem anderen Ort anderen Namens verbunden war, schon eine Ruinenstätte war, als Josua hier angekommen sein soll – und

das schon seit über tausend Jahren! Der Ausgräber Dr. Callaway hat sich seitdem intensiv darum bemüht, einen anderen Ort in der Nähe zu finden, der Ai gewesen sein könnte, ist aber schließlich doch zu dem Ergebnis gekommen, daß die Identifikation von Ai und et-Tell korrekt ist.

Offensichtlich können die archäologischen Befunde von Hazor und Ai nicht beide zugleich die Bibel bestätigen. Wenn Dr. Yadins Interpretation Hazors stimmt, muß der biblische Bericht über Josua vor Ai falsch sein; wenn aber der biblische Bericht über Josua vor Ai nicht stimmt, sind dann die Erzählungen über Josua in Hazor überhaupt noch glaubwürdig? Es drängt sich der Verdacht auf, daß die Ai-Erzählung von späteren Generationen geschaffen worden ist, die erklären wollten, warum an diesem Ort so fürchterliche Ruinen standen, und die dabei einen Volkshelden, den alle in Erinnerung hatten, in den Mittelpunkt der Erzählung stellten. Dr. Yadin räumt zwar ein, daß die Ai-Geschichte wahrscheinlich eine Ätiologie darstellt, doch entmutigt ihn das nicht: Er hält sie für eine Ausnahme. Ohne sich in eine extreme Position begeben zu wollen, hält er es für richtig, den Josuageschichten in einigen Fällen die Historizität abzusprechen, andere aber doch so lange für zuverlässig zu halten, bis das Gegenteil bewiesen ist.

Den eigentlichen Zankapfel stellt jedoch der erste und berühmteste Sieg Josuas dar: die Eroberung Jerichos. Ihr Verlauf ist im *Josua*-Buch in allen Einzelheiten lebendig und eindrucksvoll erzählt. Zuerst sandte Josua zwei Kundschafter in die Stadt Jericho, um neueste Informationen über die Verteidigungsanlagen und über die Gesinnung der Einwohner zu erhalten. Die Prostituierte Rahab gewährte den Männern in ihrem Haus Unterkunft; für diesen Dienst versprach man ihr und ihrer Familie Sicherheit und Leben. Es folgte die wunderbare Überquerung des Jordan. An der Spitze des Zuges gingen die Priester, die die Bundeslade trugen. Kaum waren sie sicher am anderen Ufer angelangt, schlugen die Israeliten ein Lager bei Gilgal, dem heutigen Chirbet el-Mefdschir, auf (vgl. Kap. 7), stellten zum Dank zwölf steinerne Säulen in einer Reihe auf und feierten das Passahfest.

Josua belagerte nun die Stadt auf eine ziemlich ungewöhnliche Weise, wie es ihm ein Engel des Herrn geheißen hatte: Sechs Tage lang marschierte seine Armee unter völligem Stillschweigen um die Mauern. Dann, am siebten Tag, schlug er zu: Nach sieben weiteren Schweigemärschen um die Stadtmauern gab er unvermittelt den Befehl, die Trompeten ertönen zu lassen. Im Heer erhob sich gewaltiges Kriegsgeschrei, und mit einem Schlag stürzten die Mauern von Jericho zusammen. Die Israeliten erstürmten die Stadt, töteten alle Männer, Frauen und Kinder darin außer Rahab und ihre Familie und brannten Jericho nieder.

Es ist wirklich eine einzigartige Geschichte, die die Bemühungen der archäologischen Forschung naturgemäß auf sich gezogen hat. Die Archäologie sollte doch wohl imstande sein, zu klären,

Das Gelände des alten Jericho, von Norden aus gesehen: Nach jahrhundertelanger Erosion und jahrzehntelanger Ausgrabung sieht es aus wie ein Bombengelände. Auf der linken Seite des *tell,* genau neben der Straße, entspringt die Quelle, die den Ort zur Oase macht; ganz rechts das Ende des verfallenden Flüchtlingslagers.

ob die Mauern Jerichos in der Mitte des 13. Jahrhunderts zusammengestürzt sind, sei es durch göttliche oder menschliche Gewalt?

In der Tat ist Jericho jetzt schon seit über einem Jahrhundert ein bevorzugtes Objekt für die Archäologen, seit 1865 der »Palestine Exploration Fund« für biblische Ausgrabungen ins Leben gerufen worden ist. Schon zwei Jahre später wurde Captain Charles Warren mit der Erforschung Jerichos beauftragt, aber er fand nichts. Zwischen 1907 und 1909 entdeckte eine österreichisch-deutsche Expedition Spuren von zwei konzentrischen Festungsringen, dicke Mauern aus sonnengetrockneten Tonerde-Ziegeln. Dies, so vermutete man, waren die berühmten Mauern von Jericho. Aber weil damals noch keine ausreichenden Techniken zur Datierung entwickelt waren, fehlte den Ausgräbern eine zuverlässige Methode, die Zeit, in der die Mauer gebaut worden war, zu bestimmen. Nach jahrelangen hitzigen Debatten wurde in den dreißiger Jahren eine weit größere Expedition unter Leitung von Professor John Garstang nach Jericho geschickt, die dem Problem auf den Grund gehen sollte. Er prüfte die Festungsanlage so sorgfältig wie möglich und erkannte vier aufeinanderfolgende Mauerbauten, von denen die letzte gewaltsam zerstört und verbrannt worden war, vielleicht durch Erdbeben und Feuer zugleich. Seiner Meinung nach fiel die Zerstörung in die Zeit des israelitischen Angriffs, den er nicht, wie allgemein üblich, auf 1250–1225

Jericho während Kathleen Kenyons Ausgrabungen in den fünfziger Jahren. Unten links wird an der neolithischen Schicht gearbeitet. Die Personen ganz oben auf dem Graben stehen gerade auf der Höhe von Garstangs »Josua-Mauern«, die, wie sich inzwischen herausgestellt hat, von etwa 2300 v. Chr. datieren, also 1000 Jahre älter sind.

datieren wollte, sondern lieber auf etwa 1400 v. Chr. Das Problem schien gelöst: Die Mauern von Jericho waren tatsächlich eingestürzt, und zwar als Folge einer Katastrophe, wahrscheinlich eines Erdbebens; die Israeliten, die unter Josua auf der Lauer lagen, hatten die Gelegenheit genützt und die zerstörte Stadt geplündert. In der Bibel ist aus der Naturerscheinung eines Erdbebens ein göttlich inspiriertes Trompetengeschmetter geworden.

Das war eine saubere Lösung, die Fundamentalisten und Rationalisten gleichermaßen zufriedenstellte. Aber in den fünfziger Jahren grub Miss Kathleen Kenyon Jericho im Auftrag der »British School of Archaeology« in Jerusalem erneut aus – und warf das ganze Problem wieder in das frühere Dunkel zurück.

Ihr Hauptanliegen war eigentlich, die Entwicklung des neolithischen Jericho zu erforschen (vgl. Kap. 1), aber als sie auf die ältesten Schichten stieß, ergaben sich auch neue Aspekte für das Problem der Mauern Jerichos. Sie fand heraus, daß es in Jericho im 3. Jahrtausend v. Chr. eine recht bedeutende frühbronzezeitliche Stadt gegeben hatte, deren Mauern von 3000 v. Chr. an nicht weniger als siebzehnmal eingestürzt und wieder aufgebaut worden waren, bis die Stadt im Jahre 2300 v. Chr. endlich einer verheerenden Katastrophe zum Opfer gefallen war. Die letzten drei Bauabschnitte dieser Festung befanden sich sieben Meter jenseits der ursprünglichen Mauerlinie weiter unten an den Hängen des *tell*. Dies waren Garstangs berühmte Mauern, die Josua im Verein mit einem Erdbeben zerstört haben sollte – wenn sie nur nicht schon 1000 Jahre, bevor Josua auf der Bildfläche erschien, zerstört worden wären!

Nach der Katastrophe von 2300 v.Chr. war Jericho mehrere hundert Jahre lang nur von umherziehenden Nomaden bewohnt. Aber etwa 1900 v.Chr. erstand eine neue Großstadt, das Jericho der Mittleren Bronzezeit. Dies war Jerichos größte Blütezeit. Die Befestigungsmauern wurden regelmäßig verbessert; die letzte Verteidigungsanlage aus der Mittleren Bronzezeit bestand aus großen Erdwällen mit einem Überzug aus Gips, der sie schwer besteigbar machte, die sogenannte Glacis-Festung mit einer Mauer obenauf. Die Blütezeit der Stadt währte bis zum Ende der ägyptischen Hyksosperiode, als Jericho erneut ein gewaltsames Ende fand: etwa 1550 v.Chr. brannte es nieder, wahrscheinlich im Zusammenhang mit der Vertreibung der Hyksos aus Ägypten und der Verfolgung durch die Ägypter.

Wieder einmal wurde der Ort verlassen, und nach und nach wurden die Trümmer der zerstörten Stadt die Hänge des *tell* hinuntergespült. Seit etwa 1400 v.Chr. scheint es hier in viel kleinerem Umfang wieder eine Besiedlung gegeben zu haben. Es wurden keine neuen Mauern gebaut, aber vermutlich behalfen sich die neuen Einwohner mit den Bruchstücken der Mauer aus der Mittleren Bronzezeit. Diese »second-hand«-Mauern wären dann die Mauern Jerichos gewesen, die vor Josua einstürzten. Allerdings beharrt Miss Kenyon darauf, daß die neue Besiedlung von 1400 v.Chr. nicht einmal ein Jahrhundert gedauert hat und daß die Stadt spätestens 1300 v.Chr. ein weiteres Mal zerstört oder verlassen wurde. Sie schließt daraus, daß Jericho genau wie Ai schon eine Ruinenstadt gewesen sein muß, als die Israeliten sie eroberten, wenn dies wirklich etwa 1250–1225 v.Chr., genau am Ende der Späten Bronzezeit und am Anfang der Eisenzeit, geschehen ist.

Dr. Yigael Yadin bestreitet ihre Beweisführung. Er deutet die Funde anders: Seiner Meinung nach bestätigen sie, daß es dort im 13. Jahrhundert eine Besiedlung gegeben *hat*, wenn auch in geringem Umfang. Doch gibt es infolge der jahrhundertelangen Erosion keine Anhaltspunkte mehr dafür, was mit den Überresten passiert sein könnte. (Wie geschwind Lehmziegel auseinanderfallen, wenn sie nicht mehr in Gebrauch sind, kann man an den großen Flüchtlingslagern bei Jericho sehen, die gleich nach dem Unabhängigkeitskrieg 1948 gebaut worden sind und seit dem Krieg von 1967, bei dem Israel das Westufer besetzte, leer stehen. Schon jetzt, nach zehn Jahren, sind sie äußerst bröckelig.) Das Ganze ist ein schwieriges Spezialistenproblem, bei dem die gegensätzlichen Ansichten auf unterschiedlichen Interpretationsmethoden beruhen, und es zeigt, wie wenig Gewißheit es selbst in der Archäologie geben kann. Ein Laie, der heute den Ort besucht, sieht die Überreste der großen Glacis-Festung aus der Mittleren Bronzezeit,

Geser; die massiven steinernen Säulen der kanaanitischen Kulthöhe (ca. 1500 v.Chr.)

Oben: Jericho: spärliche Zeugnisse einer Besiedlung während der Späten Bronzezeit, die Kathleen Kenyon gefunden und auf etwa 1350 v.Chr. datiert hat. In der Mitte ein Tonofen innerhalb einer Hausmauer, daneben ein kleiner Krug.

Links oben: Das alte und das moderne Asdod: im Vordergrund die zerfallenden Trümmer an der Stelle der Philisterstadt Asdod; im Hintergrund, jenseits der Sanddünen, sieht man undeutlich die Hochhäuser des modernen Asdod.

Links unten: die Philisterküste bei Askalon/Afridar, heute ein bekannter Ferienort. Wie Gewehrläufe ragen römische Säulen heraus, die die Kreuzfahrer wieder verwendet haben, um den Damm zu verstärken.

einige Mauerreste aus der Mittleren Bronzezeit auf dem Gipfel des *tell* und dünne Staubschichten an den Rändern der großen Gräben, die Miss Kenyon gegraben hat – mehr nicht.

Miss Kenyon ist weder überrascht noch enttäuscht, daß es in Jericho keine Spuren von Josua gibt. Sie glaubt, daß die israelitische Besetzung Jerichos kein einmaliges Ereignis war, sondern das Ergebnis einer Reihe von Einfällen von verschiedenen Gruppen zu verschiedenen Zeiten, von denen einige vielleicht aus Ägypten gekommen sind, andere vielleicht aus anderen Ländern und die Kanaan an verschiedenen Punkten betreten haben. Ihrer Meinung nach haben die biblischen Schriftsteller all diese verschiedenen Ereignisse kombiniert und versucht, aus vereinzelten Traditionsstücken eine fortlaufende Erzählung zu bilden. Diese Theorie läßt sich wohl sogar aus der Bibel selbst erhärten: das 1. Kapitel des *Richterbuches* gibt nämlich ein völlig anderes Bild als das *Josua*-Buch. Es beschreibt die Eroberung Palästinas als einen langen Prozeß, als Ergebnis der Unternehmungen einzelner Stämme, die nur teilweise vollendet wurden. Dies könnte erklären, warum eine Reihe weiterer Orte, die nichts mit Josua zu tun haben, offenbar am Ende der Späten Bronzezeit zerstört worden sind.

Bisher ist es der Archäologie nicht gelungen, eine dieser Alternativen glaubhaft zu beweisen – die einmalige, schnelle und blutige Eroberung durch Josua oder den längeren Prozeß, an dem verschiedene Gruppen beteiligt waren. Aber es gibt noch eine zweite Theorie, die besagt, daß die Besiedlung überhaupt nicht mit militärischen Mitteln erfolgte, sondern als friedliche allmähliche Infiltration. Einer der führenden Vertreter dieser Theorie war der verstorbene Professor Yohanan Aharoni von der Universität Tel Aviv, einer der berühmtesten Archäologen Israels. Ihm widerspricht allerdings Dr. Yadin. Er weist darauf hin, daß es keine archäologischen Beweise dafür gibt, daß hier fünfzig bis hundert Jahre vor dem Fall der spätbronzezeitlichen Städte Kanaans schon Einwanderer gewohnt hätten, wie es doch sein müßte, wenn diese These stimmen sollte. Er glaubt, die Verfechter dieser These wollten es nicht wahrhaben, daß die wandernden israelitischen Stämme möglicherweise genügend Kraft und militärisches Können aufbieten konnten, um diese sicher befestigten kanaanitischen Orte zu stürmen; seiner Meinung nach waren jedoch die Städte der Späten Bronzezeit schon so sehr im Niedergang begriffen, durch ägyptische Angriffe erschöpft und wirtschaftlich entkräftet, daß sie dem Angriff der Israeliten endgültig erlagen.

Es gibt noch eine dritte These, die Professor George Mendenhall von der Universität Michigan aufgestellt hat: Er behauptet, daß es weder eine systematische Eroberung noch eine allmähliche Infiltration gegeben hat, sondern einen Bauernaufstand gegen die Herrschaft der Großstädte, eine soziale und religiöse Revolution innerhalb Kanaans von seiten der unterprivilegierten Schichten der eingeborenen Bevölkerung, möglicherweise unter Mitwirkung einer kleinen Zahl von Einwanderern von außen. Diese Theorie kann durch die gegenwärtig bekannten archäologischen Fakten jedenfalls nicht widerlegt werden.

Letzten Endes kann man vielleicht die jeweilige Interpretation der gegebenen Funde von den psychologischen Voraussetzungen der einzelnen Wissenschaftler her erklären. Professor Aharoni ist 1919 in Deutschland geboren, kam als Vierzehnjähriger mit seinen Eltern nach Israel, die dort einen Kibbuz gründen halfen, in dem er zehn Jahre lang lebte. So hatte ihn vielleicht seine eigene Erfahrung der Entwicklung des modernen Staates Israel für die Infiltrationstheorie empfänglich gemacht. Dr. Yadin war dagegen ein ausgezeichneter Soldat – er war Stabschef während des Unabhängigkeitskrieges von 1948 – und wurde von David Ben Gurion protegiert. Von seiner ganzen Erziehung und Ausbildung her ist er ein leidenschaftlicher Politiker und Soldat. Deshalb ist er vielleicht besonders empfänglich für die Überlieferung von den militärischen Erfolgen Josuas, die sich unter Yadins Kommando in der Armee des eben gegründeten Staates Israel wiederholen sollten?

Vielleicht findet die Archäologie eines Tages die endgültigen Antworten. Bis dahin kann man jedenfalls feststellen, daß sich – rein literarisch betrachtet – das *Buch Josua* eher wie eine Abenteuergeschichte als wie Geschichtsschreibung liest. Wo immer eine wirklich dramatische Geschichte von Taktik, List und Tücke er-

Der verstorbene Professor Yohanan Aharoni von der Universität Tel Aviv.

zählt wird oder ein raffinierter Schachzug wie die psychologische Kriegführung Josuas gegen die Bewohner von Jericho, durch die er ihre Abwehrkraft (wenn schon nicht ihre Mauern) zum Einstürzen bringt, fehlt jedes archäologische Zeugnis, das dies bestätigen könnte. Wo man dagegen eine zufällige, fast lässige Erwähnung eines Sieges findet, die mit keinerlei erzählerischen Elementen ausgestattet ist, wie z. B. die Zerstörung Hazors durch Josua, findet man archäologische Zeugnisse, die die biblische Überlieferung zu bestätigen scheinen. Offensichtlich besteht ein umgekehrtes Verhältnis zwischen der Lebendigkeit einer Erzählung und der Beweiskraft der archäologischen Funde.

Dr. Yadin glaubt, daß die Diskussion über Josua ein wenig der Shakespeare/Bacon-Kontroverse gleicht: Wenn Shakespeare die ihm zugeschriebenen Dramen nicht geschrieben hat, dann hat es jemand anderes mit Namen Shakespeare getan. Er glaubt, daß ein Mann mit Namen Josua existiert hat, daß aber die von ihm erzählten Geschichten nicht in allen Einzelheiten wahr zu sein brauchen. Die Bibel behaupte ja auch gar nicht ausdrücklich, Josua hätte all die kanaanitischen Städte zerstört. Dr. Yadin antwortet seinen Kritikern: »Angenommen, wir würden in einem Land wie Israel graben und es gäbe keine Bibel, die uns führt. Was würden wir – archäologisch gesprochen – finden? Wir stehen vor dem Phänomen, daß am Ende der Späten Bronzezeit, sagen wir im 13. Jahrhundert v. Chr., verschiedene wichtige Städte durch Feuer zerstört worden sind. Es folgt eine kleine Lücke, und dann beginnt auf den Ruinen dieser zerstörten Städte eine halbnomadische Besiedlung. Es ergibt sich ein klares archäologisches Bild: Auf einen katastrophalen Umbruch folgt eine Besiedlung durch Neuankömmlinge. Nun zweifelt niemand daran, daß die Israeliten zum herrschenden Volk in Palästina wurden. Sie haben also zu irgendeiner Zeit auf irgendeine Weise das Land erobert. Das ist der Ausgangspunkt, die grundlegende Voraussetzung. Ich gebe zu, daß es, wie meist in der Wissenschaft, nahezu unmöglich ist, eine These zu beweisen. Es ist immer leichter, eine These zu widerlegen. Ich glaube nicht, daß wir einen endgültigen Beweis erbringen konnten, aber ich glaube auch, daß – soweit es die wichtigen Hauptstädte betrifft – niemand die Eroberungsthese widerlegen konnte.«

Der Streit um Jericho und seine Mauern wird sicherlich fortdauern, denn Jericho, die älteste mit Mauern befestigte Stadt der Welt, die wir kennen, hat, wie die biblische Geschichte zeigt, ihren festen Platz in der menschlichen Phantasie. Aber zur gleichen Zeit, in der die Israeliten Kanaan eroberten, infiltrierten oder einfach in Kanaan auftauchten, gab es noch ein anderes Volk, das in anderen Gegenden Palästinas und an der Mittelmeerküste seinen Einfluß geltend machte, gemeint sind die Philister, die den Israeliten nicht viel Zeit lassen sollten, die Früchte ihres Sieges zu genießen.

6 Die Philister

Die Philister standen schon immer in einem schlechten Ruf – und vielleicht sind sie mir gerade darum nicht ganz unsympathisch.

Die Bibel wird nicht müde, sie als verkommene Barbaren zu zeichnen, die rohen Göttern und tierischer Stärke huldigen und außerdem der Trunksucht verfallen sind: Muskelprotze ohne jede Spur von Verstand. Goliath zum Beispiel, ihr riesenhafter Vorkämpfer, wurde von einem kleinen Knirps, einem Hirtenjungen, niedergestreckt. Hinterlistig waren sie auch: Mit Hilfe der treulosen Geliebten Delila umgarnten sie den mächtigen Volkshelden Simson. In der westlichen Tradition ist ihr Name ein Synonym für groben, ungebildeten Materialismus geworden – eine Sitte, die Matthew Arnold durch seinen Essay *Culture and Anarchy* von 1869 noch verstärkt hat – und dies alles, weil sie sich eines unverzeihlichen Vergehens schuldig gemacht hatten: Sie hatten gewagt, frevlerisch Hand an die Bundeslade zu legen und die israelitische Kultstätte in Silo zu zerstören. (Es ist eine Ironie der Geschichte, daß gerade der Feind, den die Israeliten am meisten haßten, am Ende dem biblischen Gebiet seinen Namen geben sollte, denn der Name »Palästina« ist von den »Philistern« abgeleitet.)

Doch dieses »philiströse« Image der Philister ist, wie sich inzwischen gezeigt hat, weder gerecht noch zutreffend. Dank der Archäologie und anderen Zweigen der Bibelforschung wissen wir jetzt besser, als es uns die Verfasser der Bibel überliefert haben, wer die Philister waren, woher sie kamen, wie sie lebten und was sie wirklich für Leute waren.

Wenigstens eines ist sicher: Es gibt nur wenige Völker, deren erster Auftritt auf der Bühne der Weltgeschichte so aufregend verlief wie der der Philister.

Etwa 1190 v.Chr. bekämpfte Ramses III., Pharao von Ägypten, zu Wasser und zu Lande einen gewaltigen Ansturm mehrerer verbündeter Völker, die in den Geschichtsbüchern als »Seevölker« bekannt sind, und bot ihnen Einhalt. Unter ihnen befanden sich auch die Philister, die Peleset *(prst)*, wie sie in ägyptischen Berichten heißen, große, schlanke Krieger, die Lendenschurze mit Quasten und auffällig gerippte Kappen oder Helme trugen.

Die Geschichte vom Sturm der Seevölker ist in Wort und Bild auf den Triumphreliefs festgehalten, die die Wände des Grabtempels schmücken, den Ramses III. sich in Medinet Habu (»Stadt des Habu«) am Westufer des Nils bei Theben bauen ließ.

Medinet Habu: der Grabtempel Ramses' III. von hinten gesehen. Die Reliefs mit den Kämpfen gegen die Seevölker befinden sich an der Außenseite der linken Tempelmauer.

Der ganze große Tempel ist eine regelrechte in Stein gehauene Bibliothek, eine großangelegte historische Dokumentation, die allerdings inzwischen durch Wind und Wetter verblaßt und abgetragen ist. Die wichtigste Kampfszene ist in die Außenseite der Nordwand des Tempels eingeschnitzt. Man sollte sie sich möglichst ganz früh am Morgen ansehen, wenn das Licht der aufgehenden Sonne schräg einfällt. Dieses Relief ist eine unserer bedeutendsten Informationsquellen über die Wirren, die am Ende des 13. Jahrhunderts v. Chr., dem Beginn der Eisenzeit, das östliche Mittelmeergebiet erschütterten, so einseitig und zweifellos vereinfachend hier Geschichte auch dargestellt wird.

Die Hauptursache des Aufbruchs war wohl Nahrungsmangel. Anatolien litt zum Beispiel um 1220 v. Chr. unter einer schweren Hungersnot, die – so berichtet der damals regierende Pharao Merenptah – nur durch eine Flotte von Getreideschiffen aus Ägypten gelindert wurde. Drei Jahre später folgte der erste Ansturm der Seevölker. Hungernde Libyer, denen sich Seefahrerstämme aus dem Norden angeschlossen hatten, stießen bis an die westliche Grenze des Deltas vor und machten dort halt.

Der Hunger dauerte an und mit ihm die Einfälle der Seevölker. Dokumente aus den letzten Tagen von Ugarit wissen von dieser schweren Hungersnot in Anatolien am Ende des Jahrhunderts zu berichten und erzählen von Angriffen, die vom Meer aus erfolgten. Zypern wurde von den Eindringlingen überwältigt. Um 1220 v. Chr. brach das Neue Reich der Hethiter zusammen. Ugarit fiel. Der gesamte Mittlere Osten war in Bewegung.

Die Inschriften im Tempel zu Medinet Habu beschreiben die Lage aus der Sicht der Ägypter:

Ausschnitt aus dem Medinet-Habu-Relief: Kriegsgefangener. Der Mann in der Mitte ist ein Philister; man erkennt ihn an dem charakteristischen gerippten Helm und dem Quastenrock.

»Im achten Jahr der Regierung Ramses' III. . . . stifteten die Fremdländer eine Verschwörung auf ihren Inseln an (*oder:* die Nordländer wurden aufgehetzt). Mit einem Schlag verließen die Bewohner ihre Länder und zerstreuten sich. Kein Land konnte ihren Waffen standhalten, von Hatti (das Land der Hethiter), Kode (Nordsyrien), Karchemis (am Euphrat), Arzawa (Zilizien in Südanatolien) und Alaschija (Zypern) aufwärts . . . Ein Lager wurde an einem Ort in Amor aufgeschlagen (Amurru, in der nordsyrischen Ebene). Sie vernichteten sein Volk, und es war, als ob sein Land nie existiert hätte. Sie drangen bis nach Ägypten vor, doch die Flamme wartete schon auf sie . . . Sie legten Hand an jedes Land bis zu den äußersten Enden der Erde; dabei waren sie zuversichtlich im Herzen und vertrauten darauf: ›Unsere Pläne werden gelingen‹« (nach *Ancient Near Eastern Texts*).

Auf dem großen Schlachtrelief in Medinet Habu kann man diese unaufhaltsam herandrängende Flut von bewaffneten Einwanderern sehen, die wie eine Lawine von Menschen die syrische und palästinische Küste hinunterströmen und dabei alles, was ihnen im Weg steht, zerstören und verbrennen. Sie haben ihre Familien dabei, langhaarige Frauen und Kinder, die auf großen Ochsenkarren mit stabilen Rädern, gezogen von Doppelgespannen hökkeriger anatolischer Ochsen, fahren. Hier sind ganze Nationen in Bewegung, getrieben von Hunger und auf der Suche nach neuen Ländern und Vorratskammern. Bedrohliche Flotten sind ihnen zur Seite und plündern die Küste neben ihnen aus.

Ramses III. mobilisierte alle seine Streitkräfte. Die Inschrift auf dem rechten Turm des zweiten Pylonen in Medinet Habu lautet:

»Aber das Herz dieses Gottes, des Herrn der Götter, war fertig und bereit, sie wie Vögel zu umgarnen . . . Ich richtete alles an meiner Grenze in Djahi (Palästina/Syrien?) und stellte davor mein Heer bereit: Fürsten, Heerführer und Krieger. Ich verwandelte die Flußmündungen des Deltas in eine starke Mauer mit Kriegsschiffen, Galeeren und Skiffen, die voll ausgerüstet und an beiden Enden mit tüchtigen Kriegern besetzt waren. Die Infanterie bestand aus den Besten Ägyptens, wie Löwen, die auf den Berggipfeln brüllen. Die Streitwagenabteilungen hatten die schnellsten Renner und die erstklassigsten Wagenlenker, die nur zur Verfügung standen. Ihre Pferde zitterten in allen Sehnen, bereit, die Fremdvölker zwischen ihren Hufen zu zermalmen. Ich war der tüchtige Montu, der Gott des Krieges, der unbeirrbar an ihrer Spitze stand, so daß sie bestaunen konnten, was meine Hände gefangen hatten . . . Was die betrifft, die meine Grenze erreicht hatten: ihre Nachkommen sind nicht mehr. Ihre Herzen und ihre Seelen sind bis in alle Ewigkeit vernichtet.«

Die sechste Szene an der Nordwand von Medinet Habu zeigt, wie der König aus seinem Wagen Pfeile auf die Philister schießt, die man an ihren gerippten Kappen erkennt. In der siebten Szene befindet sich die ägyptische Armee auf dem Marsche, während sich der Pharao auf dem Weg zum Kampf mit der feindlichen Flotte, die das Delta bedroht, zwischendurch bei einer kleinen Löwenjagd ergeht. Aber das Hauptthema des großen Reliefs ist die Seeschlacht, die dem ägyptischen Landsieg folgte:

»Auf die, die vereint auf dem Meer herankamen, wartete an den Flußmündungen das offene Feuer, während sie an der Küste eine Palisade von Lanzen umgab. Sie wurden herbeigezogen, eingeschlossen und am Ufer niedergestreckt, getötet und von Kopf bis Fuß auf Haufen geworfen. Ihre Schiffe und ihre Ausrüstung waren wie vom Wasser verschluckt. Ich habe die Völker davon abgebracht, Ägypten auch nur zu erwähnen; denn wenn sie meinen Namen in ihrem Land verkünden, dann werden sie verbrannt . . .«

In einer großartigen, dichtgedrängten Szene (der achten) ist es dem Künstler gelungen, die verschiedenen Phasen der Begegnung gleichzeitig darzustellen. Rechts steht die mächtige Gestalt des Pharaos auf den am Boden liegenden Körpern der Gefangenen. Er feuert Pfeile in Richtung auf das Meer. Ägyptische Schiffe, die man an ihrem löwenköpfigen Schiffsschnabel und an ihren Rudererbänken erkennt, sieht man unter tödlichem Pfeilhagel. Charakteristisch für die feindlichen Schiffe sind Entenköpfe an beiden Enden. Sie besitzen keine Ruderer, nur Segel, und diese Segel sind gerefft. Es ist also offenbar ein windstiller Tag – das heißt, daß die Schiffe der Seevölker weitgehend manövrierunfähig sind. Nach dem Feuer der Bogenschützen sieht man sie geentert oder gerammt und zum Kentern gebracht. Das Meer ist voll von ertrinkenden Männern. Dann kehren die ägyptischen Schiffe zur Küste zurück, vollgeladen mit gefesselten Gefangenen: ein vollkommener Sieg.

In der neunten Szene werden die Toten am Ufer gezählt: Man hackt ihnen dabei die Hände ab und wirft sie auf einen Haufen. Die Gefangenen werden in einem Lager zusammengepfercht, von ägyptischen Schreibern verhört und mit dem Brandmal der Kriegsgefangenen gezeichnet. Unter ihnen fallen wiederum die Philister auf.

Medinet Habu: die Seeschlacht gegen die Seevölker. Man sieht, wie die Schiffe der Angreifer mit ihren Entenköpfen gerammt und zum Kentern gebracht werden und wie die Krieger ins Wasser fallen.

Die Philister waren nur einer von mehreren Stämmen, die den Seevölkern angehörten. Darüber, wer diese Völker waren und woher sie stammten, hat es unter den Wissenschaftlern lebhafte Auseinandersetzungen gegeben. Früher liebten es die Fachleute, romantische Verbindungslinien weit und breit im Gebiet der Ägäis zu suchen: Die Denyen zum Beispiel hielt man ausgerechnet für die Danaer aus Homers *Ilias*; die Akawascha waren die Achäer des mykenischen Griechenlands, die Teresch die Tyrsenier, also Vorfahren der Etrusker, die Schekelesch waren die Sikuler aus Sizilien, die Scherden identisch mit den Sardiniern und so fort. Unsere Kenntnis anatolischer Quellen ist jedoch inzwischen so weit fortgeschritten, daß wir lieber zu weniger phantasievollen Lösungen greifen: Die Teresch und die Denyen gehören wahrscheinlich zu zwei zilizischen Städten an der Südküste Anatoliens, die in hethitischen Quellen erwähnt werden: Tarsa und Adanija. Die Akawascha sind wohl die Ahhijawa aus Südwestanatolien. Die Scherden kommen eher von Zypern als von Sardinien.

All dies hat durchaus etwas mit der Frage nach der Herkunft

der Philister zu tun; denn wenn sich auch alle einig sind, daß die Peleset *(prst)* aus den ägyptischen Texten die Philister *sind*, so gibt es doch keinen Hinweis auf ihre genaue Herkunft. Nach den viel jüngeren biblischen Überlieferungen kamen die Philister von der Insel Kaphtor, die häufig mit Kreta gleichgesetzt wird (»Habe ich nicht Israel heraufgeführt aus dem Lande Ägypten und die Philister aus Kaphtor?« *Amos 9,7*). Moderne Spezialisten für die Geschichte Altanatoliens wie James M. Mellaart tendieren jedoch dahin, *alle* Seevölker von der Südküste der Türkei und den benachbarten Inseln abstammen zu lassen, also Seefahrer, die mit dem östlichen Mittelmeer vertraut waren und die von den Hungersnöten am Ende des 13. Jahrhunderts erfaßt wurden. Mellaart zieht eine Verbindungslinie zwischen den Peleset (zusammen mit den Schekelesch und den Tjekker) und dem Lukka-Volk (dem lyzischen) aus dem pamphylischen Gebiet. Das ist nun allerdings weniger exotisch, als wenn man in ihnen die letzten Vertreter der großen minoischen Kultur auf Kreta erblicken will, die zwei Jahrhunderte früher zusammengebrochen war.

Eine endgültige Lösung steht bis jetzt noch aus, doch sieht es so aus, als entscheide man sich zunehmend für einen anatolischen Ursprung der Philister.

So ungesichert die These auch ist, so genau weiß man doch, wie es nach der Niederlage der Seevölker mit ihnen weitergegangen ist. Der herrliche Papyrus Harris Nr. 1, der vielleicht ursprünglich aus den Staatsarchiven des Tempels von Medinet Habu stammt und sich jetzt im Britischen Museum befindet, zieht die Bilanz aus den Kriegen Ramses' III. und ihren Folgen:

»Ich vergrößerte alle Grenzen Ägyptens und besiegte die, die sie von ihren Ländern aus angegriffen hatten. Ich schlug die Denyen auf ihren Inseln, während die Tjekker und die Peleset zu Staub gemacht worden sind. Die Scherden und die Weschesch vom Meer wurden zunichte gemacht, alle zusammen gefangen in die Gefangenschaft nach Ägypten geführt wie Sand am Meer. Ich siedelte sie an Festungen an; sie waren meinem Namen verpflichtet. Ihre Heeresabteilungen bestanden aus Hunderttausenden. Ich teilte ihnen allen jährlich Kleidung und Versorgung aus den Schatzkammern und Weizenscheunen zu.«

Mit anderen Worten: Die Philister waren nicht völlig ausgelöscht worden, sondern hatten nur ihre Unabhängigkeit verloren. Ramses besetzte nun mit ihnen die Festungen an allen strategisch wichtigen Punkten der großen Handelsstraßen innerhalb der ägyptischen Provinzen, besonders an der entscheidend wichtigen Via Maris, die die Küstenebene von Palästina entlangführte. So kommt es, daß die Philister, eben noch vernichtend geschlagen, schon zu Anfang des 12. Jahrhunderts wieder komfortabel in Städten entlang der palästinischen Küste wohnen, von der Wüste

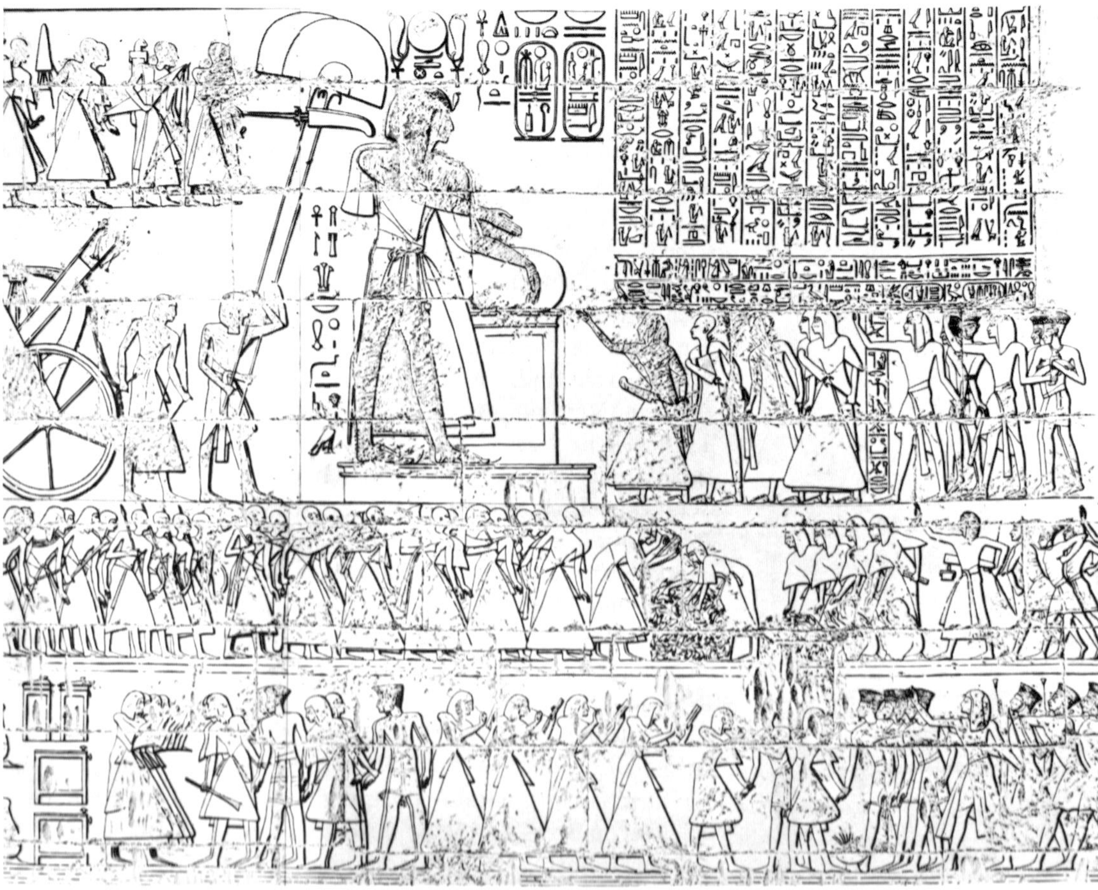

Medinet Habu: nach den Kämpfen. Die gewaltige Gestalt Ramses' III. empfängt Gefangene. In der untersten Spalte werden gefangene Philister einer nach dem anderen verhört und von Schreibern aufgelistet. In der mittleren Spalte zählen Angestellte die aufgestapelten Hände, die man von den Leichen der Gefangenen abgeschnitten hat – die übliche Methode bei den Ägyptern, getötete Feinde zu zählen.

Negeb bis Joppe (heute Tel Aviv). Die Tjekker siedelten sich weiter nördlich in Häfen wie Dor an. Der große Sieg des Pharao erwies sich zunehmend als Pyrrhussieg. Die Kämpfe zu Land und Wasser hatten die Ägypter erschöpft, so daß die Philister in Ruhe neue Kräfte sammeln konnten. Während das ägyptische Reich nach dem Tode Ramses' III. unaufhaltsam auseinanderbrach (ca. 1170 v. Chr.) erhoben sich die Philister zu Herren des Landes, in dem sie zunächst nur von den Ägyptern geduldet worden waren.

Ausgrabungen haben ein Dutzend Philisterstädte freigelegt, d. h. Städte, die eindeutige Spuren einer philistäischen Besiedlung von etwa 1200 v. Chr. bis 1000 v. Chr. tragen. Danach wurde die philistäische Kultur immer bedeutungsloser. Nicht alle diese Orte können jedoch mit Sicherheit mit Städten identifiziert werden, die in historischen Texten erwähnt sind.

Die bekanntesten Philisterstädte waren die fünf großen Zentren, die wir aus der Bibel als philistäische »Pentapolis« kennen. Dies war ein Bund von fünf Städten, von denen jede von einem *seren*, einem »Fürsten«, beherrscht wurde. Sie hießen Askalon, Asdod, Gaza, Ekron und Gath – Namen, die uns auf Schritt und Tritt im alttestamentlichen Text begegnen.

Die ersten drei, Askalon, Asdod und Gaza, lagen in unmittelbarer Nähe der Küste auf beiden Seiten der Via Maris. Man kann sie definitiv mit modernen Ortschaften ähnlichen Namens identifizieren. Die anderen beiden, Ekron und Gath, lagen weiter im Landinneren, irgendwo östlich der drei Küstenstädte im Flachland. Wissenschaftler haben versucht, sie genau zu lokalisieren, stießen jedoch noch nicht auf einhellige Zustimmung.

Das heutige Askalon ist eine neue Gemeinde, die erst 1953 gegründet worden ist. Zwei Kilometer südlich vom Ortsteil Afridar liegt das alte Askalon, das rund 4000 Jahre früher errichtet worden ist. Der über 64 Hektar große Platz sieht aus wie eine halbkreisförmige Schale, die zum Meer hin offen ist und durch die eindrucksvollen Überreste einer zerstörten Kreuzfahrerfestung eingefaßt wird. Neuerdings ist hier ein attraktiver Nationalpark angelegt worden, und am Wochenende wimmelt die alte Philisterküste von sonnenbadenden Israelis.

Das Herzstück der alten Stadt war ein künstlicher Hügel, auf dem bisher nur einige Ausgräber oberflächliche Grabungen vorgenommen haben. Dabei hat man eine Reihe römischer Reste entdeckt, die nun im Park ausgestellt werden. Die Philisterschicht wurde immerhin so weit ausgegraben, daß man Zerstörungen zu Beginn der Eisenzeit erkennen kann, die vermutlich auf die Ankunft der Seevölker um 1200 v. Chr. zurückzuführen sind, und einen darauf folgenden Wiederaufbau durch die Philister selbst. Doch könnte eine systematische Ausgrabung zweifellos mehr Aufschluß bringen.

Im ganzen 2. Jahrtausend v. Chr. (der Mittleren und Späten Bronzezeit) nahm Askalon eine Schlüsselstellung ein, weil es den einzigen Hafen im südlichen Philistäa besaß. Dieser Hafen ist inzwischen vom Meer weggespült worden, aber am Ufer kann man noch wiederverwendete römische Säulen sehen, die aus den Schutzmauern herausragen wie die Läufe von Artillerierohren – das ist alles, was von späteren Versuchen, die Dämme zu verstärken, übriggeblieben ist. Askalons Verhältnis zu Ägypten scheint während des 2. Jahrtausends schwankend gewesen zu sein. Sobald die Macht des ägyptischen Weltreichs schwand, versuchte Askalon seine Unabhängigkeit zu erlangen. Ein Relief an einer Wand der Großen Hypostylenhalle in Karnak zeigt die Wiedcreroberung Askalons durch Ramses II. (Ramses den Großen) um 1280 v. Chr. Hier wird die Stadt als Festung auf dem Gipfel eines Hügels dargestellt; seine Verteidiger müssen sich schmachvoll ergeben: »Die elende Stadt, die Seine Hoheit einnahm, weil sie böse war, Askalon«.

Das böse Askalon – so dachten auch die Israeliten. Zu einer Zeit, da die Philister schon lange keine Bedrohung mehr für Israel bedeuteten, ja nicht einmal mehr eine eigenständige Größe darstellten, wetterten die Propheten noch gegen Askalon und die übrigen Philisterstädte. »Denn Gaza wird verödet sein und Askalon zur Wüste werden ... weh euch, die ihr den Strich am Meer bewohnt ...«, rief der Prophet Zephania aus *(Zephania 2,4–5)*.

Aber Askalon blieb am Leben und erlebte sogar eine neue Epoche des Glanzes und Wohlstandes unter Herodes dem Großen, der – jedenfalls einer Überlieferung zufolge – aus Askalon stammte und seinen Geburtsort mit Tempeln und Palästen verschönerte; dabei wurden allerdings die alten Philisterstraßen zerstört. Askalon wurde dann durch den Mameluckensultan Beibars im Jahre 1270 n. Chr. endgültig vernichtet, um niemals wieder zu erstehen.

Einige Kilometer oberhalb von Askalon, etwa vier Kilometer von der Küste entfernt, befand sich die zentrale Kultstätte der Philister, Asdod. Sie lag genau hinter dem breiten Streifen von Sanddünen, der die Küste säumt. Heute sieht man hier einen breiten, flachen Hügel, der etwa 36 Hektar groß ist und hier und da durch archäologische Ausgrabungen der letzten Zeit vernarbt ist. Von der höchsten Stelle des Hügels aus kann man fünf Kilometer nordwestlich, jenseits der Sanddünen, ganz schwach schimmernd die Hochhäuser des modernen Asdod aufragen sehen – wie eine Science-Fiction-Stadt. Dem alten Asdod mußte ein schmaler Flußarm in sieben Kilometer Entfernung für seinen Meerhandel dienen; die moderne Industriestadt, die erst 1957 gegründet wurde, hat hier bessere Bedingungen geschaffen und direkt vor der eigenen Tür einen neuen Tiefwasserhafen errichtet, den größten in Südisrael.

In den sechziger und siebziger Jahren wurden in Asdod sieben Ausgrabungskampagnen von einer israelisch-amerikanischen Expedition durchgeführt, die Dr. Mosche Dotan vom »Israel Department of Antiquities and Museums« leitete. Die Ausgräber fanden heraus, daß die alte Stadt ursprünglich aus einer acht Hektar großen Akropolis bestanden hatte. Später, während der Philisterepoche, entstand die viel größere untere Stadt, die von einer festen Mauer umgeben war. Durch diese Ausgrabungen fanden zeitgenössische Quellen aus Ugarit Bestätigung, die besagen, daß Asdod in der zweiten Hälfte des 2. Jahrtausends v. Chr. eine wichtige Handelsstadt gewesen sei. »Händler aus Asdod« werden eigens in den Texten erwähnt.

Gegen Ende des 13. Jahrhunderts v. Chr. wurde die Stadt zerstört. Die archäologischen Überreste aus dieser Periode sind von einer dicken Schicht verbrannten Schuttes bedeckt. Man nimmt an, daß die Seevölker diese Zerstörung verursacht haben, als sie nach Süden gegen Ägypten zogen. Darauf scheint es eine kurze Pause gegeben zu haben, dann bauten die Philister die Stadt, die sie gerade eben erst zerstört hatten, über den Ruinen der alten kanaanitischen Stadt wieder auf. Dies hält man für eine eindeutige Bestätigung jenes historischen Vorgangs, von dem die ägyptischen Berichte erzählen: die überlegte Politik des Pharaos, die Philister an wichtigen Orten unter der Oberherrschaft Ägyptens

Philisterkeramik; man erkennt das auffällige, elegant stilisierte Vogelmotiv.

wieder anzusiedeln, damit sie die ägyptischen Grenzen schützen sollten.

Wenn die Archäologen mit einer solchen Sicherheit eine Teilschicht oder -lage ihrer Ausgrabung als philistäisch bestimmen, so berufen sie sich dabei auf einen charakteristischen Ornamentenstil ihrer Keramik.

Man findet überall in dem Gebiet, das laut biblischer Überlieferung von den Philistern besiedelt war – und nur hier, soweit bisher bekannt ist –, diese besondere Keramik. Ihr liegt ein Stil zugrunde, den man in der Fachsprache späthelladisch IIIc nennt und der am Ende des 13. Jahrhunderts v. Chr. in der Ägäis entwickelt worden ist. Er breitete sich dann nach Zypern aus und ist für die Fachleute nicht zu verwechseln. »Philistäische« Keramik ist in ihren Grundzügen also späthelladisch IIIc, enthält daneben allerdings auch Elemente ursprünglich zypriotischer, ägyptischer und lokal palästinischer oder kanaanitischer Töpferkunst. Diese Kulturmischung spiegelt das Schicksal eines Volkes wider, das irgendwoher aus dem östlichen Mittelmeer kam (Südanatolien, mit Verbindung zu Zypern), dann unter ägyptischen und palästinischen Einfluß geriet und dies alles zu einem ihm eigentümlichen Stil vermengte.

Man hat eine große Menge philistäischer Keramik gefunden; sie sieht hübsch aus: Schalen, Bügelvasen, Töpfe mit drei Henkeln und Mischkrüge. Unter den Motiven – u. a. gedrehte Spiralen, Malteserkreuze, Gitter- und Schachbrettmuster – fällt ein stark stilisierter Vogel auf, der wie ein Schwan aussieht, der sich mit erhobenen Flügeln putzt. Im Laufe der Zeit gerät er zunehmend abstrakt und geometrisch, bis er fast gar nicht mehr als Vogel zu erkennen ist.

Laut biblischer Überlieferung stand in Asdod das Zentralheiligtum des höchsten Philistergottes Dagon. Die Bibel kennt noch zwei andere Gottheiten und ihre Tempel: Baal-Zebub, der ein Orakel zu Ekron gehabt haben soll, und die oberste Göttin Astarte (Asthoreth), deren Tempel in Beth-Sean stand. Dagon wird als mächtiger Kriegsgott dargestellt, der auch für Regen und Fruchtbarkeit des Landes verantwortlich ist. Baal-Zebub war einer der vielen Aspekte Baals (»Herr«), und Astarte war die höchste Fruchtbarkeitsgöttin (sumerisch Inanna). Sie alle waren (manchmal unter anderem Namen) den verschiedenen semitischen Kulturen und Zivilisationen des alten Nahen Ostens gemeinsam. Man kann allerdings nicht behaupten, daß man in frühen philistäischen Schichten wiedererkennbare Darstellungen dieser Gottheiten gefunden hätte. In Asdod wurde in der Schicht aus dem 12. Jahrhundert die Tonstatuette einer Göttin ausgegraben, eine stilisierte sitzende Figur, deren Körper zugleich einen Teil des Thrones bildete. Sie bekam von den Ausgräbern den liebevollen Spitznamen »Asdoda«. Man hat noch verschiedene andere kleine Figurinen gefunden, aber keine Spur von jenen riesigen Statuen, von denen die Bibel zu berichten weiß. Es sieht vielmehr so aus, als ob die biblischen Geschichten über die Philister so verallgemeinernd und stereotyp gehalten sind, daß sie als unabhängiges Quellenmaterial über die Religion und Kultur der Philister kaum von Wert sind. Auch wenn die Bibel die politische Organisation der Philister beschreibt – eine Liga von fünf Stadtstaaten, deren Hauptstadt offensichtlich nach dem Rotationsprinzip von einer Stadt zur anderen wechselte –, so sollte das, obwohl es allgemein anerkannt ist, mit Vorsicht gelesen werden, solange es keinerlei Beweise dafür gibt. Denn leider hat man bisher keine schriftlichen Archive der Philister entdeckt. Die Philister haben sich allem Anschein nach die landesübliche semitische Sprache zusammen mit anderen kanaanitischen Einflüssen ziemlich schnell angeeignet, und wenn auch vielleicht einmal eine eigene Philisterschrift existiert hat, so wurde sie doch bald durch die alphabetisch phönizisch-hebräische Schrift ersetzt (vgl. Kap. 8).

Die archäologischen Berichte aus Asdod und anderen Orten lassen keinen Zweifel daran: Kaum hatten sich die philistäischen Einwanderer angesiedelt und die alten kanaanitischen Städte neu befestigt, da rissen sie auch schon in kürzester Zeit die Macht in Palästina an sich. In dem Maße, in dem der ägyptische Einfluß schwand, gewannen die Philister an Stärke. In der Mitte des 11. Jahrhunderts, etwa 1050 v. Chr., wuchs die Stadt Asdod über die zentrale Akropolis hinaus. Einen Teil des Ausgrabungsgeländes hat man überdacht, um so die eindrucksvollen Ruinen eines Tores mit Türmen und starke Mauern aus sonnengetrockneten, mit Stein verstärkten Ziegeln zu schützen.

Diese Periode, in der die Philister Macht und Wohlstand genossen, spricht aus den biblischen Sagen über den legendären Guerillaführer Simson: »Die Israeliten aber taten wiederum, was dem Herrn mißfiel. Da gab sie der Herr in die Hand der Philister, vierzig Jahre lang. Nun war da ein Mann namens Manoah, von Zorea aus dem Geschlechte der Daniten; dessen Weib war unfruchtbar und hatte keine Kinder. Und der Engel des Herrn erschien dem Weibe und sprach zu ihr: Siehe, du bist unfruchtbar und hast keine Kinder; aber du wirst schwanger werden und einen Sohn gebären. Auf dessen Haupt soll kein Schermesser kommen; denn der Knabe soll ein Gottgeweihter sein von Mutterschoß an, und er wird anfangen, Israel aus der Hand der Philister zu erretten« *(Richter 12,1–5)*.

Und so, ordentlich mit theologischen Ermahnungen versehen, tritt Simson in die biblische Geschichte ein.

Simson ist eine archetypische Sagengestalt. Er war der dreizehnte der sogenannten »Richter«, charismatische Führer, in denen sich der israelitische Widerstand gegen die Philister symbolisierte. Was die Richtergeschichten über eine bloße Sagen- und Märchensammlung hinaushebt, ist der lehrhafte Anstrich, den sie

Kleine Tonstatue der »Asdoda« aus dem 12. Jahrhundert v. Chr., die man in den Philisterschichten von Asdod gefunden hat.

erhalten haben. Sie versuchen, die israelitische Schwäche angesichts der militärischen Übermacht der Philister gänzlich aus der religiösen Abtrünnigkeit des Volkes heraus zu erklären. Daher die Betonung, daß Simson ein »Gottgeweihter«, ein Nasiräer, war, eine streng jahwistische Sekte, deren Anhänger niemals ihre Haare schneiden durften. Simsons Geschichte ist eine Parabel vom Gehorsam gegenüber den Lehren des religiösen Gesetzes.

Simson soll im Tal von Sorek geboren sein, bei den Hügeln am Fuße der Berge von Juda, in der Nähe von Beth-Semes. Das war das Grenzgebiet zwischen den Philistern, die in der Ebene wohnten, und den das Hügelland besiedelnden Israeliten. Es war deshalb der geeignete Schauplatz für Grenzzwischenfälle der Art, wie sie die Simsongeschichte erzählt. Obwohl Simsons Heldentaten, so wie sie uns berichtet werden, dem Motivschatz von Volkserzählungen angehören, war er doch damals durchaus der Mann der Stunde. Der Archäologie sind in letzter Zeit einige überzeugende Funde gelungen, die vielleicht einen Schlüssel dazu liefern, wie die Geschichte von seiner berühmtesten Heldentat, der Zerstörung des Tempels zu Gaza, entstanden sein könnte.

Simsons früher Aufstieg trägt all die konventionellen Züge der Anfänge eines aufstrebenden rebellischen Helden. Er zerreißt einem jungen Löwen die Glieder mit seinen bloßen Händen. Nach seiner gescheiterten Hochzeit wagt er sich in einem Anflug von Gereiztheit mitten in die philistäische Festung Askalon und tötet dort eigenhändig dreißig Mann. Er vernichtet die Ernte der Philister, indem er dreihundert Füchse, denen brennende Fackeln an die Schwänze gebunden sind, durch die Kornfelder laufen läßt. Nicht genug, er bringt es sogar fertig, tausend Philister mit einem Eselskinnbacken zu erschlagen. Allmählich empfanden die Philister Simson als ausgesprochenes Ärgernis. Sie bestachen daher eine philistäische Hure, die ihn in eine Falle locken sollte. Ihr Name ist zum Inbegriff weiblicher Treulosigkeit geworden: Delila. Jeder der Philisterfürsten versprach ihr 1100 Stück Silber, wenn sie Simson das Geheimnis seiner ungewöhnlichen Stärke entlocken könnte.

Eine ganze Weile lang betrachtete Simson ihre Fragen als neckendes Liebesspiel, dann endlich erzählte er ihr doch das Geheimnis: Kein Schermesser hatte jemals sein Haupt berührt, denn er war ein Nasiräer, Gott geweiht vom Tag seiner Geburt an. Wenn aber sein Kopf geschoren würde, wäre er sogleich schwach wie ein gewöhnlicher Sterblicher. Da schnitt Delila dem Simson im Schlaf die Locken ab, und diesmal gab es keine Rettung, als die Philister kamen. Sie stachen ihm die Augen aus und brachten ihn hinab nach Gaza. Dort banden sie ihn mit Bronzefesseln und ließen ihn im Gefängnis Korn mahlen.

Heute ist Gaza eine arabische Stadt, bei der die meisten gleich an den »Gaza-Streifen« und das Problem der palästinensischen Flüchtlinge denken. In alten Zeiten war es die südlichste Philisterstadt, ein strategisch sehr wichtiger Ort, die letzte Stadt in Philistäa, bevor die Wüste Negeb begann. Jede Großmacht im Mittleren Osten hat durch die Jahrhunderte hindurch versucht, sie in ihre Gewalt zu bringen.

Tell Qasile. Außerhalb des Haupttempels der Philister befand sich ein kleines Freiluftheiligtum, das für den öffentlichen Kult bestimmt war. Links sieht man die Tempelmauer.

Vom alten Gaza ist nur noch ein *tell* im Nordostteil der Stadt übrig. Vom archäologischen Standpunkt aus gesehen ist fast nichts mehr von der alten Philisterstadt da, in der Simson geblendet und mit Bronzefesseln gebunden wurde – Gaza mußte zu lang als Schlachtfeld dienen, als daß noch viel vom Alten übrig sein könnte. Doch die Tragödie Simsons hat überlebt und Milton zu jenen berühmten Zeilen angeregt:

»Augenlos in Gaza in der Mühle mit Sklaven,
selbst in Fesseln unter dem Philisterjoch.«

Mit der Zeit wuchsen Simsons Haare wieder nach, und zugleich kehrte seine Kraft wieder, bis es zu jenem schrecklichen Höhepunkt im Dagontempel zu Gaza kam, den Simson in einer letzten Geste des Widerstands und der Rache auf 3000 seiner Feinde und auf sich selbst stürzen ließ. Keine Spur ist davon erhalten, wenn der Tempel überhaupt jemals existiert hat. Aber vor kurzem haben israelische Archäologen immerhin einen Philistertempel, den bisher ersten und einzigen, in einer Siedlung namens Tell Qasile am nördlichen Stadtrand von Tel Aviv ausgegraben.

Tell Qasile ist eine verhältnismäßig kleine Erhebung von nur knapp 8100 Quadratmetern. Es liegt am Nordufer des Flusses Jarkon, etwa zwei Kilometer vor seiner Mündung. Man wurde in den vierziger Jahren zum erstenmal auf den Ort aufmerksam, als man zufällig zwei beschriebene Topfscherben auf der Erdoberfläche fand. Eine davon lautete: »Gold von Ophir nach Beth-Horon . . . dreißig Schekel«.

Tell Qasile. Rekonstruktion eines Philisterhauses. Im Vordergrund ein Webstuhl mit Gewichten aus Stein.

Zugegeben, die Schrift auf der Scherbe war nachphilistäisch, aus dem 9. oder 8. Jahrhundert v. Chr. Aber Professor Benjamin Mazar, der »Beth-Horon« nicht als Städtenamen, sondern ganz wörtlich übersetzt als »Haus des (kanaanitischen Gottes) Horon« verstand, schloß daraus, daß sich irgendwo auf dem *tell* ein Tempel befinden müsse. Darum begann er im Sommer 1949, Tell Qasile auszugraben. Es war zugleich die erste offizielle archäologische Ausgrabung, die der neue Staat Israel nach der Unabhängigkeitserklärung von 1948 in die Wege geleitet hat.

Im Laufe von vier Ausgrabungskampagnen (1949–1951 und 1959) legte er den Teil einer Philisterstadt frei, die im 12. Jahrhundert auf unberührtem Boden gebaut worden war. Die Philister hatten diese Stelle wohl ausgewählt, um auf diese Weise den Fluß Jarkon als Hafen für den Meerhandel mit den Phöniziern an der Libanonküste zu nutzen (der Jarkon floß damals noch näher an Tell Qasile vorbei als jetzt). Der Grundriß der Stadt war aufs sorgfältigste durchdacht: An geraden, parallellaufenden Straßen

»Davids Quelle«, die Quelle in Engedi, die man mit Davids Flucht vor Saul in Verbindung bringt.

standen regelmäßig gebaute Häuseranlagen mit Privatwohnungen, Läden und Werkstätten. Jedes Haus maß etwa zehn mal acht Meter, war also etwa so groß wie eines der Apartments in den modernen Hochhäusern im nahegelegenen Tel Aviv. Die Häuser waren nach dem klassischen Muster der Eisenzeit gebaut, mit drei Wohnräumen und einem Lagerraum und mit einem offenen Hof, wie er offenbar in gleicher Weise bei Philistern, Kanaanitern und Israeliten üblich war.

Was Professor Mazar jedoch *nicht* fand, war der Horontempel, den er doch mit Sicherheit irgendwo in der Nachbarschaft vermutet hatte.

Im Jahre 1971 beschloß die Stadtverwaltung von Tel Aviv, Tell Qasile in ein archäologisches Lehrgelände zu verwandeln. Die Ausgrabungen wurden wiederaufgenommen, diesmal unter Professor Benjamin Mazars Neffen Dr. Amihay Mazar von der Hebräischen Universität Jerusalem. Dr. Mazar fing auf der anderen Seite des *tell* an und richtete sich dabei genau nach dem Grundriß des Stadtteils, den sein Onkel freigelegt hatte – und fast sofort hatte er den langgesuchten Tempel gefunden.

»Dann umfaßte Simson die beiden Mittelsäulen, auf denen das Haus ruhte ... und indem Simson dachte: Sei's denn, daß ich mit den Philistern sterbe! neigte er sich mit aller Macht. Da fiel das Haus auf die Fürsten und auf alles Volk, das darin war« *(Richter 16,29–30)*. Stich von Gustave Doré.

In vier Ausgrabungen von 1971 bis 1974 legte er ein großflächiges Heiligtum frei, dessen Kernstück ein Philistertempel war. Genaugenommen waren es sogar drei aufeinandergetürmte Tempel, von denen der letzte aus dem 11. Jahrhundert v. Chr. (der sogenannten Richterzeit) stammte. Dieser dritte, oberste Tempel war zusammen mit der übrigen Stadt zu Anfang des 10. Jahrhunderts vermutlich von den Israeliten niedergebrannt worden. Die Stadt und der Tempel waren wiederaufgebaut worden, allem Anschein nach aber nicht von den Eroberern, sondern von der überlebenden philistäischen Bevölkerung.

Die Mauern des Tempels waren über einen Meter dick und bestanden aus sonnengetrockneten Lehmziegeln, die auf ein Steinfundament gemauert waren. Durch einen breiten Torgang trat man in einen Vorraum, der mit übertünchten Stufenbänken für die Opfer umrahmt war. Man wandte sich dann westlich in die Haupthalle; an der gegenüberliegenden Wand befand sich eine etwa einen Meter hohe Plattform *(bamā)*, die aus Lehmziegeln bestand und übertüncht war. Es war der Mittelpunkt des Gebäudes. Neben dieser Wand befand sich ein kleiner Aufbewahrungsraum mit Hunderten von Kultgefäßen aus Keramik.

Das Eigenartigste an der Haupthalle war jedoch, daß das Dach ursprünglich von zwei hölzernen Säulen gestützt war, die auf runden, sorgfältig gearbeiteten Steinsockeln standen. An diesen Sockeln hafteten noch Spuren von Holz. Die Analyse ergab, daß die Säulen, die das Dach getragen hatten, aus Libanonzedern gefertigt waren. Dies erinnert natürlich sofort an die Geschichte von Simson im Tempel zu Gaza: »Nun rief Simson den Herrn an und sprach: O Herr, mein Gott! Gedenke doch meiner und stärke mich nur diesmal noch, daß ich mich (wenigstens) für eines meiner beiden Augen an den Philistern räche. Dann umfaßte Simson die beiden Mittelsäulen, auf denen das Haus ruhte, die eine mit der rechten und die andere mit der linken Hand, und stemmte sich gegen sie; und indem Simson dachte: Sei's denn, daß ich mit den Philistern sterbe! neigte er sich mit aller Macht. Da fiel das Haus auf die Fürsten und auf alles Volk, das darin war« *(Richter 16,28–30)*.

Allerdings könnte wohl nur ein Gorilla die beiden Säulen im Tell-Qasile-Tempel mit seinen ausgestreckten Armen berühren und ihnen vielleicht einen Stoß versetzen. Aber auch er wäre wohl nicht in der Lage gewesen, um sie herumzugreifen.

Folgt man der biblischen Erzählung, dann hätte sich Simson mit aller Macht niedergebeugt, die Säulen zum Einsturz gebracht und dabei alle Philister, die im Tempel versammelt waren, getötet.

Einen Haken hat diese sehr eindrucksvolle Szenenfolge: die Größe des Tempels. Er ist nämlich wider alles Erwarten klein. Die Haupthalle mißt nur siebeneinhalb mal fünfeinhalb Meter, kaum mehr als ein großzügig bemessener Wohnraum. Und wenn man

Grundriß des Tell-Qasile-Tempels: Unten rechts war der Eingang. Die Sockel der zwei Säulen stehen in der Mitte der Haupthalle. Oben, hinter der Altarplattform, befindet sich der Aufbewahrungsraum für kultische Gefäße.

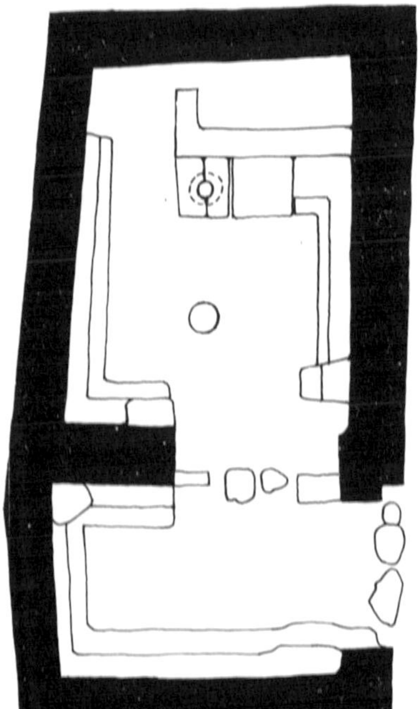

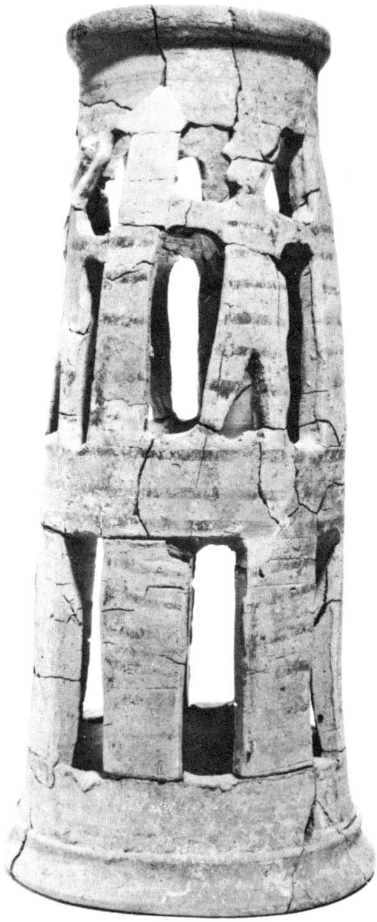

Räuchergefäß aus Keramik aus Tell Qasile: in der oberen Reihe die Männerfigur, die ihre Arme ausstreckt, als ob sie sich an die Säulen an beiden Seiten klammert, die aber in Wirklichkeit zu einer Prozession von vier Männern rund um das Gefäß gehört.

seine Phantasie auch noch so sehr anstrengt, 3000 feiernde Philister kann man hier weder innen noch oben auf dem Dach des Tempels unterbringen. Nun ist dies zwar der einzige Philistertempel, den man je entdeckt hat, aber es gibt dennoch keinen Anlaß anzunehmen, man könnte noch größere finden. Nur in Ägypten existieren solche riesigen Steintempel, wie sie die Simsongeschichte offenbar im Auge hat – aber sogar in Ägypten war es der Öffentlichkeit niemals erlaubt, den Tempel selbst zu betreten; dieses Vorrecht gehörte ausschließlich den Priestern. Tempel waren keine Synagogen oder Kirchen, keine Versammlungsräume. Insofern ist die Simsongeschichte an diesem einen besonders erregenden Punkt einfach falsch.

Wie kam es dann aber zu dieser Geschichte? Offenbar kann man auf sie verzichten, weil sie zu jenen unwahrscheinlichen Sagen gehört, die sich um jeden gewalttätigen Volkshelden bilden. Aber es gibt da einen ziemlich interessanten Hinweis. Man kann ihn aus einem der keramischen Kultgefäße entnehmen, die innerhalb der Ruinen des Tell-Qasile-Tempels gefunden wurden – er lag ausgerechnet dicht neben dem Sockel einer der Säulen.

Es handelt sich um einen zylinderförmigen Räucherständer mit zwei »Stockwerken«. Jedes Stockwerk hat mehrere »Fenster« zwischen je zwei Säulen. Zwischen den Säulen der oberen Reihe steht in jedem der vier Fenster eine Männerfigur, die ihre Arme seitwärts gegen die Säulen stemmt. Das Ganze soll sicherlich eine Prozession darstellen, aber für sich genommen enthält es doch eine verführerische Anspielung.

Auch wenn man seine Phantasie noch so sehr anstrengt, eine »Darstellung« der Simsongeschichte sind diese Figuren sicher nicht. Aber es ist nicht zu phantastisch, wenn man in solchen Kultgefäßen den Ausgangspunkt für jene Volkserzählung sieht. Als die Israeliten auf ihrem Eroberungszug durch Städte und Tempel wie Tell Qasile streiften, entdeckten sie diese seltsamen Kultgefäße, und auf so verschlungenen Wegen, wie Volkserzählungen nun einmal entstehen, vermischten sich Erinnerungen an große ägyptische Tempel mit den Geschichten über einen legendären Guerillaführer, und dabei assoziierte man dann noch jene Männerfiguren, die so aussehen, als ob sie die Säulen eines Tempels umstoßen. So war eine unvergängliche Sage geboren.

Alles andere als legendär und phantastisch war allerdings die Zwangslage, in der sich die Israeliten etwa in der Mitte des 11. Jahrhunderts befanden. Die »charismatischen« Führer wie Debora oder Gideon, die von Fall zu Fall auftraten, um Krisen dann zu bewältigen, wenn sie schon nicht mehr aufzuhalten waren, waren auf die Dauer keine Lösung. Die Philister wurden immer mächtiger. Ihre Wirtschaft, die auf dem Seehandel und der Herrschaft über die Handelsstraße an der Küste, die Via Maris, beruhte, florierte. Sie besaßen eine furchterregende Kriegsmaschinerie auf der Basis einer Militäraristokratie. Das Heer bestand aus Bogenschützen, Kavallerie und Streitwagen und war in Hunderter- und Tausenderabteilungen unterteilt. Verglichen mit den bäuerlichen Israeliten im Hügelland waren sie eine fortschrittliche Industrie- und Handelsgesellschaft. Nach biblischer Überlieferung besaßen die Philister das Monopol für die Eisenherstellung, das sie sorgfältig vor den Israeliten hüteten. Diese Fertigkeit hatten sie vermutlich in Anatolien erworben, bevor sie nach Süden ins Philisterland gezogen waren: »Aber im ganzen Lande Israels fand sich kein Schmied; denn die Philister dachten, die Hebräer könnten sich Schwerter oder Spieße machen. Darum mußte ganz Israel zu den Philistern hinabgehen, wenn einer seine Pflugschar, seine Haue, seine Axt oder seinen Ochsenstachel zu schärfen hatte« *(1. Samuel 13,19–20)*.

Soweit man es aus den Texten erkennen kann, brach die Krise ungefähr im Jahre 1050 v. Chr. aus. Aus dieser Zeit wird zum erstenmal von einer offenen Feldschlacht der Israeliten gegen die Philister berichtet: Eine disziplinierte Armee, die mit Eisenwaffen ausgerüstet war, trat gegen einen mit landwirtschaftlichen Geräten bewaffneten Stammeshaufen an: »In jenen Tagen nun sammelten sich die Philister wider Israel zum Streite; Israel aber zog ihnen entgegen in den Streit und lagerte sich bei Eben-Eser, während die Philister sich bei Aphek gelagert hatten« *(1. Samuel 4,1)*.

Tell Aphek liegt etwa dreizehn Kilometer östlich von Tel Aviv, in einer strategisch sehr günstigen Position neben den reichen Quellen des Flusses Jarkon und beherrscht den östlichen Teil der Via Maris. Es ist einer der schönsten Orte in Palästina und sieht für den Durchschnittsmenschen aus wie ein altes englisches Schloß, das in eine gepflegte, hügelige Parklandschaft gesetzt ist. Der große *tell* hat eine Fläche von etwa 12 Hektar und ist von den eindrucksvollen Mauerruinen einer türkischen Festung gekrönt, die hier 1571 erbaut worden ist. Aphek war der östliche Außenposten des Philistergebietes. Hier zogen die Israeliten um 1050 in die Schlacht, zweifellos in der Absicht, jeden weiteren Übergriff der Philister in das Hügelland zu vereiteln.

Seit 1972 ist unter Leitung von Dr. Mosche Kochavi, dem Leiter des Instituts für Archäologie an der Universität Tel Aviv, Jahr für Jahr systematisch in Tell Aphek gegraben worden. Die Arbeit wird in Verbindung mit der Nachbargemeinde Petah Tiqva durchgeführt, die das ganze Gelände in einen Nationalpark verwandelt hat. Diese Ausgrabungen haben bisher bestätigt, daß Aphek eine der ältesten befestigten Städte Palästinas ist, denn die frühesten Überreste stammen aus dem Anfang der Frühen Bronzezeit, etwa 3000 v. Chr. In den 5000 Jahren dazwischen hat der Ort nichts von seiner Bedeutung verloren. Herodes der Große baute es in großem Stil wieder auf und nannte es nach seinem Vater Antipater »Antipatris«. Die Kreuzfahrer bauten dort eine kleine Zitadelle, die Türken befestigten es neu, die Engländer benutzten es in den dreißiger Jahren als Lager, und während des Unabhängigkeitskrieges von 1948 diente es den Irakern als Artilleriestützpunkt.

Innerhalb der türkischen Festung hat man inzwischen einen großen Abschnitt ausgegraben, der bestätigt, daß der Ort von den Philistern eingenommen und besetzt worden ist. Ein großer kanaanitischer Palast im Bereich der ehemaligen Akropolis der Stadt ist etwa 1200 v.Chr. durch Feuer zerstört worden. Bisher hat man in der Akropolis keine philistäischen Gebäude entdeckt, aber alle vorhandenen Zeugnisse weisen darauf hin, daß die Philister die Zerstörung verursacht haben; denn es gibt dort verräterische Anzeichen von Gräben, die man durch den Schutt durchgegraben hat, um zu den Steinfundamenten der kanaanitischen Palastmauern zu gelangen und sie wieder zu gebrauchen. Diese Gräben sind voll von Keramikscherben im Philisterstil. Was in diesem Stadtteil vielleicht einmal an philistäischen Zeugnissen vorhanden war, ist den späteren Bauarbeiten der Türken zum Opfer gefallen.

Tell Aphek: in der Mitte die Ruinen der türkischen Festung. Die ausgegrabene Fläche darin zeigte (links von der Mitte) Spuren eines kanaanitischen Palastes, den die Philister verbrannt und ausgeplündert haben. Oben links die Quellen des Jarkon. Im Vordergrund die Ausgrabungsfläche aus der römischen Zeit, als Aphek von Herodes dem Großen wiederaufgebaut wurde.

Tell Aphek: ein Teil der Treppe, die zu dem Turm des kanaanitischen Palastes innerhalb der Mauern der türkischen Festung führte (13. Jahrhundert v. Chr.).

Von diesem Ort aus marschierte die Armee der Philister los, um dem Stammesaufgebot der Israeliten an einem Ort mit Namen Eben-Eser zu begegnen. Diese hatten sich irgendwo östlich von Aphek versammelt, um den Philistern den Zugang zum heimatlichen Hügelland zu versperren. Aber wo lag Eben-Eser?

Nach Dr. Kochavis Überlegungen mußte es der israelitische Ort sein, der Tell Aphek am nächsten lag; der nächstmögliche Ort, den er sich vorstellen konnte, war die Anhöhe von Izbet Sarta, etwa drei Kilometer östlich von Tell Aphek, das bei einer früheren archäologischen Vermessung lokalisiert worden war. Von Izbet Sarta aus kann man Tell Aphek gerade noch mit bloßem Auge sehen, wie es, von Bäumen halb verborgen, neben den Jarkonquellen liegt. So nah, meint Dr. Kochavi, könnten sich die israelitischen Bauern herangewagt haben.

Er führte 1975 eine Probegrabung durch und entdeckte sogleich ein Steinhaus, das als israelitischer Bau aus dem 11. Jahrhundert v. Chr. bestimmt werden konnte. Die kleine Siedlung dort war offenbar in der Mitte des Jahrhunderts von ihren Einwohnern verlassen worden. Für Dr. Kochavi war das der klare archäologische Beweis, daß Izbet Sarta Eben-Eser sein könnte und daß das schicksalsschwere Gefecht auf der Ebene zwischen diesem Ort und Tell Aphek ausgefochten worden ist.

Schicksalsschwer war es wirklich für die Israeliten! Schon bei der ersten Begegnung wurde das israelitische Heer zerschlagen, und nach biblischem Bericht wurden 4000 Menschen getötet. In dieser äußersten Not beschlossen die Ältesten Israels, ihren letzten Trumpf auszuspielen: Sie sandten Botschafter nach Silo, um die Bundeslade des Herrn zu holen, den heiligen Talisman des Stämmeverbands, der die Moral der Truppen stärken sollte. Silo war wohl das bedeutendste Kultzentrum in der Frühzeit des Stämmeverbands in Kanaan. Hier war die Bundeslade, der tragbare Thron des unsichtbaren Jahwe, in einem Zeltheiligtum, einem Tabernakel, aufbewahrt.

Unglücklicherweise konnte nicht einmal die Gegenwart der Bundeslade auf dem Schlachtfeld mit all ihren mächtigen Assoziationen das Schicksal wenden. Bei der nächsten Begegnung wurden die Israeliten vernichtet. Zu Tausenden wurden sie abgeschlachtet. Und was noch schlimmer war, die Lade selbst wurde von den Philistern geraubt.

Die biblische Stadt Silo lag etwa siebenundzwanzig Kilometer von Jerusalem entfernt. Heute ist auch sie ein *tell,* fast fünf Hektar groß, und wird mit Chirbet Seilun identifiziert – ein Wirrwarr von Terrassen mit Steinmauern, auf denen die einheimischen Bauern mitten in den alten Ruinen auf kleinen Landflecken Weizen anbauen. Niemals hat man eine Spur gefunden, wo der heilige Schrein gestanden haben könnte, der das Heiligtum des Stammeskultes war, bevor dieser durch den Bau des Jerusalemer Tempels ein festes Gebäude erhielt.

Hierher lief ein Bote vom Schlachtfeld zu Eben-Eser, um die traurigen Neuigkeiten zu melden. Der Hohepriester Eli, unter dessen Obhut die Lade stand, war zu dieser Zeit schon ein blinder Greis von 98 Jahren. Er saß auf einem Stuhl am Wegesrand und wartete darauf, zu hören, was geschehen war. Der Bote kam zu ihm und berichtete ihm, das Heer sei vernichtend geschlagen. Keine Antwort. Dann berichtete er, daß Elis beide Söhne, die die Lade bewachen sollten, tot seien. Wieder erfolgte keine Antwort. Schließlich berichtete er, die Bundeslade sei in die Hände der Philister gefallen – und erst auf diese dritte Neuigkeit reagierte der alte Mann: Er fiel rückwärts von seinem Stuhl, brach sich den Hals und war tot *(1. Samuel 4,12–19).*

Der Sieg der Philister war vollkommen. Sie besetzten das gesamte Hügelland und stationierten an allen strategisch wichtigen Punkten Truppen. Außerdem sieht es so aus, als sei das Philisterheer auch noch in Silo selbst einmarschiert und habe das Heiligtum zerstört. Die Bibel erwähnt das nicht direkt, aber es wäre die logische Folge aus dem bisherigen Geschehen, und auch die archäologischen Zeugnisse scheinen eine solche Annahme zu unterstützen. Als Silo in den späten zwanziger Jahren von einer dänischen Gruppe unter der Leitung von Hans Kjaer ausgegraben wurde, fand man ein Haus aus der Eisenzeit, das offenbar etwa 1050 v. Chr. niedergebrannt worden war.

Die biblischen Chronisten erkannten schnell, daß der Raub der Lade den Philistern kein Glück brachte. Als diese ihre Beute im Triumphzug zum Dagontempel in Asdod trugen, verursachte sie eine Plage von Geschwüren und Ratten, so daß die Leute von Asdod die Lade wie ein heißes Eisen nach Gath weiterreichten. Sofort verfiel Gath einer ähnlichen Plage, und man gab die Lade an Ekron weiter, dem es nicht besser erging. Nach sieben Monaten solcher Tortur schickten die Philister schließlich den Israeliten die Lade zurück, begleitet von besten Empfehlungen und einem bitterbösen Geschenk: fünf Geschwüre und fünf Ratten aus Gold!

Nichtsdestoweniger war der hebräische Stämmeverband in höchster Verwirrung; ihr Hügelland war besetzt und ihr Heiligtum zerstört. Es konnte kaum eine verzweifeltere Lage geben. Aber wie so oft in Wirklichkeit und Dichtung brachte die Not den richtigen Mann hervor: einen Mann namens Saul und einen Jungen namens David.

7 Das Haus Davids

Die Geschichte von König Saul und seiner tragischen Beziehung zum jungen David spricht uns unmittelbar menschlich an; wir erleben hier ein emotional bestimmtes Zwischenspiel von eindrucksvollen Persönlichkeiten und schwachen Charakteren, von Liebe und Betrug, von Eifersucht und Ehrgeiz – und dies alles scheint gerechtfertigt durch die theologischen und politischen Imperative, die den biblischen Erzählungen ihr besonderes Gepräge verleihen.

Die Bibel stellt Saul als den ersten Herrscher dar, den die Israeliten nach der sporadischen und nie lang anhaltenden charismatischen Führung durch die »Richter« als König zu akzeptieren bereit waren. Seine zutiefst tragische Herrschaft bahnte der Entstehung des vereinigten Königreichs unter David und der Eroberung Jerusalems als der Stadt Davids den Weg (ca. 1000 v. Chr.).

Im Verlauf der späteren biblischen Geschichte spielt Jerusalem eine zentrale Rolle. Schon Jahrhunderte bevor die beiden anderen Weltreligionen – Christentum und Islam – ihren Teil an dieser Stadt beanspruchten, wurde sie von den Israeliten als Heilige Stadt verehrt. Warum Jerusalem die Heilige Stadt der Juden, die Davidsstadt, wurde, ist auf den ersten Blick eine simple Geschichte: David hatte aus Sauls Fehlern gelernt und wollte eine königliche Stadt haben, die er sein eigen nennen konnte.

Die Geschichte von Sauls Königsherrschaft nahm um 1025 v. Chr. ihren Anfang, als die Geschichte der Israeliten einen Tiefpunkt erreicht hatte. Die verhaßten Philister hatten die Bundeslade geraubt, hatten das alte Kultzentrum der Israeliten in Silo zerstört und ihr Land besetzt. Doch an einem Ort namens Gilgal, etwa zwei Kilometer von Jericho entfernt, genau dort, wo Josua zu Anfang seines Feldzugs zur Eroberung des Heiligen Landes sein Lager aufgeschlagen und zwölf Steine aufgestellt haben soll, um seine Invasion zu heiligen, begann sich das Schicksal der Israeliten zu wenden – dank Saul, dem Sohn des Kis.

Gilgal wird gewöhnlich mit Chirbet el-Mefdschir identifiziert; denn hier haben Archäologen vor zwanzig Jahren große Mengen von Keramikscherben gefunden, die auf eine Besiedlung des Ortes während der Frühen Eisenzeit hinweisen (1200 v. Chr.). Das stimmt mit der biblischen Darstellung überein. Heute kennt man Chirbet el-Mefdschir eher wegen der imposanten Ruinen des Palastes, den Hischam, ein Kalif der frühen Moslemzeit, hier errichten ließ. Inschriften verraten, daß der Palast von 724 bis 743 n. Chr. erbaut wurde – nur, um vier Jahre später schon wieder durch ein Erdbeben zerstört zu werden.

Hier in Gilgal – so erzählt eine der drei sich etwas widersprechenden biblischen Fassungen – wurde Saul zum ersten König Israels ausgerufen. Zuvor war es dem israelitischen Heer unter seiner Führung gelungen, die belagerte Stadt Jabes-Gilead östlich des Jordans zu befreien. Diese Überlieferung *(1. Samuel 11)* berichtet von einem besonderen Charisma Sauls: Als er von der Notlage Jabes-Gileads vernommen hatte, kam plötzlich der Geist Gottes über ihn. Er zerstückelte zwei Rinder und sandte die Teile an alle Stämme, einmal, um das Zeichen zum Kampf zu geben, dann aber auch, um denen zu drohen, die noch zögerten, ihm in die Schlacht zu folgen.

Die beiden anderen Fassungen stellen den Propheten Samuel in den Mittelpunkt, der nur widerstrebend dem Verlangen des Volkes folgt, als er Saul zum König salbt. Samuel betrachtete Jahwe als den einzigen legitimen König der Israeliten. Die Forderung nach einem weltlichen König, wie ihn die anderen Staaten dieser Zeit kannten, betrachtete er als Abfall von Jahwe. Seine zögernde Zustimmung verwandelt sich in aktiven Widerstand, als sich Saul allzu deutlich von den Priester-Propheten unabhängig macht, zu denen auch Samuel selbst gehört. Nach dem biblischen Text bereuen Samuel und Gott danach, daß sie Saul mit dem Königtum betraut haben. Schließlich entzog ihm Jahwe das Charisma wieder, die göttliche Gnade, mit der Saul ursprünglich begabt gewesen war. Professor Abraham Malamat, ein Historiker an der Hebräischen Universität Jerusalem, sieht Saul in einer Doppelrolle: Er war der letzte charismatische Richter und zugleich der erste institutionalisierte König. Die Saul-Samuel-Geschichte veranschaulicht den Konflikt zwischen dem Konzept einer weltlichen Monarchie und dem Konzept einer göttlich inspirierten Stammesführerschaft durch Älteste und Propheten.

Man darf dabei allerdings nicht vergessen, daß die biblischen Überlieferungen zutiefst gegen Saul voreingenommen sind. Die gesamte Beziehung zwischen Saul und David wird so dargestellt, daß sie der Glorifizierung Davids dient. Deshalb sollten die Geschichten über Sauls zunehmende Niedergeschlagenheit, seine pathologische Eifersucht auf David und seine Geistesgestörtheit mit dem nötigen Maß an Skepsis gelesen werden. Hier sind Volkssagen über tapfere Kriegstaten und über dramatische menschliche Beziehungen eigens darauf zugeschnitten worden, David zu verherrlichen und Saul herabzusetzen. Wir haben es hier nicht mit Geschichtsschreibung, sondern mit einer Sage zu tun.

Dabei fing es mit Saul vielversprechend an. Als charismatischer Guerillaführer kämpfte er durchaus erfolgreich gegen die philistäische Besatzungsmacht. Sein Sieg am Paß von Michmas, nördlich von Jerusalem, wo er die Philister schlug, nachdem sein Sohn Jonathan in einem gewagten Kommandounternehmen in ihr Lager eingedrungen war *(1. Samuel 14)*, wurde weit und breit gerühmt. Heute befindet sich am Ort dieser Auseinandersetzung ein arabisches Dorf. Während des Ersten Weltkriegs wandte ein britischer Offizier die in der Bibel beschriebene Taktik an und drang in die türkischen Stellungen durch eben denselben Engpaß ein, bei dem »hüben und drüben je ein Felszahn« war, »der eine hieß Bozez, der andere Sene« *(1. Samuel 14,4)*.

Sauls Sieg befreite das judäische Hügelland von der philistäischen Besatzung und schaffte die erforderlichen Voraussetzungen, damit er sein Königreich errichten konnte. Die Stämme scharten sich dankbar um ihn, und sie riefen Saul öffentlich zum designierten König aus. Nur Samuel fürchtete, er werde sich nun auch priesterliche Funktionen aneignen. Saul konnte seine Stellung als Kriegsführer noch dadurch festigen, daß er die philistäische Festung in seiner Heimatstadt Gibea, etwa fünf Kilometer nördlich von Jerusalem, einnahm.

Gibea ist das heutige Tell el-Ful, das eine beherrschende Stellung an der Hauptstraße von Jerusalem nach Nablus (Sichem) einnimmt. In der Mitte der sechziger Jahre ließ König Hussein von Jordanien auf dem Gipfel des *tell* einen Palast errichten; dies Gebiet war damals unter jordanischer Herrschaft. Der Sechs-Tage-Krieg im Juni 1967, durch den das Westufer des Jordan unter israelische Kontrolle geriet, bereitete diesem Vorhaben ein jähes Ende. So blieb der königliche Palast unvollendet, ein Torso, der an den Krieg und eine gewisse Sorte von Frieden erinnert, ein Symbol dafür, wie wechselhaft militärisches Glück ist – heute wie zu Sauls Tagen.

Der Ort erlebte zwei archäologische Ausgrabungen. In den zwanziger Jahren wurde Tell el-Ful unter Leitung von M. F. Albright identifiziert. Bevor 1964 der Bau des Palastes begann, führte Paul W. Lapp eine sechswöchige Rettungsgrabung durch. Lapp kam zu dem Ergebnis, daß hier seit dem 12. Jahrhundert v. Chr. eine Siedlung existierte, die im 11. Jahrhundert als Zitadelle befestigt wurde – vermutlich von den Philistern. Sie war wohl ein Teil der Kette von Militärstützpunkten, die sie nach ihrem überwältigenden Sieg von Eben-Eser im gesamten judäischen Hügelland errichtet hatten.

Gegen Ende des 11. Jahrhunderts wurde der Ort offenbar neu befestigt. Seine Mauern wurden verstärkt und in ihrer Ausführung auf den neuesten Stand der Technik gebracht. Die Ausgräber vermuteten, daß diese Phase der Epoche Sauls entsprach, der seine Geburtsstadt zurückeroberte und zu seiner eigenen königlichen Zitadelle machte. Es war sicher eine ziemlich kleine Festung (52 mal 35 Meter mit einem Verstärkungsturm an jeder Ecke), viel kleiner als der geplante Palastkomplex König Husseins. Aber nach dem biblischen Bericht traf König Saul in dieser Festung zum erstenmal den jungen Schafhirten, der später eine so entscheidende Rolle in der Geschichte Israels spielen sollte.

Wieder einmal überliefert die Bibel drei an sich unvereinbare Fassungen darüber, wie David seine einflußreiche Stellung an Sauls Hof erlangte. Nach der einen *(1. Samuel 16,14–23)* wurde David, der jüngste Sohn des Isai aus Bethlehem, als begabter Harfenspieler an den Hof geholt, damit er Sauls depressive Stimmung aufhelle, die diesen immer dann überfiel, wenn ihn ein von Jahwe gesandter »böser Geist« quälte. Nach einer anderen Überlieferung *(1. Samuel 16,1–13)* wurde David von Samuel, der Sauls Königtum verworfen hatte, heimlich zum künftigen König gesalbt. Die dritte Fassung *(1. Samuel 17)* ist die berühmteste: In ihr erscheint der junge Schafhirte David als Volksheld, der es im Einzelkampf mit dem riesigen Vorkämpfer der Philister aufnahm und diesen Goliath mit einem zielsicher geschleuderten Stein tötete. Jener Kampf, der im »Terebinthental« (Ela), etwa dreißig Kilometer westlich von Jerusalem, stattgefunden haben soll, rettete die israelitische Armee vor dem Untergang, erweckte in Sauls Sohn Jonathan Zuneigung zu David und ließ zum erstenmal Sauls Eifersucht aufkeimen. Aber das Ganze ist eine typische Sagenhandlung, in der eine Volkssage zum geschichtlichen Ereignis überhöht wird. Dafür spricht auch, daß an einer anderen Stelle in der Bibel *(2. Samuel 21,19)* der Ruhm für die Tötung Goliaths einem gewissen Elhanan aus Bethlehem zugesprochen wird.

Gleichwohl wurde David einer von Sauls Heerführern und zugleich sein Schwiegersohn, denn er hatte die Hand von Sauls Tochter Michal gewonnen. Aber sein wachsender Erfolg – so berichtet das *1. Buch Samuel* – nährte nur Sauls Eifersucht, bis David schließlich vom Hof fliehen und als Geächteter leben mußte. Er suchte Zuflucht in der Wildnis seines Geburtslandes Juda und lebte als Räuber in der zerklüfteten Felswüste an den Küsten des Toten Meeres, im Gebiet um Engedi, wo man den schon erwähnten Kupferschatz gefunden hat (vgl. Kap. 1). Er sammelte eine Bande von Flüchtlingen um sich, die er sich zu einer zähen Kampftruppe erzog, »und weilte auf den Berghöhen von Engedi«.

Engedi liegt in einer faszinierenden Gegend: eine Fassade von hochaufragenden Bergen, zwischen denen tiefe Schluchten klaffen, die sich durch felsige Hänge zum Toten Meer hinabwinden. An einem der Abhänge liegt eine einladende Oase. Sie erhält ihr Wasser aus einer Quelle, deren Name an Davids Versteck hier oben in den Bergen erinnern soll: »Davidsquelle«. In einer Höhle hoch über der Quelle soll David einmal Sauls Leben geschont haben: Während Saul seine Notdurft verrichtete, schnitt er ihm einen Zipfel seines Mantels ab, um ihm zu demonstrieren, daß er ihn hätte töten können, wenn er es gewollt hätte *(1. Samuel 24,4)*. Bis jetzt wurde kein archäologischer Beleg für Davids Aufenthalt in Engedi gefunden, der Überlieferung und Sage bestätigen könnte.

Eine der Berghöhen von Engedi wurde 1949 zum erstenmal erforscht und dann wieder in den sechziger Jahren durch israelische Archäologen unter der Leitung von Dr. Benjamin Mazar. Es ist die Siedlung Tell el-Dschurn, die auf einem länglichen schmalen Hügel hoch über dem nordwestlichen Teil der Oase thront. Die Untersuchungen haben ergeben, daß die Siedlung nicht vor dem Ende des 7. Jahrhunderts v. Chr. gegründet worden sein kann – fast vier Jahrhunderte nach Davids Aufenthalt. Man kommt schwer um die Folgerung herum, daß zumindest einige David-Traditionen mit anachronistischen Details ausgeschmückt worden sind, die aus der Zeit der Niederschrift der Königsgeschichten, mehrere Jahrhunderte nach den geschilderten Ereignissen, stammen.

Sogar in den uneinnehmbaren Bergen von Engedi wurde Davids Position offensichtlich bald unhaltbar, und er wählte den einzigen Weg, der ihm noch offenstand, um Sauls gnadenlosen Nachstellungen zu entgehen: Er ging zum Feind über und bot dem Philisterkönig Achis von Gath seine Dienste an *(1. Samuel 27,2)*. Die Philister hießen ihn und seine Bande mit offenen Armen willkommen und gaben ihm eine Stadt in der Wüste Negeb als Lehnssitz. Der biblische Bericht, der David möglichst in einem positiven Licht erscheinen lassen will, erzählt davon, daß er die ganze Zeit über ein Doppelspiel getrieben habe. Zwar habe er vorgegeben, die Philister gegen Israel zu unterstützen, zugleich habe er jedoch den israelitischen Siedlungen in Südjuda geholfen und sich deren Zustimmung gesichert. Aber es führt nichts daran vorbei, daß sich David als Lehnsmann der Philister auf Gedeih und Verderb mit ihnen gegen Saul verbündete. Als die Philister sich zur nächsten entscheidenden Kraftprobe gegen Saul rüsteten, war auch David mit dabei.

Wieder einmal, wie schon bei der Schlacht von Eben-Eser, sammelten die Philister ihre Streitkräfte in Aphek. Den anderen Philisterfürsten war David jedoch nicht geheuer; sie bezweifelten offensichtlich die Loyalität eines Söldners, der seine Farben schon einmal gewechselt hatte. Er wurde deshalb weggeschickt. So blieb es ihm erspart, gegen sein eigenes Volk zum Kampf anzutreten. Von Aphek aus marschierten die Philister nordwärts. Sie wollten sich nicht im Hügelland zum Kampf stellen und zogen deshalb gen Norden die Küstenebene entlang zu der zwischen den Bergen Galiläas im Norden und den Bergen Samarias im Süden gelegenen Jesreel-Ebene (Esdrelon). In diesem Gelände konnten sie ihre Streitwagen gut einsetzen. Deshalb lagerten sie hier und warteten auf den Angriff der Israeliten.

Unerklärlicherweise ließ sich Saul dann auch aus dem für seine Fußtruppen günstigen Hügelland hervorlocken und stellte sein Heer am Fuß des Berges Gilboa auf *(1. Samuel 31,1)*. Der Ausgang der Schlacht war von vornherein entschieden: Die Israeliten wurden vernichtend geschlagen. Drei Söhne Sauls, unter ihnen auch Jonathan, fielen. Saul, schwer verwundet durch die Pfeile der Philister, nahm sich selbst das Leben. Die siegreichen Philister fanden seine Leiche und zogen damit in die nächste Garnisonsstadt.

Heute befindet sich nördlich der modernen Stadt Beth Sean ein auffallender *tell* (Tell el-Hösn). Er steigt kahl und abrupt an, und seine unheimliche Wirkung wird noch durch einen einsamen verdorrten Baum unterstrichen, der wie ein Galgen an einer Seite des Gipfels steht. Dort oben auf dem *tell* kann man sich leicht die Szene vorstellen, die in der Bibel auf den Selbstmord Sauls folgt *(1. Samuel 31)*: Die Philister stellten zur Feier ihres Sieges triumphierend Sauls Leiche zur Schau. Den Körper »spießten sie an die Mauer von Bethsan«. Die Rüstung wurde als Kriegstrophäe im Tempel der Fruchtbarkeitsgöttin Astarte (Asthoreth) aufbewahrt.

Als Bethsan vor etwa fünfzig Jahren von einem großen amerikanischen Team der Universität Pennsylvania ausgegraben wurde, entdeckten die Ausgräber zahlreiche Schichten intensiver Besiedlung aus vielen Jahrhunderten, die vom Gipfel des *tell* aus, wie bei einer Schichttorte, mehrere Meter untereinanderlagen. Als sie bis zur Zeit Sauls, dem späten 11. Jahrhundert v. Chr., durchgestoßen waren, entdeckten sie die Grundmauern von zwei großen öffentlichen Gebäuden, die sie als Tempel bestimmten. Aber waren es spezifisch philistäische Tempel, etwa dem Dagon oder der Astarte geweiht? Ja, war Bethsan überhaupt jemals eine Philisterstadt gewesen? Die archäologischen Funde allein (die allerdings vor fünfzig Jahren gesammelt worden sind, als die Techniken noch weniger ausgebildet waren als jetzt) geben keine klare Antwort auf die Frage, ob die Stadt zu dieser Zeit philistäisch, kanaanitisch oder sogar israelitisch war. Aber man kann deutlich erkennen, daß sie nicht lange Zeit davor ein *ägyptischer* Stützpunkt war, der eine wichtige Kreuzung der Via Maris überwachte – sie könnte also durchaus nach der Niederlage der Seevölker um 1190 v. Chr. mit philistäischen Truppen besetzt worden sein.

Bethsan: Statue Ramses' III., des Siegers über die Seevölker, aus dem 12. Jahrhundert v. Chr.

Unter den Ruinen befand sich eine Statue Ramses' III., des Pharaos, der die Seevölker in jener gewaltigen Schlacht besiegt hatte, die an den Wänden des Tempels zu Medinet Habu in Ägypten im Bild festgehalten ist. Aber schon vorher, als Ägypten zur Zeit des Neuen Reiches noch über Kanaan herrschte, hatten sich Ägypter in Bethsan niedergelassen. Man fand eine Siegesstele von Sethos I. (1308–1304 v. Chr.), außerdem eine Miniaturstele, die ein Ägypter zum Gedenken an seinen Vater aufgestellt hat und auf der Vater und Sohn abgebildet sind, wie sie Mekal, dem Schutzgott von Bethsan, huldigen. »Mekal, der große Gott, der Herr von Bethsan« – so lautet die Inschrift. Doch hat man keine eindeutig philistäische Keramik gefunden, und das ist erstaunlich, weil die Bibel sicher zu Recht Bethsan als Philistersitz bezeichnet, an dessen Mauern Sauls Leiche aufgespießt hing.

Siegesstele Sethos' I., gefunden in Bethsan: der Text berichtet davon, wie der König erfolgreich eine Koalition asiatischer Fürsten niedergeschlagen hat.

Einige sehr interessante Zeugnisse entdeckte man jedoch auf einem ausgedehnten Friedhof, der sich genau gegenüber dem Hügel am Felsabhang des Flusses befand. Dieser Friedhof enthielt mehrere anthropoide Ton-Sarkophage, d.h. Särge mit beweglichen Deckeln, auf denen Menschengesichter, entweder naturalistisch oder stilisiert, dargestellt waren. Einige der Köpfe tragen die charakteristischen gerippten Kopfbedeckungen der Philister, die wir schon von den Medinet-Habu-Reliefs kennen. Diese auffällige Ähnlichkeit hat die Wissenschaftler ermutigt, sie »Philistersärge« zu nennen. Das Problem ist nur, daß diese Särge ihren Ursprung in Ägypten haben, wo man sie in den Grabstätten des Nildeltas gefunden hat. Das Problem versucht man damit zu lösen, daß man meint, die Philister hätten diesen eigentümlichen Begräbnisbrauch von den Ägyptern übernommen, als sie in den zunächst noch ägyptischen Städten Palästinas Söldnerdienste übernahmen.

Dennoch glauben manche Wissenschaftler, besonders Professor Yigael Yadin, die »Philistersärge« stammten aus einer Zeit *vor* Saul, aus dem 12. oder spätestens dem frühen 11. Jahrhundert, während Saul auf das Ende des 11. Jahrhunderts datiert wird. Professor Yadin argumentiert, daß die Philister sich zur Zeit Sauls den Kanaanitern kulturell schon so weit angeglichen hatten, daß sie die charakteristischen philistäischen Keramikgegenstände der Frühzeit nicht mehr herstellten. Daher kann der biblische Bericht von Sauls Tod vom archäologischen Standpunkt aus weder bewiesen noch widerlegt werden.

Die führende israelische Autorität auf dem Gebiet der materiellen Kultur der Philister, Frau Dr. Trude Dothan, ist dennoch weiterhin überzeugt, daß die Bethsan-Särge typisch philistäisch sind und unbedingt in die Zeit Sauls gehören. 1972 fand sie in einem Friedhof unter den Sanddünen in Deir el-Bala, dreizehn Kilometer südlich von Gaza, drei weitere anthropoide Sarkophage. Die Gräber waren zum großen Teil noch unversehrt und enthielten zahlreichen Schmuck und andere Grabschätze. Frau Dr. Dothan datiert diese Särge, die zweifellos einen ägyptischen Einfluß aufweisen, auf das 14. bis 13. Jahrhundert v. Chr.; Särge dieser Art fanden die Philister später in Palästina vor und bauten sie für ihre Toten nach.

Durch ihre langjährigen Studien gelangte Frau Dr. Dothan zu der Überzeugung, daß die Philister einen sehr hohen kulturellen Standard nach Kanaan brachten – eine hochentwickelte Kultur, die der der Israeliten und Kanaaniter überlegen war und die besonders in der kunstvollen Keramik, in den Bauwerken und in der sozialen Organisation der Philister zum Ausdruck kommt. Von daher ist es nicht überraschend, daß die Israeliten in ihnen lange Zeit einen so bedrohlichen Gegner sahen und auch später noch mit so ausgeprägten Aversionen von ihnen berichteten.

Nach der vernichtenden Niederlage am Berg Gilboa und der

entwürdigenden Behandlung von Sauls Leichnam in Bethsan waren die Israeliten wieder einmal in der Gewalt der Philister. Es ist verständlich, daß die biblischen Chronisten diese Epoche als Israels dunkelste Stunde zeichnen – wenn auch nur, um die Morgenröte, die darauf folgen sollte, um so heller leuchten zu lassen. Denn ein Retter stand schon bereit: der verhaßte Rivale, den Saul so lange geächtet und verfolgt hatte – David.

David tauchte nun aus seinem Exil bei den Philistern wieder auf. Nachdem er Saul und Jonathan beweint hatte – »Sagt es nicht zu Gath, verkündet es nicht in den Gassen zu Askalon . . .« *(2. Samuel 1,20)* –, wurde er im alten Heiligtum von Hebron zum König über Juda ausgerufen und gesalbt, zweifellos mit dem Einverständnis der Philister. Aber Sauls Heerführer Abner stellte sich hinter Isbaal, einen von Sauls Söhnen, der eine Art Exilregierung jenseits des Jordan gründete und auf das Nordreich Israel Anspruch erhob. Zum erstenmal kristallisiert sich hier das Konzept von »Juda« und »Israel« als zweier selbständiger Größen heraus.

Es gab beträchtliche diplomatische Zwistigkeiten zwischen den beiden gegnerischen Parteien. Die Bibel überliefert eine bizarre Begegnung am »Teich von Gibeon« *(2. Samuel 2)*, die jene Rivalität anschaulich illustriert. Das Treffen fand zwischen Isbaals Hauptmann Abner und Davids Hauptmann Joab statt; vielleicht wollte man die Bedingungen für einen Vertrag zwischen den beiden Königen aushandeln, deren gegenseitige Beziehungen gespannt waren. Aber das Vorhaben scheiterte. Jeder Hauptmann hatte eine Anzahl junger Männer mitgebracht. Diese saßen, so schildert es die Bibel, an den beiden gegenüberliegenden Ufern des Teiches von Gibeon. Nach den Verhandlungen war offenbar so etwas wie ein Ritual oder eine militärische Zeremonie geplant, vielleicht, um die Bedingungen des Vertrages zu besiegeln. Es begann damit, daß zwölf junge Männer von jeder Seite »auftraten«, um ein »Kampfspiel aufzuführen«. Doch das Ganze stellte sich als ein sehr rauhes Spiel heraus. Jedermann packte mit einemmal sein Gegenüber am Schopf und stieß ihm das Schwert in die Seite, so daß alle vierundzwanzig getötet wurden.

Aber wo war dieser Teich von Gibeon? Bei dem Namen »Gibeon« denkt man sofort an den Ort, an dem auf Josuas Befehl die Sonne stillstand, als er der belagerten Stadt Gibeon zu Hilfe geeilt war. Damit er die besiegten Feinde bis auf den letzten Mann abschlachten konnte, rief er: »Sonne, stehe still zu Gibeon, und Mond im Tal von Ajalon!« Die Sonne tat ihm den Gefallen und hielt in ihrem Lauf still. Sie »eilte nicht, unterzugehen, beinahe einen ganzen Tag« *(Josua 10,12–13)*. Gibeon hatte vorher aber schon einen weniger edlen Ruf erlangt: Als Josua Kanaan eroberte, hatten sich die Gibeoniten in alte Gewänder gekleidet und waren mit abgetragenen und geflickten Weinschläuchen vor Josua getreten, um ihm weiszumachen, sie seien arme Wanderer aus

Rechts oben: David und Goliath; das Ela-Tal, in dem der berühmte Zweikampf stattgefunden haben soll.

Rechts unten: Die jebusitische Mauer von Jerusalem. Unten in der Mitte der Mauerabschnitt, den Kathleen Kenyon 1962 entdeckt hat. Links die dicken Verkleidungsmauern, die die Ausgräber gebaut haben. Rechts oben eine Ecke der mittelalterlichen Mauern des Tempelberges, dort, wo Salomos Erster Tempel stand.

Anthropoider Philistersarg. Die auffällig gerippte Kappe ist genau die gleiche wie bei der Darstellung der Philister in Medinet Habu.

Phönizisches Elfenbein, das man in Nimrud gefunden hat; es ist mit Gold, Karneol und Lapislazuli eingelegt und zeigt eine Löwin, die einen jungen Neger angreift. Aus dem 8. Jahrhundert v. Chr.

einem fernen Land. Auf diese Weise konnten sie einen Friedensvertrag mit ihm schließen. Als Josua die List entdeckte, machte er die Abmachung nicht wieder rückgängig, verdammte aber die Gibeoniten dazu, künftig als »Holzhauer und Wasserschöpfer« für die Israeliten zu arbeiten *(Josua 9,27)*.

Das biblische Gibeon wird traditionell mit dem arabischen Dorf el-Dschib gleichgesetzt, das etwa zwölf Kilometer nördlich von Jerusalem liegt, wo sich zur Zeit Davids eine Art Niemandsland zwischen den Parteien befand. Aber bei dieser Gleichsetzung gibt es ein paar merkwürdige Punkte. Warum hat Josua die Gibeoniten ausgerechnet dazu verdammt, als »Wasserträger« zu arbeiten? Und was hat dies alles mit dem »Teich von Gibeon« und mit jenem grausigen Zwischenfall zu tun, der sich in den Anfangstagen der Regierung Davids über Juda ereignete?

Die Probleme, die Gibeon betreffen, wurden gelöst, als el-Dschib in den fünfziger Jahren von Dr. James B. Pritchard ausgegraben wurde. Er entdeckte den Teich gleich während der ersten Ausgrabungskampagne im Jahre 1956. In Wirklichkeit war es kein Teich, sondern eine Bewässerungsanlage, mit deren Hilfe man Wasser aus einer tiefen Quelle innerhalb der Stadt speichern konnte. Ein Herrscher der Stadt hatte 3000 Tonnen Gestein aus dem festen Kalkstein des Hügels heraushauen lassen. So entstand

Der Teich von Gibeon: ein großer Wasserschacht, der tief in das Grundgestein eingehauen ist bis hinunter zum Grundwasserspiegel. Man mußte dazu 3000 Tonnen Kalkstein ausgraben.

ein elf Meter tiefer Schacht mit einem Durchmesser von zwölf Metern, an dessen Seite eine Treppe spiralenförmig hinabführte. Vom Boden dieses riesigen Schachtes aus führte ein spiralenförmiger Tunnel noch einmal fünfzehn Meter weiter hinunter bis zum Wasserreservoir, das siebenundzwanzig Meter unter der Erdoberfläche lag.

Als Dr. Pritchard den Teich entdeckte, war dieser bis zum Rand mit Schutt gefüllt. Es brauchte zwei Jahre Arbeit, um ihn davon zu befreien. In dem Schutt entdeckte er einen Krughenkel, auf dem das Wort »Gibeon« in der archaischen Schrift des 7. Jahrhunderts v. Chr. eingeritzt war. Den Namen eines alten Ortes am betreffenden Ort selbst wiederzufinden, ist für einen Archäologen fast zu schön, um wahr zu sein, und so vermutete Dr. Pritchard zunächst, man habe ihm einen Streich gespielt. Aber mit der Zeit tauchten nicht weniger als sechsundfünfzig dieser beschriebenen Krughenkel auf; alle waren mit »Gibeon« oder »Weinberg Gibeons« bezeichnet, manchmal folgte noch ein Personenname. Es gab keinen Zweifel mehr: Man hatte den »Teich von Gibeon« gefunden.

Eine Datierung war nur mit Hilfe der Krughenkel möglich, diese stammten aber alle aus dem 7. Jahrhundert v. Chr. Man kann nicht mehr feststellen, wie lange der Teich vorher schon in Gebrauch war; aber die späteren biblischen Chronisten hatten sicher diesen Schauplatz im Sinn, als sie die Geschichte von der Begegnung am Teichufer niederschrieben.

Die große Anzahl von Krughenkeln in dem Teich war bald erklärt. 1959 entdeckte Dr. Pritchards Team von der Universität Pennsylvania mehrere merkwürdige kellerartige Eingrabungen im Grundgestein der Erdoberfläche. Sie hatten oben ein kleines, rundes Loch, das sich in einen etwa zwei Meter tiefen Behälter öffnete. In einem davon fanden sie einen großen Vorratskrug, der fast fünfundvierzig Liter fassen konnte. Damit paßte alles zusammen. Die Felslöcher waren Vorratskeller für Weinkrüge gewesen. Es stellte sich heraus, daß sich die Temperatur dieser Keller, auch

Einer der beschriebenen Henkelkrüge, die Dr. Pritchard im Teich von Gibeon gefunden hat. Darauf steht *gb'n gdr* – »Weingarten Gibeons«.

Gibeon: Ausgrabung der Weinkeller, die in das Gestein eingegraben sind.

in den heißesten Sommermonaten, auf 18° C hält. Es ist genau die gleiche Temperatur, bei der heute in der nahegelegenen Weinkellerei im Kloster Latrun der Wein aufbewahrt wird. Neben dreiundsechzig solchen Kellern, in denen man insgesamt über 110000 Liter Wein lagern konnte, fanden die Ausgräber in dem Gebiet auch Weinkelter. Das bedeutet, daß Gibeon – zumindest im 7. Jahrhundert v. Chr. – das Bordeaux Palästinas gewesen ist. Und mit all diesen Funden hat die Geschichte über die Gibeoniter, die ihren Wohlstand als Weinbauern vor Josua verhehlen wollten und zu Wasserträgern erniedrigt wurden, einen neuen, lebendigen Kontext bekommen.

Davids Stern war nun im Aufsteigen. Abner, Isbaals Feldherr, und auch Isbaal selbst wurden ermordet, und David gelang es offenbar, jeden Verdacht der Komplizenschaft bei diesen Vorfällen, die ihm sehr gelegen kamen, zu vermeiden. Mit dem Tod der beiden war der dynastische Anspruch des Hauses Saul auf den Thron ein für allemal beendet. In der alten Stadt Hebron mit all ihren mächtigen religiösen Traditionen, wo Abraham und die übrigen Patriarchen begraben sein sollen und wo David selbst schon zum König des Südstaates Juda gewählt worden war, kamen nun die Ältesten des Nordreichs Israel zu David und boten ihm auch das Königtum über das Nordreich an *(2. Samuel 5,1–57)*.

Die Philister konnten eine solche Verschmelzung von Juda und Israel unter ihrem Vasallen David nicht einfach hinnehmen und setzten deshalb eine Expedition gegen ihn in Bewegung: Sie »zogen herauf, um David zu suchen« *(2. Samuel 5,17)*. Aber es war schon zu spät. Als Söldner bei den Philistern hatte David ausreichend Gelegenheit gehabt, genügend über die philistäische Militärtaktik in Erfahrung zu bringen. Jetzt führte er mit seinem eigenen Heer von alten Berufssoldaten zwei Schlachten gegen die Philister und besiegte sie. Diese Siege waren offenbar so einschneidend, daß die Philister von nun an nicht mehr die führende Macht im Lande waren. Sie blieben auf ihr Kernland in der Küstenebene beschränkt, und David konnte seine politische Machtstellung ungehindert ausbauen. Nachdem er siebeneinhalb Jahre von Hebron aus regiert hatte, schien es ihm Zeit, eine eigene Hauptstadt zu gründen.

Zufällig stand gerade ein passender Ort zur Verfügung: die jebusitische Stadt Jerusalem, die die direkte Verbindung zwischen Juda und Israel abschnitt. Mit Jerusalem konnte David ein günstiges Zentrum zwischen den beiden Staaten und zugleich eine eigene Königsstadt gewinnen, wenn er sie mit seinen eigenen Truppen eroberte. Und genau diese Eroberung – so erzählt uns die Bibel – nahm er jetzt in Angriff (*2. Samuel 5,6–8* und *1. Chronik 11,4–6*).

Im Kidrontal, im Südostteil von Jerusalem, genau gegenüber der arabischen Enklave Silwan, befindet sich ein Felsdurchgang, der zu einem Drahtgitter hinabführt. Dahinter ist eine Frischwasserquelle, die als Gihonquelle bekannt ist und die auch schon für die jebusitische Stadt Jerusalem weiter oben am Hang die wichtigste Wasserquelle war. Spätere Überlieferungen ernannten sie zur »Marienquelle«, denn die Legende berichtet, die Jungfrau Maria habe darin die Windeln des Jesuskindes gewaschen. Zu Davids

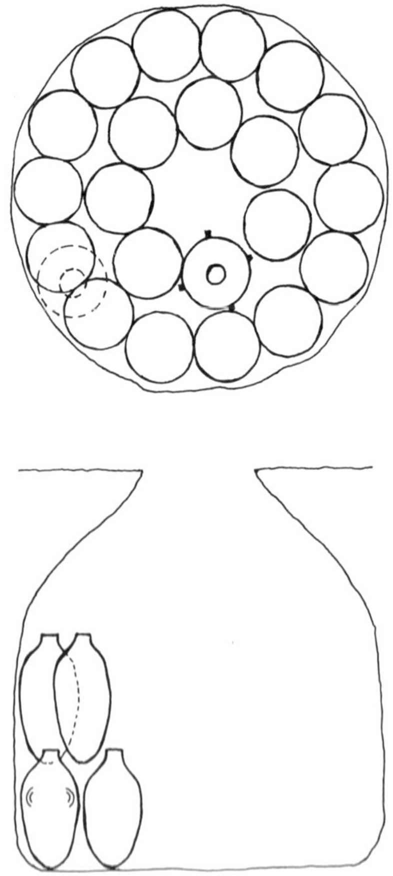

Gibeon: Skizze eines Weinvorratsraums (von oben). Darunter der Längsschnitt eines Vorratsraumes; die Krüge wurden bei gleichbleibender Temperatur aufgestapelt.

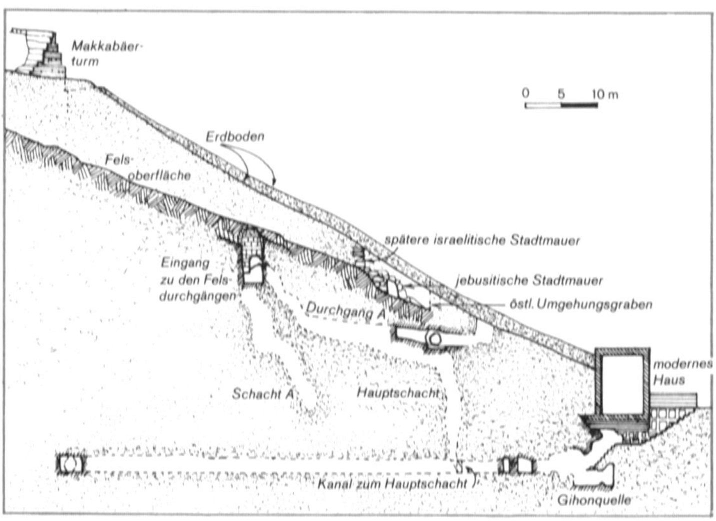

Der »Warrenschacht« bei der Gihonquelle. Schacht A führte nicht zum Ziel, darum bauten die Jebusiter den Durchgang A, bis sie an eine Stelle kamen, wo man leichter einen Schacht (den Hauptschacht) hinunter zum Quellwasser außerhalb der jebusitischen Stadtmauer graben konnte.

Zeit konnte man von dort, wenn man den biblischen Berichten Glauben schenken darf, durch einen Wasserschacht heimlich nach Jerusalem gelangen. Diesen Schacht hatten die Jebusiter vom Inneren der Stadt aus hinunter zu der Quelle, die außerhalb ihrer Mauern lag, gegraben. David wußte offensichtlich davon. Die biblischen Texte sind in diesem Abschnitt übel entstellt, aber in ihrem Kern scheint die Geschichte erzählen zu wollen, daß David dem ersten Mann, der diese »Dachrinne« (wie Luther den Schacht übersetzt) hinaufklettern würde, eine hohe Belohnung und das Kommando über sein Heer versprach. Auf diese Weise, so scheint es, wurde die Stadt eingenommen.

Vor hundert Jahren, 1867, besichtigte Captain Charles Warren, ein britischer Ingenieur, der gerade eine Vermessung in Jerusalem durchführte, die »Marienquelle« als Tourist. Dabei bemerkte er, daß im Dach der Höhle über der Quelle ein Riß war. Er kehrte am nächsten Tag mit einer Bergsteigerausrüstung zurück, kroch in den Spalt hinein und von dort aus einen Schacht hinauf, der ihn zu seiner größten Überraschung ins helle Tageslicht führte: Er befand sich plötzlich auf halber Höhe des Hügels hinter der Quelle. Von da an hielt man diesen Schacht für die »Dachrinne«, die Davids Kommandotruppe benützt hatte, um die Stadt einzunehmen.

Einen Haken hatte diese Theorie jedoch: In jenen Tagen stan-

Kathleen Kenyons Ausgrabung am Osthang des Ophel-Hügels. Rechts von der Mitte der große Graben, der vom »Davidsturm« auf dem Kamm des Hügels abwärts verläuft. Im Hintergrund ganz oben sieht man Teile der mittelalterlichen Mauern Jerusalems.

den die Mauern des alten Jerusalem wahrscheinlich oben auf dem Kamm des Hügels – der Schacht endete jedoch nur auf halber Höhe. Warum sollten die Jebusiter mit viel Mühe einen Schacht für ihre Wasservorräte gegraben haben, der nicht innerhalb ihrer Mauern endete? Und was hätte es für einen Sinn gehabt, wenn Davids Leute hier hinaufgestiegen wären?

Dieses Problem beschäftigte Miss Kathleen Kenyon, als sie 1961 begann, an dieser Seite des Hügels nach den Resten des ältesten Jerusalem zu graben.

Zuerst fand sie heraus, daß das Gebäude auf dem Kamm des Hügels (er heißt »Ophel«), das frühere Ausgräber »Davidsturm« genannt hatten, in Wirklichkeit auf Ruinen erbaut worden ist, die aus einer Zeit etwa 400 Jahre *nach* David stammen und daher auf keinen Fall zu den ursprünglichen jebusitischen Mauern gehören können. Miss Kenyon grub deshalb einen großen Graben geradewegs den Hang des steilen Hügels hinab. Es war ein höchst schwieriges Unterfangen, denn man mußte ihn die ganze Strecke hinab abstützen und mit Terrassen versehen. Miss Kenyon mußte durch Unmengen von Ruinenschutt aus späteren Jahrhunderten durchstoßen, bis sie endlich entdeckte, was sie gesucht hatte: eine dicke Stadtmauer, die auf die Zeit vor David datiert werden konnte. Sie hatte die Ostmauer der jebusitischen Stadt gefunden – und wie sie erwartet hatte, befand sich die Mauer *unter* dem Ein-

Die Davidsstadt: In der Mitte das kurze Stück der ursprünglichen jebusitischen Mauer, das Kathleen Kenyon gerade an dem Punkt gefunden hat, wo die Mauer hügelaufwärts abbiegt. Rechts eine spätere israelitische Mauer. Im Hintergrund die Mauern, die die Ausgräber gebaut haben, um den Graben abzustützen.

gang zum Warren-Schacht, aber *über* der Gihonquelle. Das kurze Mauerstück, das sie entdeckt hatte, machte gerade an der Stelle, die sie ausgegraben hatte, eine Kurve schräg den Hang hinauf. So konnte sie von diesem winzigen Abschnitt auf den gesamten Umriß der Stadtgrenze des jebusitischen Jerusalem schließen – und dies war auch Davids Jerusalem! Es war einer der aufsehenerregendsten und erfreulichsten Funde in der Geschichte der Archäologie in Palästina.

Davids königliche Stadt stellte sich als ziemlich klein heraus, denn sie bedeckte nur eine Fläche von knapp fünf Hektar über dem Rücken des Ophel-Hügels. Aber sie reichte aus. David konnte in kürzester Zeit seine Stellung dadurch noch weiter absichern, daß er Jerusalem sowohl zur religiösen als auch zur politischen Hauptstadt der vereinigten Königreiche machte. In einem feierlichen Umzug holte er die Bundeslade, die nach ihrem Raub durch die Philister und nach ihrer Rückkehr viele Jahre lang nicht mehr zu Ehren gekommen war. Saul hatte dieses einst mächtige sakrale Symbol völlig ignoriert, aber nun überführte David es nach Jerusalem und stellte es in einem Zeltheiligtum auf, das er eigens dafür bereitgestellt hatte. Dabei vollführte er in einer solchen Selbstvergessenheit Tänze und Luftsprünge, daß sich seine Frau für ihn schämte, weil dabei seine Geschlechtsteile der Menge sichtbar wurden.

Professor Malamat glaubt, daß die Überführung der Lade das Meisterstück seiner genialen Politik war: Ihm gelang die Verschmelzung des »irdischen« mit dem »himmlischen« Jerusalem. Mit diesem einen Umzug stellte David sowohl die Lade als auch ihre Priesterschaft in den Dienst eines neuen offiziellen Nationalheiligtums. Von nun an war Davids Platz in der Heilsgeschichte Israels gesichert, was immer ihm noch an Fehlern unterlaufen würde.

Und Fehler gab es mit Sicherheit. Sogar die Berichte über David, die die späteren Autoren zu seinem Preis verfaßt haben, machen keinen Hehl aus der Episode mit Bathseba, der Frau des Hethiters Uria, eines seiner Offiziere. David schickte diesen Uria in einer Weise ins Gefecht, bei der ihm der Tod sicher war, um sich weiterhin an der Gunst der reizenden Bathseba erfreuen zu können (*2. Samuel 11* und *12*).

Trotzdem zeichnet die Bibel David als *den* König par excellence. Einige Wissenschaftler halten die Berichte über seine Taten zwar für übertrieben, vor allem, wenn von der Größe seines Reiches die Rede ist. Aber Professor Malamat ist davon überzeugt, daß Davids Leistungen nicht nur glaubwürdig überliefert sind, sondern daß sie auch sinnvoll in die historischen Zusammenhänge der damaligen Zeit passen. Im Vorderen Orient gab es im 10. Jahrhundert v. Chr. ein Machtvakuum, das David mit sicherem politischem Gespür ausnützte, um zu einer Zeit, als die Großmächte in Ägypten und Mesopotamien eine Phase des Niedergangs erlebten, ein israelitisches Großreich zu schaffen. Dr. Malamat stellt Davids Aufstieg in Form von fünf konzentrischen Kreisen schematisch dar:

1. Seine raffinierte Taktik als Lehnsmann der Philister: Die Philister waren an einer Teile-und-Herrsche-Politik in Juda und Israel interessiert und überließen ihm nur zu gern ein Lehnsgebiet in Juda.

2. Sein vorsichtiges diplomatisches Werben um den Nordstaat Israel: Er überwand die traditionelle Feindschaft zwischen den beiden Reichen und faßte alle Stämme Israels zusammen.

3. Sein entscheidender Sieg über die Philister: Er machte ihren Anspruch auf Kanaan zunichte und trat so selbst die Nachfolge der Ägypter an, die ehemals Kanaan beherrscht hatten.

4. Die Annexion der jordanischen Staaten Edom, Moab und Ammon: Dadurch brachte er die große Handelsstraße, die Königsstraße, die vom Roten Meer nach Mesopotamien führte, unter seine Kontrolle.

5. Sein unvermeidlicher Zusammenprall mit Syrien: Dort versuchten die Aramäer zu der Zeit, ein eigenes Königreich aufzurichten, und konnten darum nicht ruhig zusehen, wie David ihre Pufferstaaten, z.B. Ammon, annektierte. Nachdem David die Aramäer dreimal geschlagen hatte, reichte sein Großreich von den Grenzen Ägyptens bis zum Euphrat.

Es ist eine Gliederung von bestechender Folgerichtigkeit, die dem biblischen Bericht von seiner eigenen inneren Logik her recht gibt. Aber sie sieht die Historizität des biblischen Berichtes von vornherein als erwiesen an – daß das historische Geschehen mit dem Bericht identisch ist, der uns jetzt vorliegt, unabhängig auch davon, warum und für wen dieser Bericht geschrieben worden ist. Sieht man das Ganze als Sage und nicht als Geschichte, findet man aber auch eine unwiderstehliche erzählerische Logik: Am Ende holt die Hybris den alternden König ein.

Auf Davids letzten Jahren lasteten eine Reihe von Palastintrigen von byzantinischer Kompliziertheit, außerdem schwere persönliche Sorgen, denn sein Lieblingssohn Absalom rebellierte gegen ihn und wurde getötet *(2. Samuel 13–19)*. Die biblischen Texte scheinen hauptsächlich mit der Erklärung beschäftigt zu sein, wie es kam, daß alle Söhne Davids, einer nach dem anderen, als Erben des Reiches ausschieden – bis auf Salomo, seinem Sohn von Bathseba. An seinem Totenbett ließ Bathseba dem alten König keine Ruhe: Er mußte Salomo zum neuen König ausrufen und salben, gerade an dem Tag, an dem ein anderer seiner Söhne, Adonia, sich selbst zum König erhob *(1. Könige 1)*.

Das Bild, das wir von David gewinnen, ist das eines Mannes, der sein erstes Ziel erreichen konnte und zum erstenmal ein vereinigtes israelitisch-judäisches Königreich gründete. Doch waren –

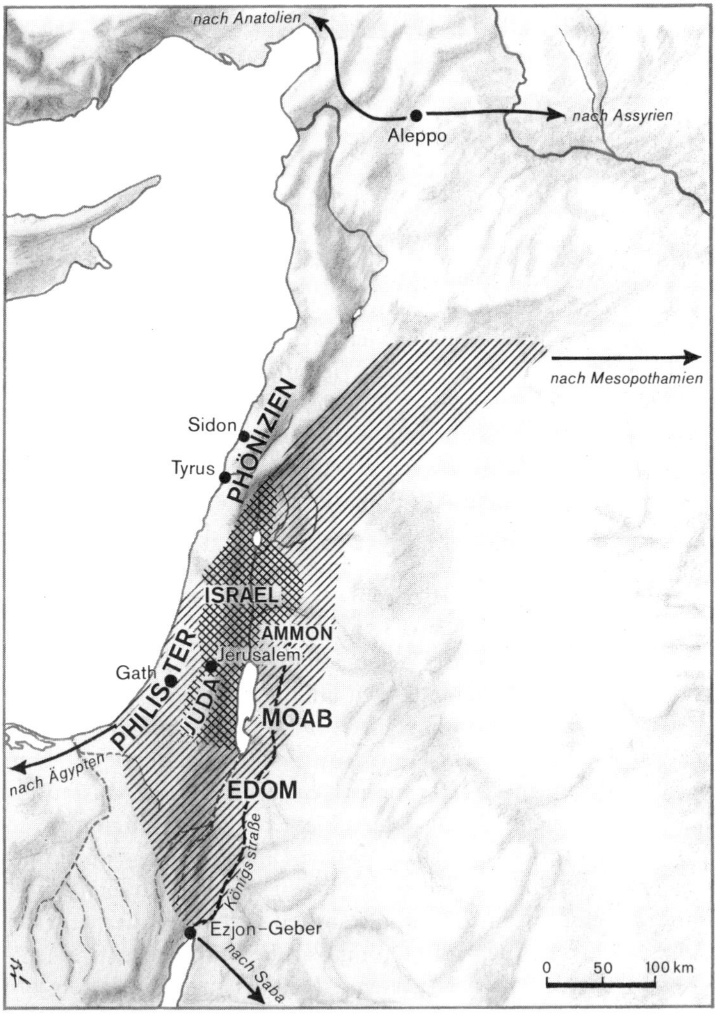

Davids Eroberungen: eine Rekonstruktion der möglichen Grenzen von Davids Reich von Kathleen Kenyon.

nach der biblischen Überlieferung – seine Sünden so groß, daß er nicht für würdig geachtet wurde, Jerusalem auch noch der letzten und höchsten Bestimmung zuzuführen, die es nach Ansicht der späteren Kommentatoren haben sollte: durch den Bau eines Tempels dem israelitischen Gott ein festes Haus zu schaffen. Aber David kümmerte sich um das Grundstück und bereitete alles für seinen berühmten Nachfolger Salomo vor. Zu den bedeutendsten Taten, die er nach Ansicht der späteren biblischen Autoren vollbracht hat, gehört der Kauf eines Stück Landes etwas außerhalb der Stadt Davids: eine Tenne, wie es die Bibel ausdrückt, auf einer Höhe am Rande der Stadt, für die er fünfzig Silberschekel zahlte und auf der er dem Herrn einen Altar errichtete *(2. Samuel 24)*.

Auf dieser Höhe, genau neben der ursprünglichen Davidsstadt, sollte sein Sohn Salomo den ersten Tempel errichten lassen.

8 Das Goldene Jerusalem

In der ganzen langen Geschichte der Religionen und ihrer heiligen Stätten gibt es wohl kaum einen Ort, der während der letzten 3000–4000 Jahre Schauplatz so vielfältigen und bunten Geschehens war wie der Tempelberg in Jerusalem. Denn dort treffen sich die Legenden und Überlieferungen dreier großer Weltreligionen.

Am Anfang war hier nach der Überlieferung jener Berg »im Land Moria«, auf dem Abraham bereit gewesen sein soll, seinen Sohn Isaak zu opfern *(1. Mose 22)*. »Auf dem Berge Moria« kaufte König David dann eine Tenne und errichtete darauf einen Altar *(2. Chronik 3,1)*. Hier erbaute Salomo einen großen Tempel und Herodes einen weiteren. Und hier soll Jesus die Geldwechsler aus dem Tempel getrieben haben. Vom Tempelberg aus soll der Prophet Mohammed gen Himmel aufgefahren sein, und hier bauten die Mohammedaner im Jahre 691 n. Chr. eine der schönsten Moscheen der islamischen Welt, den Felsendom. Heute wird der Tempelberg (Haram esch-Scherif, wie die Muslim das heilige Gebiet nennen) von den Anhängern dreier Religionen verehrt – im Falle der streng orthodoxen Juden so sehr, daß sie sich weigern, ihren Fuß auf seinen Bereich zu setzen. Sie haben Angst, dabei unachtsam auf den unbekannten Ort des Allerheiligsten von Salomos Tempel zu treten und so die Stätte zu entweihen.

Der Bau des Ersten Jerusalemer Tempels war die erste große Unternehmung Salomos während seiner Regierungszeit, und nach Ansicht der späteren biblischen Autoren blieb sie auch seine weitaus bedeutendste. Salomo folgte seinem Vater etwa 965 v. Chr. als König der vereinigten Königreiche Israel und Juda nach (manche Wissenschaftler setzen das Datum allerdings etwas später an, etwa 960 v. Chr.). Die Arbeit am Tempelbau wurde im vierten Jahr seiner Regierung begonnen, nach siebeneinhalb Jahren war der Bau vollendet *(1. Könige 6)*. Der Tempel ist das berühmteste biblische Gebäude und eines der meist bewunderten der Welt.

Kein Stein davon ist mehr übrig, keine Spur von all seinem märchenhaften Glanz. Im Jahre 586 v. Chr., als die Juden nach Babylon ins Exil deportiert wurden, ließ ihn Nebukadnezar zerstören (vgl. Kap. 11). Nach der Rückkehr aus dem Exil wurde er wieder aufgebaut, und im Jahre 20 v. Chr. ließ ihn Herodes der Große gänzlich neu und größer wiedererstehen (vgl. Kap. 12). Schließlich machten ihn die Römer im Jahre 70 n. Chr. dem Erd-

Das Jerusalem Davids und Salomos: Im Vordergrund läuft der Ophel-Hügel (rechts unten) zwischen dem Kidrontal rechts und dem Hinnomtal links aus. Im Hintergrund der Tempelberg, auf dem Salomo den Ersten Tempel gebaut hat und der nun vom Felsendom beherrscht wird.

boden gleich und setzten im Jahre 135 einen Jupitertempel an seine Stelle. Später, als der große Tempelplatz mit seinen Gebäuden schon lange verödet war, bauten hier die Muslim ihren herrlichen Felsendom. Sie wollten dadurch Jerusalem zu einer Konkurrenzstadt Mekkas, des islamischen Hauptheiligtums, machen.

Unser Bild von Salomos Tempel stützt sich ausschließlich auf die ausführlichen Angaben der Bibel, besonders im *1. Buch der Könige* und im *2. Buch der Chronik*. Keine dieser Quellen ist zeitgenössisch. Das *Buch der Könige* wurde einige Zeit nach der Zerstörung des Tempels durch die Babylonier geschrieben und die *Chronik* sogar noch beträchtlich später. Man hat zahllose Versuche unternommen, aufgrund dieser Beschreibungen kunstvolle Modelle des Tempels anzufertigen. Aber die biblische Darstellung ist ausgesprochen phantastisch und läßt trotz der Fülle ihrer Maßangaben jegliche architektonische Präzision vermissen. Inzwischen hat man jedoch an anderen Orten in Palästina und Syrien kanaanitische Tempel freigelegt, die uns das Konstruktionsprinzip des Salomonischen Tempels besser verstehen helfen. Dieser war nämlich ganz offensichtlich nach kanaanitischen Vorbildern gebaut.

Ein solches Modell war der Baal-Hadad-Tempel, den Professor Yigael Yadin in den fünfziger Jahren in der Unteren Stadt von Hazor ausgegraben hat. Der Bau stammt aus der Späten Bronzezeit (ca. 1500–1200 v. Chr.). In dem freigelegten Tempel wiesen noch viele Spuren auf die gezielte Gewaltanwendung bei der Zerstörung der Stadt hin (vgl. Kap. 5). Man fand eine sitzende Sta-

Kanaanitischer Tempel in Hazor: das Allerheiligste, wie es Dr. Yadin ausgegraben hat. Links die Mauernische für die Altarplattform; rechts die beiden anderen Kammern.

tuette, der der Kopf abgeschlagen war, zerbrochene Steintafeln mit Schnitzereien und sogar eine kopflose Statue, die offenbar mit Absicht verkehrtherum eingegraben war. Aber Dr. Yadin schloß aus dem Grundriß des Tempels, daß dieser dem Salomonischen Tempel, wie ihn uns die Bibel schildert, als Vorbild gedient hatte. Demnach war der Jerusalemer Tempel kleiner, als man beim ersten Lesen vermutet.

Der Tempel in Hazor bestand aus drei Teilen – einer Vorhalle, einer Haupthalle und dem Allerheiligsten –, die hintereinander auf einer Nord-Süd-Achse lagen. Das Allerheiligste, ein großer Raum von etwa dreizehn mal neun Metern mit einer tiefen Nische in der Nordwand, lag am weitesten nördlich. In der Vorhalle, dem Vestibül, fand man genau vor dem Eingang zur Haupthalle zwei Säulensockel aus Basalt. Sie hatten keine bauliche Funktion und erinnerten Dr. Yadin an die zwei rätselhaften Kultsäulen außerhalb des Vorhofs des Salomonischen Tempels, die in der Bibel Jachin und Boas heißen. Natürlich gab es auch wichtige Unterschiede. Zum Beispiel war Salomos Tempel ost-west-gerichtet. Er enthielt auch sicher keine Götterbilder, wie man sie in Hazor gefunden hat, sondern nur die Bundeslade als Symbol der göttlichen Gegenwart. Wir wissen nicht, ob es zwischen der Ausstattung des Hazor-Tempels (die vollkommen zerstört wurde) und den so übertrieben geschilderten kostbaren Ornamenten im Salomonischen Tempel, für die tonnenweise Elfenbein, Bronze und Gold verarbeitet wurden, irgendwelche Ähnlichkeiten gibt. Es könnte aber sein, daß es im Hazor-Tempel Darstellungen in der Art der

Salomos Tempel: Rekonstruktion nach dem Howland-Garber-Modell; links das Allerheiligste und rechts der Eingang zur Vorhalle. Im Allerheiligsten sieht man die tragbare Bundeslade, bewacht von zwei Cherubim.

biblischen Cherubim gegeben haben könnte, die die Lade bewachten; denn Cherube sind keineswegs die kleinen, geflügelten kindlichen Englein, wie sie sich die Volksphantasie vorstellt – es sind vielmehr sphinxartige mythologische Ungeheuer, teils Löwen, teils Vögel und teils Menschen, wie sie uns aus der Kunst und der religiösen Symbolik des Alten Orients vertraut sind. Die Israeliten haben sie in ihre eigene religiöse Ikonographie übernommen und selbständig weiterentwickelt.

Der Salomonische Tempel war nur eines der großen Bauwerke, die Salomo auf dem Tempelberg errichtete. Neben dem Tempel ließ er einen herrlichen Palast aus Libanonzedern bauen, der erst nach dreizehn Jahren fertig war und der dann als Waffenlager und Schatzkammer diente. Dazu baute er auch eine Gerichtshalle und einen Palast für eine seiner 700 Frauen, die Tochter des ägyptischen Pharaos. Für Salomos neuen Palastkomplex war auf der engen Fläche der Davidsstadt nicht genügend Platz. Darum ließ er auf dem »Berg Moria« eine riesige Terrasse aufschütten, um darauf seine Gebäude errichten zu können, und verband sie mit der Davidsstadt durch eine 300 Meter lange Mauer, die sie wie eine Akropolis einschloß. So begann die märchenhafte Pracht Jerusalems, die die Phantasie der ganzen Welt erregte.

Es überrascht nicht, daß Salomos Gebäude kanaanitischen Einfluß zeigen. Die Bibel berichtet, daß er zum Bau des Tempels Architekten, Bauleute und Künstler aus Phönizien kommen ließ, und es kann überhaupt nicht bezweifelt werden, daß viel von dem Überfluß und Glanz, mit dem die biblischen Schriftsteller Salomos Regierung umhüllen, letztlich auf die Verbindung mit Phönizien zurückging

»Phönizien« und »phönizisch« sind etwas künstliche Bezeichnungen, die die klassischen Autoren den Stadtstaaten an dem schmalen Küstenstreifen, der annähernd dem modernen Libanon entspricht, und ihren Einwohnern beigelegt haben. Die wichtigsten Städte Phöniziens waren Tyrus, Sidon und Byblos. Das griechische Wort, von dem »Phönizien« abgeleitet ist, heißt »Purpur«. Man wollte damit den Namen »Kanaan« übersetzen, der vielleicht mit dem Purpurfarbstoff etymologisch verwandt ist, der

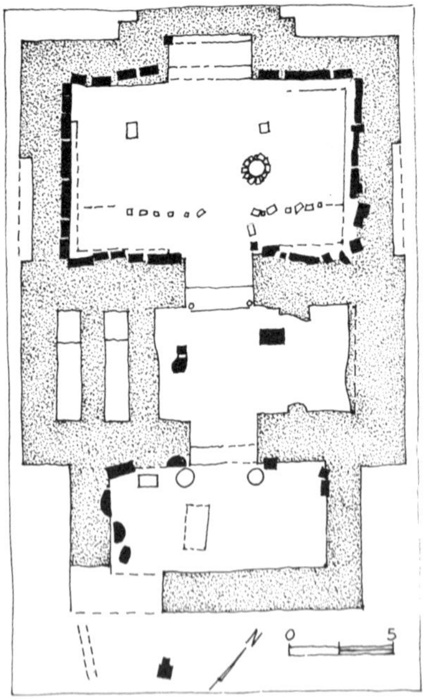

Grundriß des Kanaanitertempels in Hazor, der vielleicht als Vorbild für Salomos Tempel gedient hat. Der oberste Raum ist das Allerheiligste.

Die Verbindung zu Phönizien: Modellschiff von einem phönizischen Friedhof in Akhziv.

Gesichtsmaske aus Keramik von einem phönizischen Friedhof in Akhziv.

von der einheimischen Murex-Schnecke produziert wurde und für den das Gebiet berühmt war.

Die Phönizier erschienen nicht unvermittelt als Eindringlinge und Einwanderer auf der Bildfläche der Geschichte. Sie waren Kanaaniter und unterschieden sich weder ethnisch noch kulturell von den übrigen Kanaanitern. Sie hatten nur das Glück, die Verwüstung zu überleben, der das östliche Mittelmeer zu Anfang der Eisenzeit, etwa 1200 v. Chr., anheimfiel: den Ansturm der Seevölker, den Zusammenbruch des Hethiterreichs, das Auseinanderfallen der mykenischen Macht und die Zerstörung der großen Küstenstädte Ugarit, Arvad und Sidon. Die Überlebenden gründeten eine neue Gemeinschaft im Libanon und führten dort ihre Tätigkeit unter veränderten Bedingungen weiter. Sie nützten das Machtvakuum, das im 12. Jahrhundert v. Chr. folgte. Während die Großmächte sich auf ihre Kerngebiete beschränkten, fielen die Exportmärkte des Mittelmeers den Phöniziern wie reife Früchte in den Schoß. Die Phönizier waren erfahrene Seeleute und Händler, sie besaßen ausgezeichnete Häfen und Schiffe, sie hatten Güter wie gefärbte Textilien und Bronzearbeiten zum Tausch anzubieten und dazu das vielgepriesene Zedernholz des Libanon. Nun knüpften sie zunehmend Handelsbeziehungen zu fernen Ländern an und gründeten einen mächtigen Seehandelsstaat. Sie errichteten Kolonien im gesamten westlichen Mittelmeer, deren größte Karthago war (nach griechischer Überlieferung im Jahre 814 v. Chr. von Tyrus gegründet), und wuchsen schließlich zu einer Großmacht heran, die stark genug war, die Macht Roms herauszufordern, und die erst 146 v. Chr. besiegt wurde.

Tyrus, auf halbem Wege zwischen Beirut und Haifa gelegen, war die größte Phönizierstadt im Libanon. In alter Zeit nahm es nur eine kleine Insel parallel zur Küste ein. Es besaß zwei Häfen, die das ganze Jahr über sicheren Ankerplatz gewährten, woher auch der Wind wehte. Heute ist Tyrus durch eine Halbinsel mit dem Festland verbunden. Sie entstand, nachdem Alexander der Große im Jahre 332 v. Chr. einen künstlichen Damm zu der Insel gebaut hatte, um seine berühmte siebenmonatige Belagerung durchführen zu können, die mit der Zerstörung der Stadt endete.

Es ist der Archäologie bisher nicht gelungen, viel von der materiellen Kultur der Phönizier in deren Heimatstädten zu entdecken, denn diese liegen tief unter modernen Siedlungen begraben und wurden von späteren Bewohnern auf der Suche nach Baumaterial systematisch ausgeplündert. Dennoch steht fest, daß die Phönizier bedeutende Handwerker und Künstler waren, denn die gesamte Alte Welt rühmte sie als geschickte Metallschmiede, Elfenbeinschnitzer und Kunsttischler. Was noch von ihren Arbeiten erhalten ist, hat man ohne Ausnahme außerhalb Phöniziens gefunden, wo man die Herkunft solcher Stücke nicht immer genau bestimmen kann. Die Phönizier hatten sich nämlich viele fremde kulturelle und künstlerische Einflüsse zu eigen gemacht, und umgekehrt wurde auch ihre Handwerkskunst oft von anderen ganz oder teilweise kopiert. Ihr künstlerischer Ruf spricht jedoch auch aus dem biblischen Bericht über die Einrichtung von Salomos Tempel: »Und der König Salomo sandte hin und ließ Hiram von Tyrus holen. Der war der Sohn einer Witwe aus dem Stamme Naphthali, sein Vater aber war von Tyrus gewesen, ein Erzschmied. Hiram nun war voll Geschick, Verstand und Einsicht für allerlei Arbeiten in Erz. Er kam zum König Salomo und führte alle Arbeiten für ihn aus« *(1. Könige 7,13–14)*. Die folgenden Verse zählen die Arbeiten auf: zwei Bronzesäulen, zwei Kupferkapitelle, Ziergirlanden in Form von Ketten, Hunderte von Schmuck-Granatäpfeln, ein großes »Meer« aus gegossenem Metall, das auf zwölf Rindern stand, zehn mit Reliefs dekorierte Bronzekarren, zehn Bronzebecken und eine Vielzahl von Töpfen, Schaufeln und verzierten Sprengschalen.

Ein anderer Hiram, König Hiram von Tyrus, versah Salomo mit all den Materialien und Handwerkern, die er verlangte. Aber das Wertvollste an der ganzen Verbindung mit Phönizien war für Salomo die Handelsallianz, die er mit König Hiram schloß. So erzählt es die Bibel: »Auch Schiffe baute König Salomo in Ezjon-Geber, das bei Elath liegt, am Gestade des Schilfmeers im Land der Edomiter. Und Hiram sandte auf den Schiffen seine Knechte aus, Seeleute, die des Meeres kundig waren, zusammen mit den Knechten Salomos, und sie fuhren nach Ophir und holten dort Gold, 420 Talente, und brachten es dem König Salomo« *(1. Könige 9,26–28)*.

Es liest sich wie ein korrektes internationales Handelsabkommen: Salomo sollte einen Hafen in der Nähe von Elath (dem heutigen Eilat) im Norden des Golfes von Akaba zur Verfügung stellen, der den Zugang zum Roten Meer und noch entlegeneren Gebieten ermöglicht; König Hiram als Gegenleistung das Schiffspersonal, seine Fachkenntnis und die nötigen Schiffe, wie die Bibel an anderen Stellen zu berichten weiß. Die Phönizier gewannen auf diese Weise Zugang zu den exotischen Märkten und Schätzen des Fernen Ostens – Gewürze, Gold und andere Luxusgegenstände –, während Salomo dadurch, daß er den Händlern Durchzug durch sein Territorium gewährte, durch den Einzug von Zollgebühren selbst Gewinn aus dem Handel schlagen konnte.

Augenscheinlich war es ein Handel von beträchtlichem gegenseitigem Vorteil. Palästina war nicht nur die Landbrücke zwischen Ägypten und Mesopotamien, sondern auch zwischen dem Mittelmeer und dem Roten Meer. Salomo war offenbar kein besonders kriegerischer König, strebte aber nach wirtschaftlicher Ausbreitung. Da die Landwirtschaft und das Handwerk seines Landes zu wenig erfolgreich waren, konnte er sich nur dadurch in den internationalen Handel einschalten, daß er die geographische Position seines Landes nutzte und sich mit den Phöniziern zusammentat. Der Schlüssel zu solcher Expansion war Ezjon-Geber: Es gab Sa-

Rechts oben: Jezirat Fara' un (Koralleninsel); rechts die natürliche Lagune, die die Insel zu einem perfekten Hafen für die phönizischen Schiffe bei der Ezjon-Geber-Unternehmung gemacht hätte.

Rechts unten: Timna; der Hathor-Tempel. Direkt unter dem Felsen die steinerne Säule, die die Midianiter aufgestellt haben, nachdem die Ägypter Timna verlassen haben.

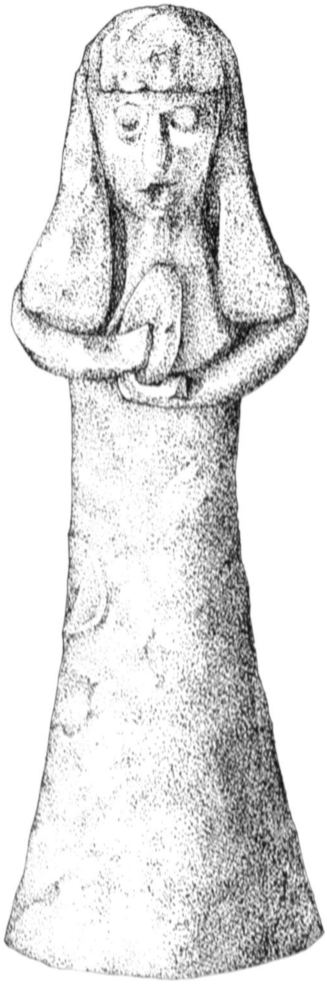

Frau mit einem Tamburin: von einem phönizischen Friedhof in Akhziv.

Links: Phönizische geschnitzte Elfenbeintafel aus Ahabs Palast in Samaria.

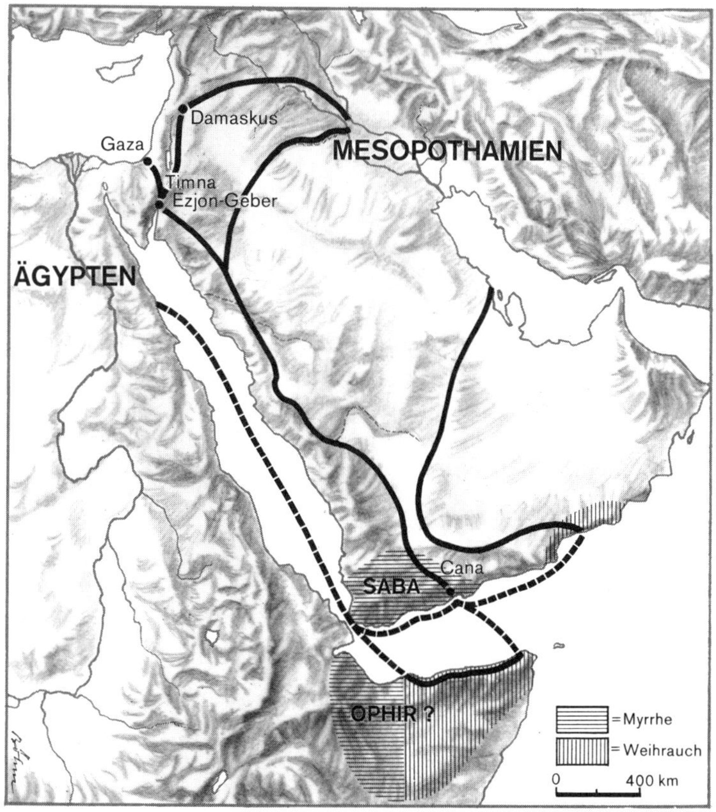

Rechts: Saba. Die Überland-Handelswege von Arabien in den Nahen Osten.

lomo die Möglichkeit, mit einem genialen Streich die teuren Karawanenstraßen über Land von Osten her zu umgehen und Hirams Schiffe zu benützen.

Aber wo lag Ezjon-Geber? Bis in jüngste Zeit wurde es mit dem kleinen, flachen Hügel Tell el-Chlefi, nicht weit von Eilat, identifiziert. Er wurde 1938–1940 von einer amerikanischen Expedition, die der inzwischen verstorbene Dr. Nelson Glueck vom »Hebrew Union College of Cincinnati« leitete, ausgegraben. Dieser ernannte in seinem Buch *Rivers in the Desert* (Flüsse in der Wüste) voller Enthusiasmus Tell el-Chlefi zu Salomos Hafenstadt Ezjon-Geber, zu der offensichtlich auch eine riesige »Schmelzanlage« gehört hatte. Diese Identifizierung der Schmelzanlage und des ganzen Ortes wurde später allerdings von Dr. Glueck selbst zurückgenommen.

Der Ort muß irgendwo an der Spitze des Golfes von Akaba liegen, wenn das biblische Szenarium irgendeinen Sinn ergeben soll. Aber die Küste dort besitzt keinen natürlichen Hafen und ist wilden Stürmen aus dem Süden ausgesetzt, die jede Flotte zu Wracks machen würden, die versuchte, in diesem Gebiet zu ankern. Elf Kilometer weiter südlich befindet sich jedoch unmittelbar an der Sinaiküste eine Insel, die auf arabisch Jezirat Fara'un (»Pharaoneninsel«) heißt und die heute unter dem populären Namen »Koralleninsel« bekannt ist. Sie ist sehr klein, nur 350 mal 150 Meter groß. Drei imposante Granithügel stehen darauf; der höchste ist von einer weithin sichtbaren mittelalterlichen Schloßruine gekrönt. An ihrem Ufer sieht man noch die Überreste einer Mauer, die etwa 900 Meter lang ganz um die Insel herumführte und in regelmäßigen Abständen durch quadratische Türme abgesichert war. Zu diesen von Menschenhand geschaffenen Befestigungen besitzt die Insel an ihrer Westseite eine kleine natürliche Lagune, die zum Festland hin geöffnet ist – ein idealer Hafen für Schiffe.

1965–1967 schlug Dr. Beno Rothenberg von der Universität Tel Aviv, der Dr. Gluecks Identifizierung von Tell el-Chlefi mit Ezjon-Geber widerlegt hatte, die Insel Jezirat Fara'un als eine geeignetere Bewerberin für den biblischen Hafen vor. Er tat dies vor allem aus empirischen Gründen: Er hatte beobachtet, daß dies der einzige Ort im Golf von Akaba war, an dem die Schiffe Schutz suchten, wenn Südwind aufkam. Zehn Jahre später wurde seine Hypothese von der »Undersea Exploration Society of Israel« auf die Probe gestellt. Die Leitung hatten Dr. Elischa Linder (jetzt Leiter des »Department for the History of Maritime Civilisations« an der Universität Haifa) und der Architekt Alexander Flinder vom »Council for Nautical Archaeology«.

Drei Unterwasser-Forschungskampagnen, die die englisch-israelische Gruppe zwischen 1968 und 1970 durchführte, brachten keinen überzeugenden Beweis. Sie fanden keine Wracks, Werkzeuge oder Hafeneinrichtungen, die auf das 10. Jahrhundert v. Chr., die Salomonische Zeit, datiert werden konnten. Dennoch ist Dr. Linder weiterhin überzeugt, daß neue Forschungen und Ausgrabungen auf dem Meeresgrund bestätigen werden, daß die Insel tatsächlich in Salomonischer Zeit als Depot benutzt worden ist. Orte dieser Art bevorzugten die Phönizier – eine Insel in Küstennähe, wie Tyrus und andere Städte, die nicht über Gebühr weit vom Landstützpunkt entfernt waren. Sie hätten sich auch bestimmt geweigert, in ein größeres Seefahrtsunternehmen der geschilderten Art einzuwilligen, ohne über einen geschützten Ankerplatz für ihre Flotte zu verfügen. Auch Dr. Rothenberg glaubt zuversichtlich, daß man einmal einen Beweis für diese These finden wird. Er meint, daß der Karawanenhandel, der eine Folge dieser Unternehmung gewesen ist, auch die beständigen Querelen zwischen den Königen von Juda und Edom erklären kann, von denen die Bibel berichtet. Die Handelsstraße über Land müßte ja Palästina durchquert haben – entweder über Jerusalem via Kades-Barnea oder die Königsstraße entlang durch Jordanien –, und die Herrschaft über beide Strecken hätte sicher reichen Gewinn gebracht.

Die Handelswege, die Salomo und Hiram von Tyrus vom neuen Stützpunkt Ezjon-Geber aus miteinander erschlossen haben, brachten den Phöniziern direkten Zugang zu den gewinnreichen Märkten Afrikas und des Orients. Und genau an diesem

Punkt der biblischen Erzählung, als nämlich »die Königin von Saba von dem Ruhme Salomos hörte, kam sie, ihn mit Rätseln zu erproben« *(1. Könige 10)*. Diese Reise führte sie geradewegs in die romantische Welt der Sage und Folklore, wo sie bis zu diesem Tag in einem Dutzend verschiedener Fassungen und einem Dutzend verschiedener Sprachen am Leben geblieben ist.

Oberflächlich gesehen ist die biblische Überlieferung ein Tatsachenbericht über ein Treffen zwischen zwei exotischen Staatsoberhäuptern: die anonyme Königin von Saba, die ganze 2400 Kilometer durch die unwirtliche Wüste reiste, begleitet von einer Karawane von Kamelen, die mit wertvollen Geschenken beladen waren, weil sie ihre Neugier auf den märchenhaften Reichtum und die Weisheit ihres Monarchenkollegen in Jerusalem befriedigen wollte. Salomo tat ihrer Neugier auf beiden Gebieten Genüge: Er löste alle ihre »Rätsel« und blendete sie mit dem Glanz seines Hofes, bis sie »vor Staunen außer sich« war. In einer ekstatischen Offenbarung segnete sie den Gott Israels für sein gutes Gespür, daß er einen so unvergleichlichen König eingesetzt habe, und dann überhäufte sie diesen musterhaften König mit einer Fülle von Geschenken: viereinhalb Tonnen Gold, Gewürze und Edelsteine. Um ihr in nichts nachzustehen, erwiderte Salomo die Geschenke mit Zins und Zinseszinsen, dazu »alles, was sie begehrte«, und die Dame begab sich wieder in ihr Land zurück.

In der Darstellung dieser Szene schwingt ein diskreter Unterton von gegenseitiger sexueller Anziehung mit, der in anderen Fassungen der Begegnung grell in den Vordergrund tritt. Wo die biblischen Redaktoren zufrieden waren, die moralische und theologische Überlegenheit des herrlichen Salomo zu preisen, strapazierten andere den romantischen Aspekt dieser Begegnung und stellten dar, wie der unersättliche König zu seiner ohnehin schon beängstigenden Liste von sexuellen Eroberungen noch eine weitere hinzufügte: Er verführte die königliche Jungfrau mit unlauteren Mitteln und schwängerte sie. In manchen Fassungen der Erzählung wird sie die Mutter von Nebukadnezar von Babylon (was eine Schwangerschaft von wenigstens 300 Jahren bedeuten würde!); in anderen gebiert sie den Gründer der königlichen Dynastie von Äthiopien.

Kann diese unwahrscheinliche Erzählung möglicherweise doch einen historischen Kern haben? Der biblische Bericht wurde frühestens fünf Jahrhunderte nach dem geschilderten Ereignis geschrieben, und das Motiv des Verfassers liegt auf der Hand: Er erzählt eine Geschichte zur Glorifizierung Salomos.

Der archäologische Befund ist ebenfalls unzweideutig: Man hat an keinem Ort in Palästina etwas gefunden, das auf einen derart prahlenden Reichtum schließen lassen könnte, wie er an Salomos Hof geherrscht haben soll. Im Gegenteil, die bisherigen archäologischen Funde lassen eine ausgesprochen niedrige materielle Kultur in der Zeit Salomos erkennen. Nicht einmal der berühmte

Goldhandel mit Ophir (wo immer das gewesen sein mag), der auf dem Ostrakon, das man in Tell Qasile gefunden hat, bestätigt wird (vgl. Kap. 6), hat im Palästina jener Zeit Spuren hinterlassen. Man darf dabei auch nicht vergessen, daß das fragliche Ostrakon aus dem 8. Jahrhundert stammt, also zwei Jahrhunderte später entstand. Alles, was die Bibel über Salomo zu erzählen weiß, klingt ungeheuer übertrieben – seine Weisheit, sein Wohlstand, seine Frauen, seine Konkubinen. Das gilt auch für den Tempelbau. Der Tempel war ein relativ kleiner Bau; trotzdem erforderte er offensichtlich ein Arbeiteraufgebot von 30000 Mann, die das Holz im Libanon fällten, 80000 Mann, die die Steine brachen, 70000 Mann, die sie heimschleppten und dazu 300 Aufseher über die Arbeit *(1. Könige 5)*. Diese außerordentlichen Zahlen lassen sich nur damit erklären, daß spätere Zeiten die Bedeutung Salomos für die Geschichte Israels und die Wichtigkeit des Tempels gigantisch verklärt haben.

Nicht anders ist es auch mit Saba (Scheba), das mit einem Gebiet in Südwestarabien identifiziert wird, das in etwa dem modernen Jemen mit seiner Hauptstadt Marib entspricht. Archäologische Expeditionen seit dem Zweiten Weltkrieg haben Spuren einer hochkultivierten, wohlhabenden und literarisch gebildeten Gesellschaft zutage gebracht, die jedoch alle aus Epochen *nach* der Salomonischen Zeit stammen. Aus dem Saba des 10. Jahrhunderts, der Zeit der Begegnung mit Salomo, hat man so gut wie nichts gefunden.

Dennoch legen manche biblische Historiker, z.B. Professor Abraham Malamat, die aufkommenden Zweifel lieber zugunsten der Salomo/Saba-Geschichte aus, denn diese erscheint im damaligen politischen Kontext plausibel: Der phönizische Handel hatte Sabas Wirtschaft in Gefahr gebracht, weil er die traditionellen

Das Zentralmassiv von Timna. Im Vordergrund die nubische Sandsteinformation, die die Touristenführer als »König Salomos Säulen« am Eingang zu »Salomos Minen« vorstellen.

Handelsstraßen, die auf dem Landweg durch Arabien führten, umging. Sabas Königin hatte darum keine andere Wahl, als in einer Handelsmission nach Jerusalem zu reisen, um Salomo einige »Rätsel« aufzugeben – keine Weisheitsrätsel, wie einige Kommentatoren vermuten, sondern harte wirtschaftliche Fragen. Dr. Malamat hält das Ganze für eine politische, keine romantische »Affäre«. Wir müssen die Frage offenlassen – die geheimnisvolle Königin von Saba bleibt uns nach wie vor ein Rätsel.

Man hat stets angenommen, der Reichtum, der die Königin von Saba so tief beeindruckte, habe seinen Grund in Salomos ausgedehntem Kupferbergbau gehabt. Schon 1886 machte Rider Haggard diese These mit seinem Roman *King Solomon's Mines* (König Salomos Minen) populär – obwohl die Bibel den Kupferbergbau niemals ausdrücklich unter die Unternehmungen Salomos zählt.

Bis in jüngster Zeit dachte man bei »König Salomos Minen« an die alte Bergwerksanlage im Timna-Tal, etwa dreißig Kilometer nördlich vom Golf von Akaba. Es ist eine elende Gegend, sengend heiß bei Tag und stechend kalt in der Nacht. Niemand würde hier freiwillig leben – und doch hat es den Menschen auf der Suche nach Kupfer mit einigen Unterbrechungen nun schon 6000 Jahre lang hierher gezogen.

Zwei massive Säulen aus rotem Sandstein beherrschen das Gebiet des alten Bergwerks; sie sind von Wind und Wetter vernarbt und zerfressen. Die Reiseführer nennen sie »König Salomos Säulen«, aber das ist wohl eher ein Zugeständnis an die touristische Phantasie als ein wissenschaftlich korrektes Urteil. Salomo hat mit der Gestaltung der Säulen nichts zu tun. Sie war einzig und allein ein Werk der Natur, die nun schon etwa hundert Millionen Jahre daran gearbeitet hat. Trotzdem werden einige einheimische Fremdenführer nicht einmal rot dabei, wenn sie den Besuchern erzählen, es seien Salomos Sklaven gewesen, die diese Säulen herausmodelliert hätten, als sie den Sandstein bei ihrer Suche nach Kupfernestern aushöhlten.

Neue Ausgrabungen haben jedoch einwandfrei bewiesen, daß die Minen während der Regierungszeit Salomos nicht in Gebrauch waren. Ironischerweise war dies gerade eine der Epochen während der letzten 6000 Jahre, in denen in Timna überhaupt kein Bergbau betrieben wurde.

Der Ausgräber von Timna ist Dr. Beno Rothenberg, der 1959 seine Arbeit aufnahm. Auch ihn hatte, wie so viele andere, Rider Haggard angeregt; sein Hauptinteresse galt Salomo. Seitdem hat er zahlreiche Gruben aus dem Altertum freigelegt, die zeigen, daß Timna die größte Unternehmung auf dem Gebiet des Bergbaus war, die man jemals irgendwo in der Alten Welt gefunden hat. Mit zwölf Bergbaulagern und mindestens 5000 Tunnels nahm sie eine Fläche von sechzig Quadratkilometern ein.

Die ältesten Gruben stammen aus dem Chalkolithikum, etwa

4000 v. Chr. Nachdem die Grube lange Zeit nicht in Betrieb gewesen war, wurden die Arbeiten eines Tages in einem erstaunlich intensiven Ausmaß und mit einer viel verfeinerteren Technik wiederaufgenommen. Aber wer zeichnete für die neue Timna-Unternehmung verantwortlich? Eine erste Antwort gaben einige ägyptische Inschriften und Zeichnungen, die in den Fels geritzt waren und die älter als die Salomonische Zeit zu sein schienen. Den entscheidenden Beweis brachte 1969 die Entdeckung eines kleinen ägyptischen Tempels unter dem Überhang von »König Salomos Säulen«. Hier legte Dr. Rothenberg einen erstaunlichen Schatz von fast 11 000 Votivgegenständen frei, die der kuhohrigen ägyptischen Göttin Hathor, der Göttin des Überflusses und der Liebe, ganz besonders aber auch des Bergbaus, geweiht waren. Auch von ihr war eine Darstellung dabei: eine ausgezeichnet gearbeitete Fayence-Gesichtsmaske.

»König Salomos Minen«: prähistorische Kupferminen am Fuß der Timnafelsen.

Hathor, die Göttin des Bergbaus: Fayencemaske, die man im Hathortempel in Timna gefunden hat.

Was aber den Ort für den Archäologen unbezahlbar machte, waren Inschriften und Kartuschen ägyptischer Pharaonen von Sethos I. (1308–1304 v.Chr.) bis Ramses V. (1160–1156 v.Chr.), die nacheinander im Neuen Reich regiert hatten. Mit ihrer Hilfe konnte Dr. Rothenberg den Tempel einwandfrei datieren. Sie zeigten, daß die Gruben schon 200 Jahre vor Beginn der Regierungszeit Salomos aufgegeben worden waren.

Mit Hilfe dieses Katalysators konnte man nun alle Funde in Timna deuten. Man erkannte, daß hier von 1300 bis 1100 v.Chr. ein riesiges ägyptisches Bergbauprojekt durchgeführt worden ist. Dabei wurden neben geschickten Metallspezialisten aus Midian (midianitische Keramik hat man im gesamten Gelände gefunden) auch beduinische Gelegenheitsarbeiter beschäftigt, auf deren Anwesenheit kunstlose Negeb-Keramik hindeutete. Möglicherweise waren es die Amalekiter der Bibel, die traditionellen Feinde der Israeliten.

Winzige Kupferschlange mit einem vergoldeten Kopf – vielleicht ein Hinweis auf die »eherne Schlange« des Mose.

Als die Ägypter zur Zeit ihres Niedergangs im 12. Jahrhundert v.Chr. die Minen verlassen hatten, benutzten die Midianiter den Tempel eine Zeitlang als eigenes Heiligtum. Die vielen tausend Weiheopfer für Hathor wurden ohne große Umstände in eine Ecke geschaufelt. Man stellte einige steinerne Säulen auf – die *masseboth* der Bibel. Ein großes Zelt, von dem man zahlreiche Stoffspuren entlang der Mauer gefunden hat, bedeckte den Tempel. In dem behelfsmäßigen Allerheiligsten des Heiligtums fanden die Ausgräber nur einen, aber vielleicht den allerinteressantesten Gegenstand von ganz Timna: eine winzige, wunderschön geformte Kupferschlange mit einem vergoldeten Kopf, das alte Fruchtbarkeitssymbol des Mittleren Ostens. Sie weckte sofort die Erinnerung an die »eherne Schlange« des Mose *(4. Mose 21,9)*, der man später große Verehrung zollte.

Dr. Rothenberg schloß daraus, es müsse eine bedeutsame Verbindung zwischen den Midianitern und den israelitischen Überlieferungen von Mose und dem Auszug aus Ägypten gegeben haben. Mose hatte die Tochter Jethros, des »Priesters von Midian«, geheiratet, und als Mose auf dem Weg aus Ägypten mit den Israeliten zurückkehrte, war es sein Schwiegervater Jethro, der mit ihnen einen Gottesdienst abhielt, ein Opfer »vor Jahwe« brachte und ihre Rechtssprechung in der Wüste regelte *(2. Mose 18)*. Da man nun im midianitischen Timna eine Kupferschlange und Spuren eines Zeltheiligtums in der Art eines Tabernakels gefunden hat, meint Dr. Rothenberg, die Bibelwissenschaft müsse in Zukunft mit der Möglichkeit rechnen, daß Israels Kult vielleicht ursprünglich von den Midianitern stammt.

Wie dem auch sei, die Verbindung zwischen Salomo und Timna ist gänzlich widerlegt, an ihre Stelle ist die Verbindung mit den Midianitern getreten. Wenn die Touristenagenturen ihren Broschüren auch nur einen Anschein von historischer Ernsthaftigkeit geben wollten, so würden sie »König Salomos Säulen« auf der Stelle in »Säulen des Mose« umtaufen.

Die negativen Ergebnisse der archäologischen Forschung zeigen, daß in den übertriebenen Berichten über Salomos Leistungen im *1. Buch der Könige 1–11* kräftige Striche vorgenommen werden müssen. Aber wir erfahren aus der Bibel auch noch anderes über seine Bauunternehmungen, viel kürzer und fast beiläufig: Salomo soll auch »Hazor, Megiddo und Geser« erbaut haben *(1. Könige 9,15)*, und hier hat die Archäologie denn doch Positiveres zu berichten.

Alle drei Städte waren stets strategisch höchst wichtige Orte im alten Palästina gewesen. Alle drei hatten schon eine lange Geschichte hinter sich, als die Israeliten im Lande erschienen; alle drei sind sorgfältig und intensiv ausgegraben worden. Und an allen drei Orten gab es deutliche Hinweise darauf, daß sie möglicherweise direkt zur Salomonischen Periode und zu dieser knappen Bemerkung in der Bibel in Beziehung stehen.

Die Geschichte dieser Funde liest sich wie eine Detektivgeschichte, die auch »Der Fall des Salomonischen Tores« betitelt sein könnte, mit dem schrecklichen Professor Yadin in der Rolle eines Hercule Poirot der Archäologie. Die Geschichte beginnt in Megiddo in Nordpalästina, das von 1925 bis 1939 vom Orientalischen Institut der Universität Chicago im Verlauf einer Mammutexpedition ausgegraben worden ist. Die Archäologen entdeckten, daß Megiddo im 2. Jahrtausend v. Chr. eine Zeit größten Wohlstands erlebt hatte, der ein jähes Ende fand, als die Stadt etwa 1100 v. Chr. durch Feuer verwüstet und dann auf längere Zeit verlassen wurde. Im 10. Jahrhundert wurde es jedoch wieder aufgebaut und durch eine starke Mauer befestigt, in die ein Tor von ganz eigenartigem Aussehen eingebaut war. Tatsächlich war es ein dreifaches Tor; auf jeder Seite des Eingangs stand ein quadratischer Turm, und zwischen den vier Pfeilern, die auf beiden Seiten des langen Tordurchgangs vorsprangen, befanden sich je drei Kammern. Durch diese Anlage, an den Verteidigern vorbei, die rechts und links in den Wachräumen postiert waren, mußten mögliche Angreifer Spießruten laufen; außerdem mußten sie sich den Weg durch vier Türen bahnen. Aufgrund der Keramik und anderer aufschlußreicher Funde ordneten die Ausgräber den Bau dieses dreifachen Tores der Salomonischen Periode zu.

Viele Jahre später, 1955, grub Dr. Yadin das Gelände von Hazor aus (vgl. Kap. 5) und versuchte, die einundzwanzig Schichten der Stadt, die er freigelegt hatte, in eine sinnvolle Chronologie zu bringen. Er fand heraus, daß hier etwa zwei Jahrhunderte nach der katastrophalen Zerstörung von etwa 1250 v.Chr., die er Josua und den Israeliten zuschrieb, eine Stadt des 10. Jahrhunderts existierte, die er als »Stratum X« bezeichnete. Diese Stadt war nicht durch eine feste Mauer, sondern durch eine sogenannte Kasemattenmauer befestigt – eine Doppelmauer, die durch rechtekkige Zwischenmauern in Kammern aufgeteilt war. Als er der Linie dieser Kasemattenmauer folgte, stieß er auf die Kante eines Baus, der ihm bekannt vorkam: Es war ein Stadttor, das genauso aussah, wie jenes eigenartige Tor von Megiddo. Er war sich der Richtigkeit seiner Vermutung so sicher, daß er den Plan des dreifachen Tores von Megiddo auf dem Boden skizzierte und seinen Arbeitern exakt vorhersagte, was sie an welcher Stelle finden würden. Und wirklich erwies sich der Fund als ein »Salomonisches« dreifaches Tor, das dem von Megiddo aufs Haar glich.

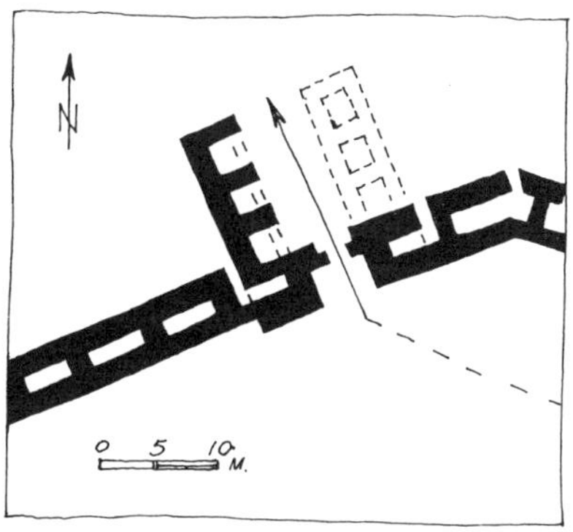

Geser: Yadins Extrapolation des Salomonischen Tores und der Kasemattenmauer, die die Ausgrabung von Macalisters »Makkabäerschloß« bestätigen sollte.

Nun erinnerte sich Dr. Yadin daran, daß Salomo außer Hazor und Megiddo auch die Stadt Geser erbaut haben sollte. Geser war zwischen 1902 und 1909 von einem enthusiastischen jungen irischen Archäologen namens R. A. S. Macalister ziemlich unfachmännisch ausgegraben worden. Er hatte Teile der Festung und einen Abschnitt des Stadttores ausgegraben und daraus gefolgert, es müsse sich hier um ein »makkabäisches Schloß« handeln, d.h. eine Festung aus dem 2. Jahrhundert v.Chr., die im Zusammenhang mit dem nationalen Aufstand der Makkabäer und dem letzten unabhängigen jüdischen Staat entstanden war (vgl. Kap. 12). Dr. Yadin prüfte Macalisters Grundriß eingehend; obwohl Macalister nur den Teil einer Seite des Tores ausgegraben hatte, war Dr. Yadin sicher, daß er den verborgenen Grundriß eines dreifachen Salomonischen Tores entdecken würde, und er veröffentlichte auch einen Artikel dieses Inhalts. Einige Jahre später begann eine archäologische Expedition vom »Hebrew Union College« in Amerika mit der Arbeit in Geser und führte hier zwischen 1965 und 1971 Ausgrabungen durch. Diese zeigten bald, daß Yadin recht gehabt hatte: Es handelte sich tatsächlich um ein dreifaches Tor, das den Durchgang durch eine Kasemattenmauer ermöglichte.

Aber Dr. Yadin war immer noch nicht zufrieden. Ihn irritierte es, daß zwar Geser und Hazor Kasemattenmauern besaßen, daß die Ausgräber in Megiddo aber trotz des identischen dreifachen Tores eine feste Mauer gefunden hatten. Darum führte er zur Sicherheit in den Jahren 1960, 1965, 1967 und 1971/72 eine Reihe von kurzen Probegrabungen in Megiddo durch. Endlich war er zufrieden: Er konnte beweisen, daß die feste Mauer von Megiddo tatsächlich erst von einem späteren Erbauer *auf* die alte Kasemattenmauer gesetzt worden war. Das archäologische Bild der drei wichtigen Städte Megiddo, Hazor und Geser erwies sich somit als identisch, und der biblische Bericht war gerechtfertigt.

Dr. Yadins kühner Schluß, alle drei Festungen seien von Salomos Bauleuten gebaut worden, die dabei nach ein und demselben Entwurf gearbeitet hätten, ist allerdings nicht von allen Wissenschaftlern widerspruchslos hingenommen worden. Es gibt einen heftigen Streit über die richtige Interpretation dieser Entdeckungen. Aber das ist das Berufsrisiko aller Archäologen, und bisher ist Dr. Yadins Rechtfertigung des biblischen Berichtes noch nicht wirksam widerlegt worden.

Die Bibel sagt nichts darüber, ob Salomos Bauarbeiten in den drei genannten Städten ebenso wie der Tempel in Jerusalem von phönizischen Fachleuten aus Tyrus ausgeführt worden sind. Doch war wohl der letztlich bedeutsamste Beitrag, den Israel und mit ihm im Grunde die ganze Welt den Phöniziern verdankt, die Erfindung oder wenigstens die Entwicklung und Verbreitung unserer modernen alphabetischen Schrift. Das älteste Beispiel dieser Schrift finden wir auf dem Deckel des verzierten Steinsarges von König Achiram von Byblos (ca. 1000 v. Chr.). Es handelte sich um eine lineare Schrift von zweiundzwanzig Buchstaben, die die Phönizier sowohl an die Griechen als auch an die Israeliten weitergegeben haben – und durch sie an uns. Das Alphabet war leicht zu beherrschen; man sieht es an dem berühmten Kalender, den man in Geser gefunden hat und der aus dem 10. Jahrhundert v. Chr. stammt. Auf einem kleinen Stück weichem Kalkstein sind in hebräischer Sprache die Monate des Jahres aufgezählt, und zwar so, daß immer die landwirtschaftlichen Erzeugnisse des jeweiligen Monats genannt werden. Daraus hat man geschlossen, daß die Kunst des Lesens und Schreibens in Palästina seit dem 10. Jahrhundert vor allem in Hofkreisen durchaus verbreitet war und daß aus dieser Zeit die ältesten Palastarchive und Geschichtsdarstellungen stammen müssen, die der Bibel, so wie sie uns heute vorliegt, zugrunde liegen.

Professor Malamat zweifelt auch nicht daran. Er beruft sich auf biblische Bemerkungen über »königliche Schreiber« in den Kabinetten Davids und Salomos. Aus ihnen folgert er, daß diese Schreiber mit der Aufsicht über die Regierungs- und Tempelarchive betraut waren, die Quellen, aus denen dann später die biblischen Autoren schöpfen konnten. Seiner Ansicht nach beruhen die Berichte über die Regierung Davids und Salomos auf zeitgenössischen Annalen. In der Tat verweist ja der enttäuschend kurze Bericht über Salomos Regierung im *1. Buch der Könige 1–11* eigens auf eine unbekannte schriftliche Quelle: »Was sonst noch

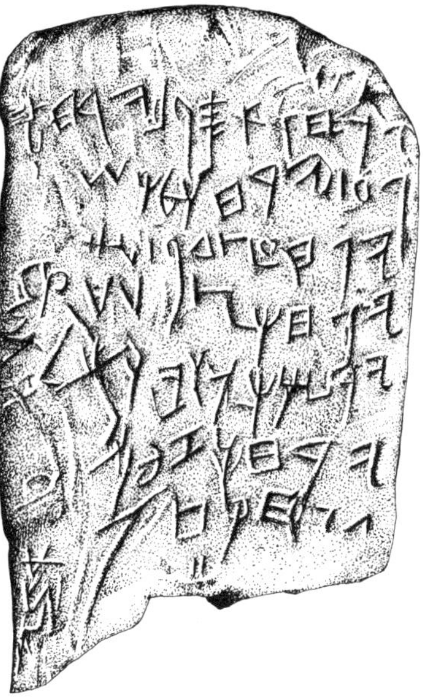

Der Geser-Kalender: Kalksteinscherbe, wahrscheinlich eine Übungstafel für die Schule, ein Hilfsmittel, um die Monate des Jahres in Erinnerung zu behalten. Sie datiert aus dem 10. Jahrhundert v. Chr. und ist die einzige bekannte hebräische Inschrift aus der Salomonischen Zeit.

von Salomo zu sagen ist, von allem, was er getan hat, und von seiner Weisheit, das steht ja geschrieben in der Chronik Salomos« *(1. Könige 11,41)*. Viele Wissenschaftler sind davon überzeugt, daß der Bericht über Salomos Aufstieg auf einem verlorenen »Thronfolgebericht« basiert, in dem offizielle Hofannalen der Zeit zusammengefaßt waren.

Leider ist von all dieser angenommenen offiziellen Literatur nicht eine Notiz erhalten. In Wirklichkeit ist der Kalender von Geser das einzige hebräische Schriftstück aus der Zeit Salomos, das man je gefunden hat. Diesem möglichen Einwand gegen die Theorie hält man wiederum das Argument entgegen, daß wahrscheinlich alle Hofarchive auf Papyrus geschrieben waren, der sehr viel leichter verdirbt als Tontafeln, und daß die einzigen Schriftstücke, die noch erhalten sein können, auf Keramikscherben zu finden sind (Ostraka), die nur für Botschaften, Notizen u.ä. verwendet wurden.

Noch bedenklicher scheint es, daß es keine zeitgenössische Erwähnung Davids oder Salomos in den zahlreichen Nachbarländern gibt, die doch mit Sicherheit schriftliche Dokumente aus dem 10. Jahrhundert hinterlassen haben. Zu einer Zeit, da nach Aussage der Bibel Salomo ein bedeutendes Großreich im Vorderen Orient geschaffen haben soll, hat offenbar niemand unter seinen Zeitgenossen etwas davon gemerkt – nicht einmal die Phönizier! Ohne die biblischen Berichte wüßte die Geschichte nicht einmal von der Existenz der beiden Könige, die im 10. Jahrhundert v. Chr. Israel/Juda zu einem Großreich gemacht haben sollen, und die Archäologie könnte wohl kaum hilfreich sein, wenn es darum ginge, diese Vorgänge ans Licht zu bringen. Vom Standpunkt der Archäologie aus war es nur ein Papier-(bzw. ein Papyrus-)Staat.

Viele radikale Wissenschaftler glauben aufgrund analytischer Überlegungen, daß die Vorstellung von einer Glanzzeit der vereinigten Königreiche unter David und Salomo eine späte populäre Schöpfung aus der Exilzeit im 6. Jahrhundert gewesen ist. Dabei habe man alle möglichen Traditionen oder Hofannalen, die jemals existierten, in das Bild kosmopolitischer königlicher Herrlichkeit eingearbeitet (ein riesiger königlicher Harem durfte natürlich auch nicht fehlen!) und sich dabei die Geschichte anderer Großmächte wie Ägypten oder Babylon zum Vorbild genommen. Auf der anderen Seite ist Professor Malamat überzeugt, daß die Bibel trotz des Fehlens materieller Beweise und trotz einiger offenkundiger Übertreibungen im wesentlichen zuverlässig berichtet. Hinsichtlich der internationalen Politik ist Salomo für ihn allerdings weder »Falke« noch »Taube«, sondern eher ein Krake, der seine wirtschaftlichen und diplomatischen Fangarme in alle Richtungen ausstreckt. Jerusalem war das Zentrum, von dem aus er auf die gesamte damals bekannte Welt Einfluß nahm. Dies wiederum war nur möglich, weil die Großmächte während des 10. Jahrhunderts v. Chr. vorübergehend eine Zeit des Niedergangs erlebten. Nach Dr. Malamat spricht es für Salomos Größe, daß er die Gelegenheit wahrnahm und die relative Schwäche seiner Nachbarn ausnützte, um ein Großreich auf wirtschaftlicher Basis zu gründen und das politische Vakuum auszufüllen.

Ganz werden wir die Wahrheit vielleicht niemals herausfinden. Wir wissen nur, daß die biblischen Schriftsteller, die später über das Reich Salomos schrieben, es als Goldenes Zeitalter schilderten, wie es Jerusalem und Israel niemals vorher gekannt hatten und niemals wieder erleben sollten. Aber hinter der glänzenden Fassade klafften tiefe politische und religiöse Risse, die allmählich den Schein nationaler Einheit zerstörten, den Salomo und sein Vater David aufgerichtet hatten. Während das Südreich Juda das Prinzip einer zentralistischen Monarchie akzeptiert hatte, so scheint es, als habe sich das Nordreich Israel niemals ganz mit dem Hause Davids und mit dem Verlust seiner stammeseigenen Unabhängigkeit ausgesöhnt. Besonders kränkte die Bewohner des Nordreichs die Strafbesteuerung und die Zwangsarbeit, die Salomo ihnen auferlegt hatte, um seine grandiosen Pläne ausführen zu können. Am Ende seiner Regierung war »Salomo der Weise« in den Augen vieler Leute zu Salomo dem Tyrannen geworden. Als er schließlich nach vierzig Jahren auf dem Thron etwa 920 v. Chr. starb, kamen all diese angestauten Haßgefühle zum Ausbruch. Die vereinigten Königreiche trennten sich, und das Großreich fiel auseinander. Das Goldene Zeitalter war wirklich und unwiderruflich zu Ende.

9 Ein gespaltenes Haus

Im Englischen heißt eine große Champagnerflasche *jerobeam*; ich habe nie so richtig verstanden, warum sie nach einem israelitischen König benannt sein soll, nach Jerobeam I. nämlich, der in der Bibel als ein »tüchtiger Mensch« beschrieben wird *(1. Könige 28)* – und der deswegen wahrscheinlich auch ein tüchtiger Zechbruder war! Was immer er sonst noch gewesen sein mag, die Bibel kennt ihn jedenfalls in erster Linie als Separatistenführer, der Israel innerhalb der Monate, ja Wochen nach dem Tode Salomos etwa 920 v. Chr. aus der Union mit Juda herauslöste.

Zum endgültigen Bruch kam es an einem Ort namens Sichem, der etwa 40 Kilometer nördlich von Jerusalem in den östlichen Vorstädten der modernen Stadt Nablus liegt. Sichem war während der gesamten Geschichte Palästinas ein wichtiges strategisches Zentrum. Es lag gegenüber dem Eingang zu dem schmalen Tal zwischen den Bergen Ebal und Garizim, wo wichtige Handelsstraßen aus Ägypten und Jerusalem zusammentrafen. Der Ort ist in diesem Jahrhundert intensiv ausgegraben worden und bietet inzwischen ein etwas verwirrendes, aber doch gewaltiges Bild mit seinen monumentalen Mauern, Toren und alten Tempelruinen, die die turbulente Geschichte Palästinas im 2. Jahrtausend v. Chr. andeuten.

Nach hebräischer Tradition war Sichem außerdem zu allen Zeiten ein bedeutendes Kultzentrum. In Sichem soll schon der Patriarch Abraham, als er gerade in Kanaan angekommen war, dem Herrn einen Altar gebaut haben *(1. Mose 12,6–7)*. Hier im heiligen Tempelbezirk mitten im Ort mit seiner wuchtigen *masseba* (steinernen Säule), die die Ausgräber wieder aufgestellt haben, soll Josua nach seiner Eroberung Kanaans die siegreichen Stämme versammelt haben. Hier erneuerte er den Bund mit Jahwe und stellte »unter der Eiche, die beim Heiligtum des Herrn steht« einen großen Stein auf *(Josua 24,26)*.

Um aber wieder zur Sache zu kommen: Hier in diesen Tempelbezirk, dem Gemeinschaftszentrum Sichems, kam Salomos Nachfolger, sein Sohn Rehabeam (nach dem im Englischen eine noch größere Champagnerflasche benannt ist), um sich als König von Israel und Juda bestätigen zu lassen. Aber die Leute aus dem Nordstaat, die »Israeliten« im engeren Sinne, waren nicht gesonnen, sich ohne weiteres darauf einzulassen. Sie verlangten, daß die Strafsteuer, die Salomo gegen Ende seiner Regierungszeit eingeführt hatte, rückgängig gemacht würde. Der junge Rehabeam mißachtete jedoch den Rat seiner Ältesten und drohte den Israeliten sogar noch mit schwereren Auflagen: »Hat mein Vater euch mit Geißeln gezüchtigt«, sagte er, »so will ich euch mit Skorpionen züchtigen« *(1. Könige 12,11)*. Empört über diese arrogante Gesinnung, kündigten die Israeliten daraufhin die Einheit mit Juda auf und proklamierten einen separaten Staat. Dabei prägten sie die auch später noch verwendete Parole: »Zu euren Zelten, Israel!« Sie lynchten den obersten Steuereinnehmer und ließen Rehabeam schmählich auf seinem Wagen in das sichere Jerusalem flüchten. An seiner Stelle ernannten sie jenen »tüchtigen Menschen« Jerobeam zum ersten König des selbständigen Staates Israel. Aber mit Rehabeam und Jerobeam waren leider die Champagnertage des Salomonischen Glanzes vorüber. Es begannen zweihundert mühselige Jahre für das Königreich Israel, die 720 v.Chr. mit seiner Vernichtung durch die Assyrer endeten (vgl. Kap. 10).

Jerobeam befestigte Sichem als neue Hauptstadt Israels; man kann noch Überreste des abschreckenden Torgangs sehen, der in Richtung Juda lag. Dabei war der eigentliche Feind gar nicht Juda, sondern Ägypten. Im Jahre 918 v.Chr. drang die ägyptische Armee in Palästina ein, geführt von einem aufstrebenden neuen Pharao, Scheschonk I. (biblisch Sisak), dem Gründer der 22. Dynastie, der zweifellos jetzt, da die Union zwischen den beiden Reichen zerbrochen war, leichte Beute witterte. Scheschonks

Sichem: die wiedererrichtete steinerne Säule im heiligen Bezirk des alten Ortes. Im Hintergrund die Vorstädte des heutigen Nablus.

Triumphinschrift im Amuntempel zu Karnak zeigt den Pharao, wie er Gruppen von kauernden semitischen Gefangenen mit einer Keule schlägt, und sie zählt all die Städte auf, die er verwüstet hat. Der biblische Bericht über Scheschonks Feldzug will glauben machen, nur Jerusalem sei das Ziel des Pharaos gewesen:

»Es begab sich aber im fünften Jahre des Königs Rehabeam, daß Sisak, der König von Ägypten, wider Jerusalem heraufzog. Und er nahm die Schätze des Tempels und die Schätze des Königspalastes . . .« *(1. Könige 14,25–26)*. Aber die ägyptische Liste zeigt deutlich, daß sowohl Juda als auch Israel durch diesen Ansturm verwüstet worden sind.

Jerobeam sah ein, daß er, um seine Position als König zu festigen, einen offiziellen Kult einsetzen mußte, der es mit dem von Jerusalem aufnehmen konnte: »Wenn dieses Volk hinaufzieht, im Tempel des Herrn zu Jerusalem Schlachtopfer darzubringen, so wird sich das Herz des Volkes wieder seinem Herrn, dem König Rehabeam von Juda, zuwenden, mich aber werden sie umbringen« *(1. Könige 12,27)*. Und so verlieh er in Konkurrenz zum Jerusalemer Tempel zwei anderen Kultstätten an entgegengesetzten Enden seines Territoriums offiziellen königlichen Status. Die eine war Bethel in der Nähe der Südgrenze, nur sechzehn Kilometer nördlich von Jerusalem, die andere Dan, im äußersten Norden des Landes, fast an der heutigen Grenze zum Libanon (Phönizien).

Die biblische Stadt Dan wird gewöhnlich mit Tell Dan (arabisch Tell el-Qadi) identifiziert, einem großen, üppig belaubten Hügel von etwa zwanzig Hektar Fläche am Fuße des Berges Hermon. Seit 1966 wird er von einer Gruppe israelischer Archäologen unter der Leitung von Professor Avraham Biran, dem Direktor der »Nelson Glueck School of Biblical Archaeology in Jerusalem«, ausgegraben. In zehn Ausgrabungskampagnen entdeckte Professor Biran sensationelle Spuren der religiösen Revolution, die Jerobeam in Dan ausgelöst hat. Als geborener Optimist lebt er außerdem in der Hoffnung, daß er eines Tages etwas noch Aufsehenerregenderes finden wird: ein goldenes Kalb! Denn der neue Kult, den Jerobeam in Dan und Bethel einsetzte, bedeutete eine Rückkehr zu den frühen Tagen des Auszugs aus Ägypten: »Darum ging der König mit sich zu Rate, ließ zwei goldene Kälber machen und sprach zum Volke: Lange genug seid ihr nun nach Jerusalem gepilgert. Siehe, das sind deine Götter, Israel, die dich aus dem Lande Ägypten heraufgeführt haben. Und er stellte das eine in Bethel auf, das andere tat er nach Dan« *(1. Könige 12,28–29)*.

Am Ortseingang entdeckte Professor Biran einen massiven Torkomplex, der aus zwei Türmen und vier Wachräumen bestand. Durch ihn hindurch führte ein gepflasterter Prozessionsgang, der in Windungen den Hang des Hügels hinaufführte. Innerhalb des Torkomplexes befand sich ein mit Steinen gepflasterter Platz mit einem erhöhten Sitz aus Kalkstein. Auf der langen Steinbank haben vielleicht die Ältesten der Stadt zu Gericht gesessen – die, »die im Tore sitzen« *(Psalm 69,13)*. Professor Biran datiert den Torkomplex auf das Ende des 10. Jahrhunderts v. Chr. und schreibt den Bau König Jerobeam I. zu.

Weiter oben auf dem *tell* fließt eine ergiebige Quelle, aus der der Fluß Dan, einer der Quellflüsse des Jordan, sein Wasser erhält. Der Tatsache, daß hier eine der Quellen des Jordan entsprang, verdankt der Ort seine besondere religiöse Bedeutung während des gesamten Altertums. Professor Biran fand alte Treppenstufen, die in den Hang gehauen waren und zur Quelle hinabführten.

Nahe an der Quelle, im Nordwestteil des *tell*, hat Professor Biran einen imposanten Bau aus gewaltigen Mauern ausgegraben, den er als Kulthöhe *(bama)* interpretiert: eine große, flache Plattform, die das Zentrum eines gepflasterten Heiligtums im Freien darstellte – auch dies, glaubte er, ein Werk Jerobeams I., das später von seinen Nachfolgern vergrößert wurde. In der Nähe fand er 1974 einen israelitischen Hörneraltar, der 35 Zentimeter hoch und an jeder Seite 40 Zentimeter breit ist. Er ist aus einem einzigen Kalksteinblock gehauen, und seine Oberfläche ist noch von den Brandopfern versengt. Hörneraltäre erwähnt die Bibel öfters, aber man hat in Palästina bisher nur sehr wenige gefunden. Die vier Hörner an den Ecken haben vielleicht Miniaturstelen symbolisiert, und man hielt sie für den heiligsten Teil des Altars. Auf sie wurde das Blut der Opfertiere gesprengt, und jeder Flüchtling, der »die Hörner des Altars faßte« *(1. Könige 1,50)*, erhielt Asylrecht.

Die biblischen Schriftsteller verziehen Jerobeam die Spaltung des Reiches nicht. Sie zeichneten ihn als einen der schändlichsten Könige. Dabei muß man aber bedenken, daß diese alttestamentlichen Texte von Priestern verfaßt worden sind, die auf der Seite Jerusalems standen. Für sie war Jerobeam, auch noch postum, so-

Rechts oben: Tell Dan. Die Plattform der Kulthöhe ist wahrscheinlich ursprünglich von König Ahab gebaut und von seinen Nachfolgern erheblich vergrößert worden.

Rechts unten: Megiddo. Der Tunnel führt vom Grund des Großen Schachtes aus (ganz hinten) bis zur Quelle. Links die Stelle, an der sich die Tunnelarbeiter getroffen haben. Sie mußten ihre Richtung nur minimal ausgleichen.

Links: Tell Dan: der Hörneraltar während der Ausgrabung.

Professor Yigael Yadin am Eingang zu dem großen Wasserschacht in Hazor, den er entdeckt und ausgegraben hat.

Die Moabitische Stele: Die Basaltplatte hält den Sieg des Königs Mesa von Moab gegen die israelitischen Könige fest.

wohl Rebell als auch Häretiker. Daß sie das Andenken an ihn so tief erbitterte, spricht eigentlich nur für das Ausmaß seines Erfolges. Nur wenige Wissenschaftler glauben heute noch, daß Jerobeam wirklich Götzenverehrung eingeführt hat; die goldenen Kälber entsprachen wahrscheinlich den Cherubim im Jerusalemer Tempel – sie stellten einen Thron oder einen Sockel für die unsichtbare Gottheit dar. Aber Jerobeam hatte zweifellos eine nur zu leicht ansprechbare Saite bei seinem Volk berührt; »abweichende« Kultpraktiken waren offenbar weiter verbreitet, als die Bibel zugeben möchte.

Die Kulthöhe in Dan wurde später in großem Stil ausgebaut. In diesem zweiten Stadium finden wir eine neue Art von Maurerarbeit: Reliefsteine, die für die klassische israelitische Architektur charakteristisch sind. Nach Professor Biran hat einer der größten – und meistgehaßten! – Könige Israels diesen Bau ausführen lassen: Ahab, der Sohn des Omri und Gatte jener berüchtigten phönizischen Prinzessin Isebel, der Tochter des Königs von Tyrus.

Obwohl man beim Lesen der voreingenommenen biblischen Erzählungen meinen muß, die beiden Könige hätten Israel unaufhaltsam dem Niedergang entgegengeführt, erreichte das Königreich Israel unter Omri (876–869 v. Chr.) und seinem Sohn Ahab (869–850) den Gipfel seiner Macht und politischen Bedeutung.

Omri war ein einflußreicher Offizier gewesen, bevor ihn das Heer nach Jahren wechselhafter Herrschaft zum König proklamierte. Während seiner kurzen Regierungszeit stellte er wieder eine handlungsfähige Regierung her und sicherte die Grenzen. Er verheiratete seine Tochter (vielleicht auch Enkelin) Athalja mit dem König von Juda und knüpfte auf diese Weise wieder Beziehungen zu Jerusalem an. Außerdem besiegelte er eine wichtige Handelsallianz mit Phönizien dadurch, daß er die Heirat zwischen seinem Sohn Ahab und Isebel in die Wege leitete. Man war fast wieder bei den Tagen der vereinigten Königreiche angelangt.

Omri kann sich auch rühmen, der erste König in Israel oder Juda zu sein, der namentlich in zeitgenössischen Berichten anderer Staaten aufgeführt ist. Das kam daher, daß er das politische Ziel verfolgte, die Karawanenstraße durch Jordanien, die Königsstraße, unter seine Kontrolle zu bringen. Dazu mußte er das Königreich Moab östlich des Toten Meeres unterjochen. Dies wiederum ist auf der berühmten Moabitischen Stele von König Mesa festgehalten.

Diese Moabitische Stele ist eine große Platte aus schwarzem Basalt, auf der ein Bericht von Mesas Kampf gegen Israel überliefert ist. Sie wurde 1868 von einem preußischen Missionar, dem Geistlichen F.A. Klein, im arabischen Dorf Diban (biblisch Dibon) gefunden, das nördlich des Flusses Arnon, etwa in der Mitte der Ostküste des Toten Meeres liegt. Sie wurde zwar danach von Dorfeinwohnern zerschlagen, aber man konnte die erhaltenen Bruchstücke sammeln, und die restaurierte Stele ist heute im

Louvre in Paris zu sehen. Der Text ist (bzw. war) vierunddreißig Zeilen lang und wurde etwa 830 v. Chr. zur Erinnerung an König Mesas siegreichen Freiheitskampf gegen die Israeliten verfaßt: » . . .was Omri betrifft, den König von Israel, so erniedrigte er Moab viele Jahre lang . . . und sein Sohn folgte ihm, und auch er sagte: ›Ich will Moab erniedrigen.‹ Zu meiner Zeit sprach er so, ich aber habe über ihn und sein Haus triumphiert, während Israel für immer verloren ist!« (Übersetzung nach *Ancient Near Eastern Texts*).

Im letzten Jahr seiner Regierung nahm Omri sein ehrgeizigstes Projekt in Angriff: Er baute sich eine neue Hauptstadt an einem Ort namens Samaria, zehn Kilometer nordwestlich von Sichem. Der Ort, den er für zwei Silbertalente erworben hatte *(1. Könige 16,24)*, stand auf einem weithin sichtbaren Hügel, der leicht zu verteidigen war und die ganze Umgebung beherrschte. Hier oben auf dem Gipfel des Hügels baute Omri und nach ihm sein Sohn Ahab einen prächtigen Palastkomplex, der durch eine Mauer aus sorgfältig behauenen vierkantigen Steinblöcken geschützt war. Weiter unten am Hügel war die äußere Stadt von einer massiven Festungsanlage umgeben. Die neue Hauptstadt Israels gab allmählich dem ganzen Gebiet seinen Namen: Seine Bewohner wurden als Samaritaner bekannt.

Samaria ist zweimal ausgegraben worden, zuletzt in den dreißiger Jahren. Der Besucher steht beeindruckt vor diesem Ort, vor seiner Fülle großartiger Denkmäler aus römischer Zeit: unter anderem eine Säulenbasilika und ein schönes Amphitheater. Doch ganz oben auf dem Hügel entdeckten die Ausgräber die gewaltigen Überreste des israelitischen Königspalastes. Hier fühlen wir uns auf einmal mitten in die Zeit König Ahabs und seiner herrischen Gemahlin Isebel versetzt.

Ahab und Isebel werden von den biblischen Schriftstellern mit erbarmungsloser Härte verurteilt. Das geht so weit, daß Ahabs Name nur selten ausgesprochen wird und Isebel zum Inbegriff für schamlose Unmoral geworden ist. Die Jerusalemer haßten sie, weil sie aus ihrer Geburtsstadt Tyrus den Kult ihres phönizischen Gottes Baal mitgebracht hatte; und ihren Gatten haßten sie, weil er ihr das erlaubte. Der große Salomo hatte zwar selbst seinen zahllosen ausländischen Frauen erlaubt, ja, sie sogar darin bestärkt, ihre eigene heidnische Religion zu praktizieren, aber Salomo konnte eben keine Fehler begehen. Salomo – das bedeutete »Jerusalem«; Ahab und Isebel bedeuteten »Israel« – und das war ihr Unglück.

Isebel war früher für mich eine der abstoßendsten und doch zugleich faszinierendsten Gestalten der biblischen Sage, eine verführerische Mischung aus Delila und Lady Macbeth. Doch wenn man durch die alten Gänge geht, durch die Isebel einst selber schritt, ist es leicht, sie auf einmal viel sympathischer zu finden. Ich sehe sie nun als recht schöne, königliche Gestalt vor mir, die aus Phöni-

Elfenbeinsphinx aus dem Königspalast in Samaria: ein Hinweis auf Ahabs »Elfenbeinhaus«.

Elfenbeintafel aus Samaria: phönizische Schnitzerei in ägyptischem Stil aus Ahabs Palast.

zien einen verfeinerten Lebensstil und eine nie gekannte Eleganz an den etwas provinziellen Hof Ahabs bringt. Das findet seinen Ausdruck in der einzigen Leistung, die die Bibel – wenn auch voller Mißgunst – Ahab einräumt: im Bau des »elfenbeinernen Hauses« zu Samaria *(1. Könige 22,39)*. Früher hielt man diese beiläufige biblische Bemerkung für eine märchenhafte Ausschmückung; es baut doch niemand im Ernst Häuser aus Elfenbein! Aber als die Archäologen auf einmal an der Stelle von Ahabs Palast viele hundert Fragmente geschnitzter Elfenbeinplatten auszugraben begannen, wurde es allen klar, daß Ahabs »elfenbeinernes Haus« keine Erfindung der Phantasie war.

Die Elfenbeinarbeiten aus Samaria wiesen phönizische Stilmerkmale auf – ein weiter Hinweis auf die Verbindung zu Phönizien, die Salomo und Omri so eifrig gepflegt hatten, und auf den wachsenden Wohlstand an Ahabs Hof. Sie wurden als Einlegearbeit für die Wände und die Innenausstattung verwendet; ihre Ausführung zeigt höchstes künstlerisches Niveau. Die Motive der vielfältigen Ornamente stammen aus aller Welt: kunstvolle Blumenarrangements, ägyptische Götter- und Tiermotive, Cherubim, Sphinxe und Menschen. Das interessanteste Motiv ist vielleicht eine »Frau im Fenster« – man muß dabei unweigerlich an das grausame Schicksal denken, das Isebel erwartete . . .

Ausgrabungen jüngeren Datums an anderen Plätzen haben gezeigt, daß Ahab sich bei der Ausstattung seines Palastes keine Grenzen auferlegte. Er führte Bauten von historischer Bedeutung durch und stand dabei selbst Salomo nicht nach. Seine wichtigsten Bauprojekte waren der Wiederaufbau und die Befestigung zweier »Wagenstädte« Salomos: Hazor und Megiddo.

Die alte Stadt Megiddo, die die Ebene von Jesreel beherrscht, ist mit dem späteren Ort Harmagedon identisch. In einer erschütternden Vision der Apokalypse, die Johannes im Trancezustand sieht, wird die letzte Schlacht am Jüngsten Tag »an dem Ort, der auf hebräisch Harmagedon heißt« ausgefochten *(Offenbarung 16,14–16)*. Das hebräische Wort Harmagedon heißt »Hügel von Megiddo«. Man hat Megiddo den wichtigsten archäologischen Ort in ganz Palästina genannt, und die Tatsache, daß Johannes nur seinen Namen zu erwähnen braucht, zeigt, daß es während der ganzen Geschichte als Schauplatz schicksalsträchtiger Schlachten bekannt war. Der ägyptische Pharao Thutmosis III. hat dort im 15. Jahrhundert v. Chr. eine Verschwörung von Hyksosführern zerschlagen und hat uns in einem der ältesten erhaltenen Kriegsberichte eine detaillierte Schilderung davon hinterlassen (vgl. Kap. 3). Scheschonk I. zerstörte Megiddo ein weiteres Mal im Jahre 918 v. Chr. Ahab ersetzte nun die Salomonischen Kasemattenmauern durch massive, feste Mauern und baute die Zitadelle und andere zerstörte öffentliche Gebäude wieder auf. Er errichtete außerdem drei große, längliche Gebäudekomplexe, die als »Salomos Ställe« Berühmtheit erlangt haben. Sie sind alle nach einem

Megiddo: Modell der alten Stadt. Vorne in der Mitte das Haupttor. Die nebeneinanderstehenden länglichen Gebäude sind die sogenannten »Ställe Salomos«. Oben rechts sieht man den großen Schacht für das Bewässerungssystem, den Ahabs Ingenieure gegraben haben.

einzigen Plan entworfen: zwei parallele Säulenreihen standen an beiden Seiten eines langen Mittelgangs; sie sollten das Dach stützen. Zwischen diesen Säulen fand man so etwas wie Futtertröge aus Kalkstein. Durch einige der Säulen war ein Loch gebohrt, wahrscheinlich, um ein Seil daran zu befestigen. Wenn die Gebäude Ställe gewesen sind, konnten sie 492 Tiere aufnehmen. Ursprünglich wurden die Bauten auf die Zeit Salomos datiert. Man meinte, er hätte sie für seine Streitwagenpferde gebaut, von denen er nach biblischen Angaben eine ganze Menge besessen haben soll. Aber seit Professor Yadins erneuter Ausgrabung in Megiddo datiert man sie auf die Zeit Ahabs. Dennoch ist das exotische Etikett »Salomos Ställe« nicht totzukriegen, und die Gebäude werden auch für Touristenreisen rund um den Ort noch so bezeichnet. Aber waren es überhaupt Ställe? Einige Wissenschaftler halten es inzwischen für wahrscheinlicher, daß es sich um gewöhnliche Vorratshäuser gehandelt hat, obwohl Dr. Yadin dies tapfer bestreitet.

Die erstaunlichste Leistung der Ingenieure und Bauleute Ahabs ist jedoch das komplizierte Wasserversorgungssystem, das sie auf der Westseite des *tell* konstruiert haben. Die Stadt erhielt ihr Wasser aus einer Quelle am Fuß des Hügels außerhalb der Stadtmauern, die sich als ein wunder Punkt in Zeiten der Belagerung erwies. Es stellte sich das Problem, wie man das Wasser sicher ins Stadtinnere leiten könnte. Ahabs Ingenieure lösten es, indem sie von einer Stelle aus, die gerade noch innerhalb der Stadtmauern lag, einen tiefen, senkrechten Schacht hinunter zum fünfundzwanzig Meter tiefer gelegenen Wasserspiegel gruben. Der obere Teil des Schachtes führte durch den Schutt früherer Siedlungen hindurch und war mit Stein eingefaßt; die untere Hälfte war aus dem Grundgestein herausgehauen. Auf Stufen, die in die Wand des Schachtes eingehauen waren, konnte man hinuntersteigen. Auf dem Grund des Schachtes begann ein horizontaler Tunnel von etwa siebzig Meter Länge und drei Meter Höhe, der unter der Stadtmauer hindurch genau zur Quelle hinführte. Der Tunnel wurde gleichzeitig von den beiden Enden aus gegraben; wo sich die Tunnelgänge trafen, war eine Korrektur von nur einem Meter nötig, um die Richtung auszugleichen – eine bemerkenswerte Meisterleistung der Bauleute, und das zu einer Zeit, als man noch keine komplizierten Präzisionsinstrumente kannte.

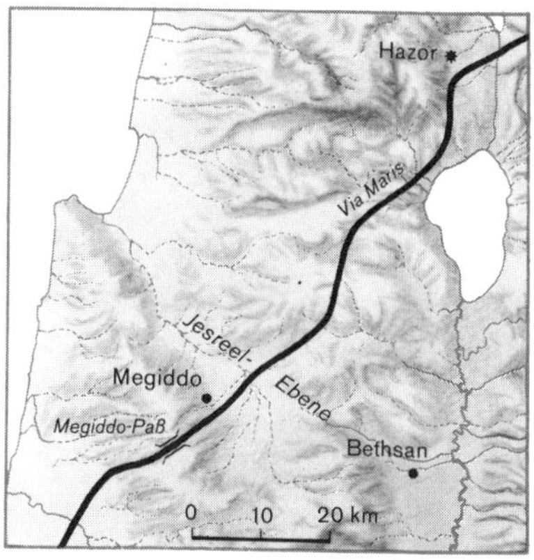

Megiddo: Kartenausschnitt, der die strategisch wichtige Stellung des Ortes an der Via Maris zeigt.

Die Wasserquelle war vergleichsweise klein. Jahrhundertelanger Gebrauch durch Generationen von Kanaanitern hatte sie zu einer künstlichen Höhle im Hang des *tell* vertieft und vergrößert. Der Eingang zu dieser Höhle war offenbar mit einem Wachtposten besetzt. Es muß jedenfalls eine Wache vorhanden gewesen sein, als Scheschonks Heer angriff; denn unter dem Schutt, der zu der Zerstörung der Stadt im Jahre 918 v. Chr. gehört, hat man genau innerhalb des Eingangs das verbrannte Skelett eines Mannes gefunden. Wahrscheinlich nahm Ahab das gewaltige Projekt in Angriff, weil er erkannte, wie notwendig diese Wasservorräte für die Stadt waren. Als der Schacht und der Tunnel fertig waren, verschloß er den alten Eingang mit einer so dicken Felsmauer, daß niemand jemals wieder von außen an die Quelle herankommen konnte.

Nach der Vollendung der Wasserversorgung von Megiddo widmete sich Ahab der Stadt Hazor – und das tat auch Dr. Yadin. Nachdem er die Ahab-Schicht in Megiddo identifiziert hatte, war er sicher, daß Ahab eine strategisch so wichtige Stadt wie Hazor ebenfalls nicht ohne eine sichere Wasserversorgung gelassen haben würde. Darum kehrte er 1968 mit einem etwas skeptischen Ausgräber-Team wieder nach Hazor zurück. An der Oberfläche gab es keinen Hinweis darauf, daß hier irgendwo ein größerer Wasserschacht gegraben worden sein könnte. Er mußte bis zum Rand mit Schutt aufgefüllt und völlig verschüttet sein. Aber Yadin fand ihn doch – mit Geduld und scharfsinniger Intuition. Es zeigte sich, daß der Schacht ebenso kunstvoll gebaut war wie der von Megiddo. Der Besucher, der heute zu der alten Wasserquelle tief unter der Oberfläche des *tell* hinunterklettert, kann nur staunen über das einzigartige Geschick und die geniale Begabung der Ingenieure Ahabs.

Die Bibel erwähnt keine dieser Leistungen. Ihre Aufmerksamkeit ist fast ausschließlich auf die heidnischen Praktiken bei Hofe, auf den Abfall von der Jahwe-Religion, fixiert. Ihr besonderes Augenmerk gehört dabei Isebel und ihrer Verehrung Baals, dem in Samaria ein Tempel geweiht war. Dr. James Pritchard weist darauf hin, daß das Alte Testament zu erheblichen Teilen in Jerusalem entstand, dessen Kultzentrum in Konkurrenz zu Samaria stand. Und für die Priester und Propheten Judas war Jerusalem nun einmal das einzige legitime Heiligtum der Hebräer.

In der Spätzeit der Regierung Ahabs und Isebels verkörperte nach der biblischen Überlieferung die unheimliche und alarmierende Gestalt des Propheten Elia die Opposition gegen ihre liberale Religionspolitik. Allerdings halte ich das Wort »Prophet« eigentlich für eine falsche Bezeichnung für diese eigenartigen pathetischen Weisen. Diese frühen Propheten sahen nicht in die Zukunft und sagten nicht das Kommende voraus, sondern blickten zurück und deuteten Geschehenes eher nachträglich. Sie repräsentierten die nomadische Tradition Israels. Oft zogen sie in Gruppen umher und offenbarten ihre orakelhaften Verkündigungen im Zustand der Ekstase, singend und tanzend. Viele Leute hielten sie für verrückt. Sie beanspruchten, Mittler im Auftrag Jahwes zu sein und seinen absoluten Willen hinsichtlich der Führung von Staat und Gesellschaft zu verkünden. Glühende Jahwisten bis auf den letzten Mann, glühende Kritiker von Königen und Bürgern gleichermaßen, sobald sie auch nur einen Hinweis auf religiöse Abtrünnigkeit entdeckten, waren sie nicht so sehr Propheten wie Zauberpriester.

Wir sehen Elia vor uns, wie er in seinem Gewand aus Ziegenfell und seinem Lendentuch aus Leder aus der Wüste auftaucht und nun unaufhörlich das Gewissen von König und Hof plagt. Er war der unversöhnliche Feind Isebels und ihrer phönizischen Religion. Berühmt ist die Begebenheit auf dem Berg Karmel: Da forderte er all die heidnischen Baalspriester von Isebels Hof zu einem großen Zauberturnier heraus, um zu beweisen, daß Jahwe ein mächtigerer Gott als Baal sei. Baal verlor die Partie: Er brachte es nicht fertig, Feuer auf sein Opfer herabfallen zu lassen. Jahwe erwies sich da natürlich gefälliger – und so ließ Elia die Baalspriester ergreifen und töten *(1. Könige 18)*.

Ahab fiel 850 v. Chr. in der Schlacht, und bald darauf starb auch Elia. Aber er starb nicht so wie andere Menschen, sondern wie es zu seiner Laufbahn paßte: Er verschwand am Ende in einer Rauchwolke, oder – so stellt es jedenfalls die Bibel dar – er stieg in einem Wirbelwind und einem feurigen Wagen zum Himmel auf *(2. Könige 2)*. Sein Haß gegen Isebel lebte weiter in seinem Schüler und Nachfolger Elisa. Zwei von Ahabs Söhnen regierten kurze Zeit nacheinander als Könige von Israel, aber die wirkliche Macht scheint doch bei der Königinmutter Isebel gelegen zu haben.

Im Jahre 842 v. Chr. verdichtete sich die religiöse Opposition gegen sie zu einer militärischen Aktion. Elisa sandte eine Botschaft an den Führer des Heeres, jenen wilden Wagenlenker Jehu, und ernannte ihn darin im Namen Jahwes zum König. Das war das Signal für eine Palastrevolution und Säuberungsaktion, deren Grausamkeit in der biblischen Geschichte nicht ihresgleichen hat.

Jehu eilte nach Jesreel, wo sich Isebel mit ihrem Sohn, dem König Joram von Israel, und seinem Vetter, König Ahasja von Juda, aufhielt. Als die Könige Jehu entgegenfuhren, um zu verhandeln, wurden sie unbarmherzig mit Pfeilen niedergeschossen.

Isebel wartete oben in ihren Gemächern. Stolz und trotzig hatte sie ihr Gesicht geschminkt und ihr Haar frisiert – welch ein Hohn, daß der Volksmund diese würdevolle Geste im Angesicht des Todes mit dem spöttischen Ausdruck »eine bemalte Isebel« bedacht hat! Als Jehu in seinem Wagen herankam, trat sie ans Fenster – ein Bild wie auf den Elfenbeinplatten, die ihren Palast in Samaria geschmückt hatten.

»Die Frau am Fenster«: ein Lieblingsmotiv auf phönizischen Elfenbeinschnitzereien; es weckt romantische Erinnerungen an die Geschichte von Isebels Tod.

Jehu befahl den Eunuchen, die sie bedienten, sie aus den Fenstern zu werfen. Sie gehorchten, und Jehu zertrampelte Isebels Körper mit seinem Streitwagen *(2. Könige 9)*.

Aber das war nur der Anfang. Die gesamte königliche Familie und der israelitische Hof wurden mit Stumpf und Stiel ausgerottet, etwa siebzig Menschen im ganzen. Dann raste Jehu weiter in die Hauptstadt Samaria. Er lockte alle Priester und Baalsverehrer in ihren Tempel unter dem Vorwand, er wolle dort ein großes Opfer veranstalten. Das tat er auch, aber nicht so, wie sie es erwartet hatten. Sobald sie im Tempel waren, ließ er sie alle bis auf den letzten Mann niedermetzeln, und der Tempel wurde dem Erdboden gleichgemacht: »So vertilgte Jehu den Baal aus Israel« *(2. Könige 10,28)*.

Jehus gewaltsame Machtübernahme war für Israel der Auftakt zu einer gefährlichen Periode der Schwäche, die fünfzig Jahre währte. Auch das Südreich Juda erlebte eine Zeit ohnmächtiger, rasch wechselnder Herrscher. Im 8. Jahrhundert lebten jedoch unter zwei außerordentlich fähigen und langlebigen Herrschern Macht und Wohlstand der beiden Königreiche wieder auf: unter Jerobeam II. von Israel (786–746) und Usia von Juda (783–742). Die beiden Staaten lebten in Frieden miteinander, die äußeren Feinde verhielten sich eine Zeitlang ruhig, und der Handel blühte.

Diese Epoche des Wachstums und der Expansion ist durch neue archäologische Funde in Jerusalem veranschaulicht worden, für die Professor Nachman Avigad von der Hebräischen Universität Jerusalem verantwortlich ist. Seit 1968 gräbt er im Jüdischen Viertel, der sogenannten Altstadt von Jerusalem, auf dem westlichen Hügelrücken der Stadt, von dem aus man auf den Tempelberg sieht. Dieses Viertel war im Unabhängigkeitskrieg von 1948 weitgehend zerstört worden. Nach der Teilung der Stadt ließen die jordanischen Behörden hier nur wenig wieder aufbauen, und so konnte man erst nach dem Sechstage-Krieg von 1967, als die beiden Teile Jerusalems wiedervereinigt waren, mit den Rekonstruktionsarbeiten beginnen. Man säuberte das vormals dicht bewohnte Jüdische Viertel zunächst von den Ruinen, die in neuerer Zeit entstanden waren. So bekamen die Archäologen erstmals

Zugang zu jenem Stadtteil, über den die Wissenschaftler so heftig gestritten hatten, als es darum ging, wann Jerusalem begonnen hatte, sich über die engen Grenzen der Stadt Davids und Salomos auf dem Ophel-Hügel und dem Tempelberg hinaus auszuweiten.

Der Stadtteil hat keine Chancen, jemals zu einem archäologischen Schaustück zu werden, denn hier wird immer mehr vom Alten zerstört. Die Archäologen müssen ständig zurückweichen und arbeiten das ganze Jahr über, immer knapp vor den Bulldozern her. Sie graben Stätten aus und registrieren sie, bevor hier neue Gebäude errichtet werden. Gemessen an ihren Anstrengungen haben sie wenig vorzuzeigen: nur eine Menge sorgfältiger Dokumentationen dessen, was sie in den untersten Siedlungsschichten gefunden haben, obwohl einige noch wichtigere Überreste vielleicht in die Grundmauern der neuen Gebäude eingebaut sind.

In ihren inzwischen klassisch gewordenen Ausgrabungen in den sechziger Jahren (vgl. Kap. 7) hatte Miss Kathleen Kenyon an zugänglichen Stellen auf dem westlichen Hügelrücken einige Probegrabungen durchgeführt, aber ihre begrenzten Untersuchungen hatten keine Hinweise auf eine Besiedlung vor der Zeit Herodes' des Großen im 1. Jahrhundert v. Chr. erbracht. Daß Jerusalem sich in dieser Zeit in großem Umfang ausgebreitet hat, ist allgemein bekannt. Solche Probegrabungen können jedoch irreführend sein. Israelische Archäologen sind der Ansicht, der einzige Weg, zu sicheren Ergebnissen zu kommen, sei, große Flächen auszugraben und nicht nur zufällige Stichproben vorzunehmen. Als Professor Avigad damit anfing, die ehemals bebauten Flächen bis auf das Grundgestein zu säubern, fand er bald Hinweise darauf, daß es auf dem westlichen Hügelrücken unter dem jetzigen Jüdischen Viertel schon seit dem 8. Jahrhundert v. Chr. Besiedlung gegeben hatte. Er fand überall Mauer- und Fußbodenreste, dazu eine Menge Eisenzeitkeramik. Unter dem Schutt entdeckte er auch verschiedene Tonfigurinen, die ohne Zweifel Fruchtbarkeitssymbole waren – besonders Säulenfigurinen von Frauen, die ihre Brüste hielten. Es scheint, als habe heidnischer Kult oder heidnische Denkart zu jener Zeit nicht allein in Israel geblüht – auch Juda hatte seine Abtrünnigen!

Den entscheidenden Fund brachte jedoch das Jahr 1970, als Professor Avigad die Grundmauern einer etwa sieben Meter dikken Stadtmauer entdeckte, die noch in einer Höhe von etwa drei Metern erhalten war. Er ging dieser Mauer nach und legte sie in einer Länge von fünfzig Metern frei. Sie verlief von Norden nach Süden, ungefähr parallel zum Tempelberg, und bog dann in westliche Richtung ab. Diese Mauer datierte man auf das späte 8. Jahrhundert v. Chr., die Zeit König Hiskias (vgl. Kap. 10). Daraus schließt Professor Avigad, daß sich während der Regierungszeit Usias eine Siedlung auf dem westlichen Hügel über dem Tempelberg entwickelt hat; zunächst war es ein Stadtteil ohne Mauern, er wurde aber später, als die neue Mauer gebaut wurde,

Die alte Mauer in Jerusalem: gewinkelter Abschnitt der gewaltigen Grundmauern der Stadt, die Professor Avigad 1970 im Jüdischen Viertel in Jerusalem entdeckt hat.

Jerusalem im 8. Jahrhundert v. Chr.: Die gestrichelten Linien zeigen die vermutlichen Stadtmauern, so wie man sie aus dem gewinkelten Abschnitt der alten Mauer, die Professor Avigad gefunden hat, erschließen kann (in fetter Linie gezeichnet).

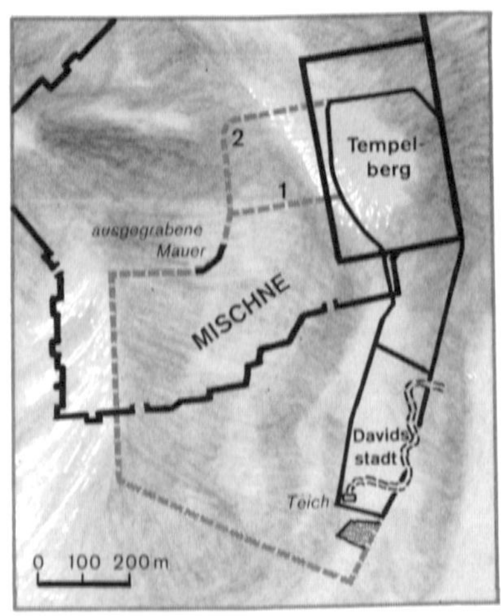

den Stadtgrenzen eingegliedert. 1975 entdeckte Professor Avigad ein anderes Mauerstück aus viel späterer Zeit, in das jedoch ein massiver Verteidigungsturm eingearbeitet war, der noch sieben Meter hoch stand und zu der israelitischen Mauer aus dem 8. Jahrhundert gehört hatte. Diese beiden bedeutsamen Mauerabschnitte hat man inzwischen wieder zugedeckt, um sie zu schützen. Aber sie sollen vielleicht auf Dauer in das Stadtbild des Jüdischen Viertels eingegliedert werden.

Wie groß die Fläche wirklich war, die diese Hiskia-Mauer, wie wir sie nennen wollen, umgab, ist noch eine Sache der Spekulation und der Diskussion. Aber was auch immer weitere Ausgrabungen ergeben werden, wir wissen jetzt auf jeden Fall, daß Jerusalem zur Zeit des geteilten Königreiches (920–586 v.Chr.) beträchtlich größer war als das Dorf, für das man es früher gehalten hatte.

Ein anderes Lebenszeichen – oder vielmehr Todeszeichen – aus dem Jerusalem jener Zeit stellt die einzigartige monumentale Nekropolis dar, die in der felsigen Ostwand des Kidrontals, in der Gegend des arabischen Dorfes Silwan, liegt. Das Dorf ist so vollgepfercht wie eine Kolonie von nistenden Seevögeln; die Straße schlängelt sich an vorspringenden Felsen entlang hinauf, und mitten zwischen den zusammengedrängten Häusern sieht man eine Anzahl von Grabhöhlen im Fels, deren Eingänge in die senkrechten Klippen eingehauen sind. Einige der Gräber sind von den Dorfbewohnern sogar in Häuser oder Lagerschuppen verwandelt worden.

Felsgräber in Jerusalem stießen natürlich schon immer auf das besondere Interesse christlicher Wissenschaftler, die die Stadt auf der Suche nach dem Grab Jesu durchstöbert haben (sie haben es, zumindest zu ihrer eigenen Zufriedenheit, auch an verschiedenen Stellen gefunden). Die Silwan-Totenstadt hat jedoch mit dieser Frömmigkeitsübung nichts zu tun. Sie liegt genau gegenüber der ursprünglichen Davidsstadt, dem Kern des biblischen Jerusalem auf dem Ophel-Hügel, und gab auf diese Weise einen ausgezeichneten Platz für einen Friedhof für die vornehmen Jerusalemer in den frühen Tagen der Monarchie ab.

Einer der führenden Experten für diese Gräber ist Gabriel Barkai vom Archäologischen Institut der Universität Tel Aviv, der an einer umfangreichen Untersuchung aller Eisenzeitgräber in Jerusalem teilgenommen hat. Dank dieser Untersuchung waren die Wissenschaftler imstande, die Silwan-Gräber präziser zu datieren und sie besser in das historische Geflecht Jerusalems einzuordnen.

Die Gräber auf den untersten Ebenen – insgesamt sind es neun, von denen nicht alle vollendet sind – spiegeln eine Zeit wider, in der der königliche Hof ausländischen Einflüssen ausgesetzt war. Barkai erklärt dies aus der Anwesenheit Königin Athaljas, der Tochter (oder Enkelin) Omris und Frau König Jorams (849–842). Wie ihre Schwägerin (oder Schwiegermutter) Isebel

»Grab der Pharaonentochter«: freistehendes Eisenzeitgrab im Dorf Silwan in Jerusalem. Die Pyramide, die ursprünglich das Dach bedeckte, ist abgerissen worden.

war Athalja eine Verehrerin Baals und führte seinen Kult in Jerusalem ein. Sie bestieg nach dem Tode ihres Mannes den Thron, fiel aber laut biblischem Bericht derselben religiösen Opposition zum Opfer wie Isebel in Israel und wurde im Jahre 837 ermordet. *(2. Könige 11,16)*. Die Tatsache, daß diese Gräber nur kurze Zeit in Gebrauch waren, zum Teil unvollendet sind und fremde Stilmerkmale aufweisen, überzeugte Barkai davon, daß sie für Athaljas phönizische Höflinge und Freunde gedacht waren.

Am Nordende des Dorfes befinden sich zwei berühmte Denkmäler, bekannt als das »Grab der Pharaonentochter« und das »Grab des königlichen Verwalters«. Das erste ist von allen Gräbern am besten erhalten. Zuerst wurde die Höhle fertiggestellt und dann der ganze Fels um die Höhle herum abgehauen, bis nur noch ein freistehender Monolith übrigblieb. Innen hat das Grab ein Giebeldach, das an ägyptische Architektur erinnert, und ursprünglich war es von einer Pyramide gekrönt – daher der Name. Über dem Eingang war eine Inschrift eingeritzt, die in christlicher Zeit von Eremiten unleserlich gemacht wurde, denn diese hatten einen Horror vor »magischen« Inschriften.

Der Eingang zum »Grab des königlichen Verwalters« befindet sich auf der Hauptstraße des Dorfes Silwan. Über der Grabtür stand eine Inschrift in archaischem Hebräisch, die vor hundert Jahren entfernt wurde und in das Britische Museum gelangte.

Diese Inschrift wurde erst vor wenigen Jahren von Professor Avigad entziffert: »Dies (ist die Grabstätte) des . . .-yahu, der über dem Haus steht. Hier ist kein Silber und Gold, nur (seine Knochen) und die Gebeine seiner Sklavenfrau. Verflucht sei der, der das Grab öffnet!« Innerhalb des Grabes lagen die Toten in Steinwannen mit einer steinernen Kopfstütze. Darüber war ein Bord für ihre Grabschätze angebracht. Die archaische Schrift und der königliche Titel »der über dem Haus ist« (vgl. *Jesaja 22,15*) passen in die Zeit der judäischen Monarchie im 8. Jahrhundert v. Chr. und könnten durchaus aus der Zeit König Usias stammen, einer Periode, in der Juda wohlhabender und weltoffener war als sonst.

Ein letztes Zeugnis des Wiederaufstiegs Judas im 8. Jahrhundert v. Chr. hat man jüngst in der nördlichen Sinaiwüste entdeckt: Es sind die Ruinen eines Gebäudes an einem entlegenen Ort namens Kuntilet Ajrud, etwa fünfzig Kilometer südlich von Kades-

Die Hauptstraße des Dorfes Silwan: in der linken Mauer ganz unten der Eingang zu einem neuentdeckten Grab. Das »Grab des königlichen Dieners« befindet sich hinter der Treppe.

Barnea. Sie stehen auf einem kleinen Hügelchen mit Blick auf die Hauptkarawanenstraße von Kades-Barnea nach Eilat am Golf von Akaba, an einer Gabelung, wo eine Straße abzweigte, die westlich durch die Wüste nach Gaza führte. Da hier ein paar Quellen unterhalb des Hügels Wasser spendeten, diente der Ort Reisenden als natürlicher Rastplatz.

Im Winter und Frühling 1975/1976 wurde diese Ruine von Dr. Ze'ev Meschel von der Universität Tel Aviv ausgegraben. Es war ein einzelner großer, rechteckiger Bau, fünfundzwanzig mal fünfzehn Meter groß, mit einem offenen Hof in der Mitte und mit großen Vorratsräumen, die an zwei Außenwände angebaut waren. Zuerst hielt Dr. Meschel das Gebäude für eine judäische Grenzfestung, aber dann deutete er es als eine Karawanenstation ganz besonderer Art, der er auch einige kultische Bedeutung zuschrieb. Im Schutt fand er Fragmente gemalter Fresken und, was ihn noch mehr erstaunte, eine große Anzahl alter Votivinschriften, einige auf Keramikscherben, einige auf dem Wandverputz, einige auf Vorratskrügen und einige auf Steingefäßen. Die Inschriften sind noch nicht alle entziffert und veröffentlicht. Aber den bisherigen Berichten kann man entnehmen, daß sie nicht nur in hebräischer, sondern auch in phönizischer Sprache abgefaßt sind und daß sie nicht nur Jahwe um Segen anriefen, sondern auch andere Götter: Baal und den ägyptischen Gott Bes. Es scheint so etwas Ähnliches wie unsere modernen ökumenischen Kapellen am Straßenrand gewesen zu sein.

Aufgrund der Keramikfunde und anderer damit verbundener Hinweise datierte Dr. Meschel das Gebäude provisorisch auf eine relativ kurze Zeitspanne während der ersten Hälfte des 8. Jahrhunderts v. Chr. Dies ist nun besonders interessant, weil die biblische Erzählung eigens feststellt: »Er (d.h. Usia oder Asarja, wie er manchmal genannt wird) befestigte Elath und brachte es wieder an Juda« *(2. Könige 14,22)*. Das kann sich nur auf eine Neubefestigung von Ezjon-Geber und auf eine Wiederaufnahme der Verbindung zu Phönizien beziehen, also der Wiederaufnahme des Handelsverkehrs auf der Salomonischen Handelsstraße von Eilat durch Juda und Israel nach Tyrus. Daß man in Kuntilet Ajrud so viele kosmopolitische Inschriften aus Juda, Israel und Phönizien gefunden hat, scheint diese Deutung zu stützen. Ebenso sicher ist aber auch, daß die neubelebte Verbindung zu Phönizien nicht von langer Dauer war.

König Usia selbst war, wie die Bibel berichtet, gegen Ende seiner Regierungszeit (etwa 750 v. Chr.) mit Lepra geschlagen und mußte seine letzten Jahre in einem abgeschiedenen Haus außerhalb der Stadt verbringen. In der russischen Kirche auf dem Ölberg hat man eine beschriebene Steinplatte gefunden, die heute im Israel-Museum zu sehen ist. Die Inschrift lautet: »Hierher wurden die Gebeine Usias, des Königs von Juda, gebracht. Nicht öffnen.«

Unter diesen fähigen Königen, Jerobeam II. und Usia, lebten Israel und Juda in Frieden miteinander und erlebten eine Blütezeit, die bis in die Mitte des 8. Jahrhunderts dauerte. Aber sie konnten noch so stark und wohlhabend werden – für sich allein waren die beiden Staaten viel zu klein, um sich im Spiel der großen Politik zu behaupten. Es brauchte nur irgendwo eine Großmacht aufzusteigen und schon wurde ihre verborgene Verletzlichkeit und Uneinigkeit offenbar – und genau so geschah es: In der Mitte des 8. Jahrhunderts sollte eine solche Großmacht erscheinen, und innerhalb weniger Jahre das Machtvakuum, dank dessen Israel und Juda hatten überleben können, zu Ende sein. Das Königreich Israel sollte für immer von der Landkarte der Geschichte gestrichen werden, und die Städte Judas sollten durch die gewalttätigsten und unbarmherzigsten Eroberer verwüstet werden, die der Vordere Orient je erlebt hatte – die Assyrer.

Beschriftete Grabtafel des Königs Usia.

10 Der Wolf in der Schafherde

»Ninive ist untergegangen. Keine Spur von ihm ist geblieben. Keiner kann sagen, wo es einst stand.« So lautet das Epitaph für ein Weltreich – ein gewisser Lukian von Samosata, der das römische Reich bereist hat, schrieb es vor fast 2000 Jahren. Das Ninive Sanheribs, der von dort aus – in Byrons einprägsamer Formulierung – nach Juda hinabgestiegen ist »wie ein Wolf in die Schafherde«, Ninive und alle Macht des assyrischen Reiches, die einst den gesamten Vorderen Orient hatten erzittern lassen, waren zu Staub und Asche geworden. Die triumphierende Rede des Propheten Nahum schien erfüllt zu sein: »Wehe über die Blutstadt! . . . Zerstört ist Ninive! Wer wird um sie klagen?« *(Nahum 3,1–7)*.

Doch innerhalb einer aufsehenerregenden Dekade in der Mitte des 19. Jahrhunderts entdeckten britische und französische Ausgräber wie Sir Austen Henry Layard und Paul Emile Botta im nördlichen Irak die alten Überreste dreier assyrischer Städte – Chorsabad, Nimrud und Ninive – und die Zeugnisse einer gewaltigen Militärmacht, die allen Widerstand vom Tigris bis zum Nil gebrochen hatte. Das assyrische Reich (bzw. das neuassyrische Reich, wie es die Historiker nennen) war durch die Archäologie in seiner ganzen schauerlichen Gewalt wieder zum Leben erweckt worden.

Diese und spätere Entdeckungen haben uns geholfen, ein klareres und auch maßvolleres Bild von den Assyrern zu gewinnen, jenem gefürchteten Volk, das als erstes den gesamten Fruchtbaren Halbmond von Mesopotamien bis Ägypten unterjochte. Doch es bleibt der Schock, den ihre Kriegsmaschinerie biblischen Autoren versetzt hat, denn die Assyrer waren es, die dem Königreich Israel etwa 720 v. Chr. den Todesstoß versetzten.

Die Assyriologie ist gerade im Hinblick auf unsere Fragestellung besonders wichtig, denn sie hat uns, wie Dr. Pritchard betont, infolge jener großartigen Entdeckungen nun zum erstenmal zeitgenössische historische Quellen zugänglich gemacht, die manche Ereignisse, von denen die Bibel berichtet, unmittelbar erhellen. Sie ermöglichen uns, die Kämpfe, die schließlich das Schicksal Israels entschieden haben, aus der Perspektive der Gegenseite zu sehen. In Ninive und anderen Orten haben Archäologen Inschriften entdeckt, auf denen ein halbes Dutzend Könige Palästinas erwähnt sind, deren Namen wir schon aus der Bibel kennen – Namen wie Omri, Ahab und Jehu zum Beispiel. Es sind zwar auch Schlachten und Feldzüge erwähnt, die *nicht* in der Bibel stehen, aber im ganzen greifen in den Fällen, in denen einzelne Ereignisse in beiden Quellen erwähnt werden, die Berichte ziemlich gut ineinander – obgleich die Assyrer natürlich dazu neigen, ihre Siege und das Ausmaß der eingetriebenen Steuern zu übertreiben, während die Bibel dies nach Kräften herunterspielt. Insgesamt kann man sagen, daß die bis dahin relativ isolierte Geschichte der Israeliten in der neuassyrischen Epoche nun in das Gefüge der Geschichte des Vorderen Orients integriert ist. Das, was in biblischen Texten erwähnt wird, korrespondiert jetzt mit den Überlieferungen anderer Völker.

Als Zugabe hat uns die Assyriologie auch das erste und einzige Porträt eines israelitischen Königs gewährt – und den ersten lebendigen Eindruck davon, wie man bei einem assyrischen Besuch die Rolle des »Gastgebers« zu spielen hatte.

Das assyrische Kernland nahm immer nur einen überraschend kleinen Bereich des oberen Tigristales ein, von Ninive (dem heutigen Mossul) nach Süden bis Assur war es eine Strecke von kaum mehr als 100 Kilometern. Assur war die erste Hauptstadt des alten Königreichs Assyrien. Es stand auf einem hügeligen Landvorsprung am Westufer des Tigris, dort, wo der Fluß eine sanfte Kurve macht und wo seine blaue Farbe in der grauen, düsteren Landschaft besonders klar leuchtet. Die Stadt war nach dem Gott Assur, dem höchsten Gott des assyrischen Pantheons, benannt, von dem auch die Assyrer ihren Namen herleiten. Sie war zwar schon im 3. Jahrtausend v. Chr. gegründet worden, als Sumerer und Akkader im Zweistromland dominierten, doch das altassyrische Reich entstand erst im frühen 2. Jahrtausend unter einem König von Assur, der eine Zeitlang über das gesamte nördliche Mesopotamien herrschte und sich »rechtmäßiger König, König der Welt« betitelte.

Aber Assur war, vom strategischen Standpunkt aus betrachtet, für eine Hauptstadt ungünstig gelegen. Es lag am südlichen Rand des am dichtesten besiedelten Gebietes und verfügte – trotz der Möglichkeit künstlicher Bewässerung – nur sehr begrenzt über

Rechts oben: Die Altstadt von Jerusalem: Durch den Krieg zerstörte Plätze zwischen den Häusern geben israelischen Archäologen die Möglichkeit, Rettungsgrabungen durchzuführen, bevor mit dem Neubau begonnen wird.

Rechts unten: Eisenzeitgrab in Jerusalem. Im Inneren sieht man eine Steinbank, auf die der Leichnam gelegt wurde.

Unten: Das Gelände von Ninive in den vierziger Jahren des 19. Jahrhunderts, als Layard hier zu graben anfing.

Links oben: Teil der gewaltigen Mauern von Ninive, ein rekonstruierter Torgang. Ursprünglich war die Außenmauer zwölf Kilometer lang.

Links unten: Rekonstruktionsarbeit an den alten Mauern der Hauptstadt Sanheribs, Ninive.

Unten: Assurnasirpal II., König von Assyrien (links), aus Nimrud. Assurnasirpal verlegte die assyrische Hauptstadt nach Nimrud.

Landflächen, die der Kultivierung zugänglich waren. Aber es besaß bedeutende religiöse Traditionen, und deshalb bauten die assyrischen Könige auch später, als das Machtzentrum bereits weiter nach Norden verlegt worden war, seine Tempel wieder auf und verschönerten sie. Auch heute, nach einer Ausgrabung, die eine deutsche Expedition zu Anfang dieses Jahrhunderts durchgeführt hat, ist Assur noch ein eindrucksvoller Ort, beherrscht von dem Ruinenstumpf seiner alten Zikkurat aus Lehmziegeln.

Im 14. Jahrhundert v. Chr. lebte die assyrische Macht wieder auf. Es begann die sogenannte mittelassyrische Periode, und eine Zeitlang beherrschte Assyrien den gesamten nördlichen Irak. Dann wurde dieses Reich durch eine Invasion oder Infiltration westsemitischer Nomaden, die wir unter der Bezeichnung Aramäer kennen, überschwemmt, die das ganze Gebiet in ihre Gewalt brachten und allem Anschein nach die assyrischen Städte isolierten. Die neuen Bewohner sprachen eine westsemitische Sprache, Aramäisch, die zur *lingua franca* des neuassyrischen Reiches wurde – dies war im übrigen auch die Sprache, die Jesus von Nazareth sprechen sollte.

Etwa 880 v. Chr., vierzig Jahre nachdem sich das vereinigte Königreich unter David und Salomo in die beiden Königreiche Israel und Juda gespalten hatte, erlebten die Assyrer eine entscheidende Phase ihrer Geschichte. Ein dynamischer und aggressiver König, Assurnasirpal II. (ca. 883–859 v. Chr.), verlegte die Hauptstadt von Assur weiter nach Norden in die Stadt Nimrud (biblisch Kalah, assyrisch Kalhu), deren Name offensichtlich etwas mit Nimrod zu tun hat, jenem »gewaltigen Jäger vor dem Herrn« *(1. Mose 10,9)*, außerdem mit dem Gott Ninurta oder Nimurta, den Assurnasirpal als Schutzgottheit seiner neuen Hauptstadt verehrte. Diese lag etwa dreißig Kilometer südlich von Mossul. Als Layard 1854 begann, den Ort auszugraben, floß der Tigris etwa drei Kilometer weiter im Westen vorbei, aber im Altertum floß er genau durch das Stadtgebiet. Nimrud befand sich in einer günstigen Lage, verfügte über gutes Ackerland und eine Furt durch den Tigris, die die Kontrolle über eine wichtige Handelsroute ermöglichte.

Damit begannen verhängnisvolle Zeiten für Israel. Während des ganzen 10. Jahrhunderts hatte sich die assyrische Macht auf ihrem Tiefstand befunden, und da auch Ägypten durch innenpolitische Vorgänge geschwächt war, konnten David und Salomo ihr eigenes Reich errichten und konsolidieren, ohne von den Großmächten im Niltal oder Mesopotamien belästigt zu werden. Mit Assurnasirpal wurde das anders. Er verbrachte seine ersten fünf Regierungsjahre damit, seine Hauptstadt zu erbauen, die er mit einem zehntägigen Bankett für 69 574 Gäste einweihte. Dann zog er westwärts durch Obermesopotamien geradewegs hinüber zum Mittelmeer, wo er »seine Waffen im Meer wusch«, wie er in seinen Inschriften prahlte. Beladen mit Tributen und Schätzen aus den

Stadtstaaten, die er, wie er berichtete, zermalmt hatte, kehrte er nach Nimrud zurück. Er verewigte seine Taten dadurch, daß er die offiziellen Räume seines Palastes mit einer Reihe herrlicher Basreliefs und mit riesigen steinernen Statuen von bedrohlichen Wesen schmückte, die sich jetzt im Britischen Museum in London befinden.

Assurnasirpal verschwieg keine Einzelheit, wenn es darum ging, die Brutalität auszumalen, mit der er seine Feldzüge führte. Da wurden Gefangene an Pfählen aufgehängt oder als grausame Warnung für die Verteidiger mit Pfählen an die Mauern belagerter Städte gespießt; junge Männer und Mädchen wurden bei lebendigem Leibe geschunden. Das viktorianische England, das eine morbide Faszination für Horrorgeschichten besaß, war schockiert und verspürte doch zugleich ein angenehmes Gruseln über die Roheit der Assyrer, die Layards sensationelle Ausgrabungen in Nimrud in den fünfziger Jahren des 19. Jahrhunderts ans Licht gebracht hatten. Das Bild von der assyrischen »Schrekkensherrschaft« war geboren. Aber wie gerechtfertigt ist ihr grausamer Ruf?

Es fällt auf, daß den Assyrern in der Bibel selbst nicht vorgeworfen wird, sie seien außergewöhnlich grausam oder barbarisch – überhaupt hatte sich ja Josua auf Geheiß Jahwes nicht minder gnadenlos verhalten. Propheten wie Nahum entsetzten sich eher über die religiösen Greueltaten der Assyrer. Nicholas Postgate, der junge Leiter der »British Archaeological Expedition to Iraq« in Bagdad, meint, es gebe keinerlei Hinweise, denen man entnehmen könnte, daß die Assyrer grausamere Methoden der Kriegsführung angewendet hätten als ihre Zeitgenossen. Der Unterschied ist nur, daß die Assyrer es für richtig hielten, ihre grausamen Taten bis ins Detail festzuhalten. Allerdings scheint Assurnasirpal nach den Darstellungen seiner Palastreliefs besonders sadistisch gewesen zu sein; spätere assyrische Könige waren da vergleichsweise milde: Sie urteilten nur die Rädelsführer von Revolten ab. Aus praktischen und ökonomischen Gründen zogen sie es vor, unterworfene Bevölkerungsgruppen zu deportieren und nicht zu massakrieren. Postgate hat den Eindruck, daß der Brauch, grausame Bestrafungsszenen in offiziellen Räumen darzustellen, als Abschreckung gegenüber möglichen Unruhestiftern gedacht war. Im Endeffekt war es ganz gewöhnliche Propaganda.

Der Schwarze Obelisk Salmanassars III.: ein Bericht über die Eroberungen des assyrischen Königs auf zwanzig Tafeln mit Bildern und Inschriften an allen vier Seiten.

Es war jedem klar, daß da eine entsetzliche Macht im Osten aufstieg – und die Warnung verhallte bei den kleineren Staaten nicht ungehört. Assurnasirpals Feldzug über Syrien zum Libanon berührte das Königreich Israel, in dem gerade Omri seine kurze Regierungszeit (876–869 v.Chr.) begonnen hatte, nicht direkt. Aber Assurnasirpals Sohn und Nachfolger Salmanassar III. (ca. 859–824 v.Chr.) hatte noch weitreichendere Ambitionen. Im ersten Jahr seiner Regierung wiederholte er den Zug zum Mittel-

Assyrische Grausamkeiten: Gefangene werden außerhalb der Mauern einer belagerten Stadt lebendig gehäutet.

meer. Im sechsten Jahr (ca. 853) unternahm er ihn ein weiteres Mal; diesmal plante er, durch Syrien nach Palästina zu ziehen. Und nun erkannten die Könige der dortigen Kleinstaaten, daß eine tödliche Gefahr auf sie zukam. Sie legten ihre chronischen Differenzen bei und schlossen ein Verteidigungsbündnis. Unter ihnen war nach Salmanassars eigenem Bericht (der sich heute im Britischen Museum befindet) auch König Ahab von Israel und dessen früherer Erzfeind Benhadad von Damaskus, der bedeutendste Aramäerkönig. Diese Episode wird in der Bibel nicht erwähnt, aber nach Salmanassars Angaben steuerte Ahab 2000 Wagen und 10000 Fußsoldaten bei.

Die Schlacht fand an einem Ort namens Qarqar statt, im Tal des Flusses Orontes in Nordsyrien. In seiner Inschrift rühmt sich Salmanassar eines gewaltigen Sieges: »Sie erhoben sich gegen mich zur Entscheidungsschlacht ... ich schlug 14000 ihrer Soldaten mit dem Schwert, indem ich mich auf sie stürzte wie Adad (Baal), wenn er einen Regenschauer hinunterschütten läßt. Ich breitete ihre Leichen aus und füllte die ganze Ebene mit ihren weit verstreuten Soldaten ... Mit ihren Leichen überspannte ich den Orontes, bevor es dort eine Brücke gab« (Übersetzung nach *Ancient Near Eastern Texts*).

Trotz dieses Siegesberichtes muß der Vormarsch zunächst gestoppt worden sein, denn die assyrischen Streitkräfte zogen sich zurück. Israel war noch einmal gerettet – aber nicht lange. Im Jahre 841, dem Jahr, nach dem Jehu Isebel und das Haus Omris durch einen blutigen Putsch beseitigt und die Herrschaft an sich gerissen hatte, drang Salmanassar III. wieder nach Syrien vor und erreichte die nördlichen Grenzen Israels. In seinen Inschriften rühmt er sich, er habe unzählige Städte zerstört und Tyrus und Sidon tributpflichtig gemacht. Zu den Unterworfenen gehörte auch »Jehu, Sohn des Omri« (gemeint ist der Nachfolger der Omriden). Der berühmte Schwarze Obelisk Salmanassars III., der sich heute im Britischen Museum befindet, zeigt Jehu, wie er in einer Geste der Huldigung unterwürfig vor dem assyrischen König kniet und den Boden zu seinen Füßen küßt. Es ist das einzige Porträt, das wir von einem israelitischen König besitzen, es zeigt ihn im Zustand seiner größten Erniedrigung.

Der Schwarze Obelisk: Die Tafel zeigt König Jehu von Israel, wie er sich demütig vor Salmanassar III. verbeugt, der eine Schale in seiner erhobenen Hand hält. Die Inschrift zählt Tribute von Silber- und Goldgegenständen auf.

Diesmal begnügte sich Salmanassar noch damit, Tribute zu erheben, danach kehrte er nach Nimrud zurück. Während der nächsten hundert Jahre waren die Assyrer mit Feldzügen gegen andere Länder beschäftigt und ließen Israel unbehelligt. Doch in der Mitte des 8. Jahrhunderts kehrten sie unter Tiglatpileser III. (in der Bibel als Phul bekannt) auf den syrisch-palästinensischen Schauplatz zurück.

Tiglatpileser bestieg im Jahre 745 v. Chr. den Thron, ein Jahr nach dem Tode König Jerobeams II. von Israel. Eine Reihe gewaltsamer Putsche gegen die häufig nur kurze Zeit regierenden Könige hatte Israel in anarchische Zustände gestürzt. Assyrien war dagegen aus langwierigen Kämpfen gegen rivalisierende Mächte als Sieger hervorgegangen. Mit Tiglatpileser setzte eine neue Ära in der Umgestaltung des Vorderen Orients ein. Anstatt

Die Ausbreitung des neuassyrischen Reiches vom 9. bis zum 7. Jahrhundert v. Chr.

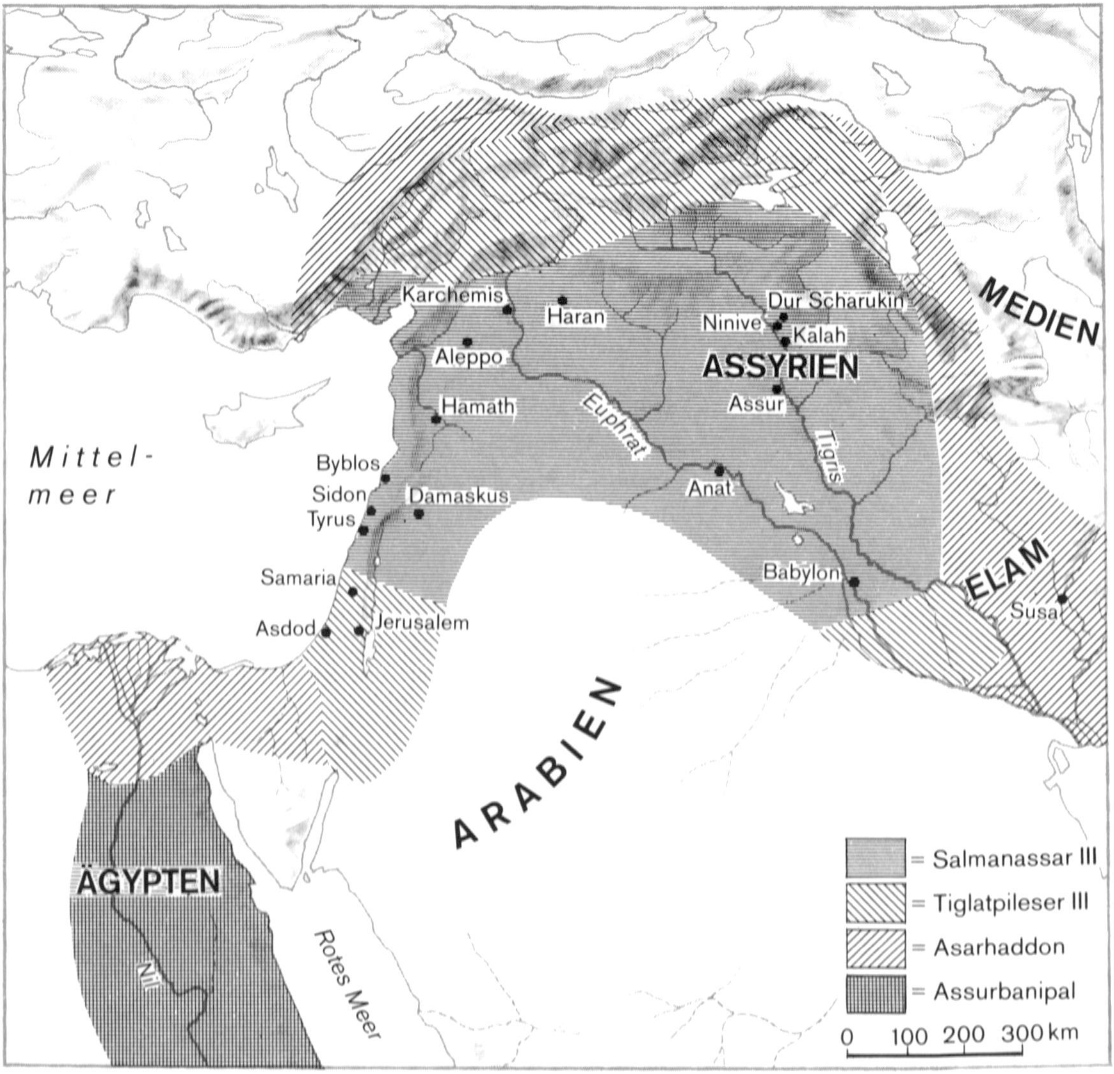

von den unterworfenen Ländern wie bisher nur Steuern einzutreiben, begann er zunehmend assyrische Statthalter über sie einzusetzen. Man betrachtet ihn daher als den eigentlichen Gründer des neuassyrischen Reiches. In einem Zeitraum von nur wenigen Jahren hatte er ganz Syrien und den Libanon der assyrischen Macht unterworfen und Israel unter König Menahem (745–738 v. Chr.) tributpflichtig gemacht. Menahems Sohn Pekahja (738/737) wurde bald, nachdem er seinem Vater nachgefolgt war, meuchlings ermordet, und ein Heerführer namens Pekah bemächtigte sich des Thrones (737–732). Tiglatpileser eroberte 734 v. Chr. die Philisterküste bis nach Gaza und stationierte auch dort Truppen. Alarmiert durch diese verhängnisvollen Vorgänge an seinen Grenzen, schloß Pekah mit den Nachbarstaaten Damaskus, Ammon, Moab, Edom und einer der alten Philisterstädte eine antiassyrische Koalition. Juda unter König Ahas (735–715 v. Chr.) weigerte sich jedoch, der Allianz beizutreten. Daraufhin drangen die Verbündeten von allen Seiten nach Juda ein und belagerten Jerusalem. Ahas rief nun in seiner Not die einzige Macht, die ihm noch beistehen konnte, um Hilfe an: Assyrien. Die mit Silber und Gold aus dem Tempelschatz versehenen Boten Ahas' übermittelten Tiglatpileser die Bitte ihres Königs: »Dein Sklave und dein Sohn bin ich; komm herauf und errette mich aus der Hand des Königs von Syrien und aus der Hand des Königs von Israel, die sich wider mich aufgemacht haben« *(2. Könige 16,7)*.

Tiglatpileser marschierte mit seinem Heer durch Syrien und brach in Israel ein. Die Bibel, seine eigenen Inschriften und der archäologische Befund stimmen darin überein, daß er befestigte Schlüsselstädte wie Hazor und Megiddo zerstörte. Die Hauptstadt Samaria blieb nur deshalb verschont, weil Pekah meuchlings ermordet wurde und Tiglatpileser einen Lehnskönig, Hosea ben Elah, auf den Thron setzte. Doch das übrige Nordreich wurde erobert und in assyrische Provinzen aufgeteilt. Eine große Zahl seiner Einwohner wurde in andere Gebiete des assyrischen Reiches deportiert.

Sargon II. von Assyrien: Er vollendete die Eroberung Samarias und deportierte die Einwohner Israels im Jahre 720 v. Chr.

Juda, das sich unter assyrischen Schutz begeben hatte, entging der Verwüstung – allerdings um den Preis einer immensen Steuer, die König Ahas dem Tempelschatz entnahm und Tiglatpileser entbot. Aber auch jetzt hatte Israel seine Lektion noch nicht begriffen. Kaum war Tiglatpileser im Jahre 727 v. Chr. gestorben, verweigerte König Hosea (732–724) die alljährliche Tributzahlung. Tiglatpilesers Nachfolger, sein Sohn Salmanassar V. (727–722 v. Chr.), ließ daraufhin im Jahre 724 v. Chr. sein Heer in Israel einmarschieren. Hosea erschien vor ihm, um sich zu unterwerfen, wurde aber gefangengenommen. Die Stadt Samaria weigerte sich jedoch, ihre Tore zu öffnen, und wurde von Salmanassar belagert. Drei Jahre lang hielt sie der Belagerung stand, aber im Herbst 722/721 fiel die Stadt den Eroberern in die Hände. Salmanassar starb, kurz bevor Samaria eingenommen wurde oder ganz knapp danach. So blieb es seinem Nachfolger Sargon II. (721–705) überlassen, sich dieses Sieges und seiner verheerenden Folgen zu rühmen.

Sargon behauptete, er habe 27290 Bewohner Israels deportiert. Die Bibel berichtet pauschal, er »führte Israel nach Assyrien in die Verbannung« *(2. Könige 17,6)*. Das war das Ende des Nordreichs Israel. Die deportierten Israeliten gingen im Völkergemisch des assyrischen Reiches unter und verschwanden aus der Geschichte. Samaria wurde als neue assyrische Provinz reorganisiert und mit ausländischen Deportierten aus Syrien, Babylon und Arabien neu bevölkert. Aus ihnen und dem im Lande verbliebenen Israeliten entstanden die Samaritaner.

Massendeportationen dieser Art gehörten schon jahrhundertelang zur imperialistischen Politik der Assyrer. Nicholas Postgate verweist darauf, daß das Schicksal der Israeliten in keiner Weise besonders schrecklich war; die Assyrer hatten schon immer die Bewohner unterworfener Gebiete in anderen Teilen ihres Reiches angesiedelt und sie als Bauern, Arbeiter oder Soldaten beschäftigt. Ein Vorteil dieser Politik war, daß die Assyrer nicht große Gebiete durch Lehnskönige regieren lassen mußten und ihr Reich nicht aus verschiedenen Einzelkönigreichen mit einer einheimischen Bevölkerung bestand. Statt dessen gliederten sie die eroberten Länder einem einheitlichen Reich ein. Die unterworfenen Gebiete mit ihren neuen ausländischen Bewohnern wurden Provinzen eines großen Reiches. Mit ihrer Loslösung von der alten Heimat verloren Neuansiedler allmählich auch ihre Bindungen an das Heimatland und ihr Zusammengehörigkeitsgefühl. Es entstand eine einheitliche Reichsbevölkerung. Dies war eine völlig neue Staatskonzeption. Von daher verstehen wir auch, wie es möglich war, daß die späteren Eroberer des assyrischen Reiches dieses Reich wie ein gutgehendes Geschäft einfach übernehmen konnten.

Wieder einmal entging Juda dem Schicksal endgültiger Deportation dadurch, daß es sich widerstandslos der assyrischen Oberherrschaft unterwarf. König Ahas wurde ein Vasallenkönig. Die späteren Verfasser der Königsbücher schalten ihn, weil er abtrünnig geworden sei und die Götter seiner assyrischen Herren anerkannt habe. Sein Sohn Hiskia (715–687 v.Chr.), einer der bemerkenswertesten Könige Judas, spielte da ein gerisseneres Spiel. Während er den Assyrern gegenüber eine unterwürfige Haltung beibehielt, versuchte er, sein Reich innenpolitisch wieder zu festigen und die Moral des Volkes aufzurichten. Vor allem veranlaßte er eine weitreichende religiöse Reform, durch die er die fremden Kulte, die zur Regierungszeit seines Vaters geduldet worden waren, beseitigen und den zentralen Tempelkult stärken wollte: »Er tat, was dem Herrn wohlgefiel . . . Er ist es, der die Heiligtümer abgeschafft, die Malsteine zertrümmert, die Aschera umgehauen . . . hat« *(2. Könige 18,3–4)*.

Der *tell* von Beerseba: »dreidimensionale« Archäologie in gewaltigem Umfang. Die drei langen Vorratshäuser oder »Ställe« sieht man rechts auf dem Bild. Im Hintergrund die ausgedehnten Quartiere des Ausgrabungsteams.

Einen sichtbaren Beweis für Hiskias Reformen hat vielleicht eine archäologische Ausgrabung jüngeren Datums erbracht, die an einem wichtigen Ort im Süden Judas, der biblischen Stadt Beerseba, durchgeführt worden ist. Beerseba war immer ein wichtiger Ort, die Hauptstadt eines höchst gefährdeten Grenzgebiets am Rand der Negebwüste, die eine der Grenzen des israelitischen Siedlungsgebietes markierte. Israel reichte »von Dan bis Beerseba«.

Die alte Stadt wird mit Tell es-Seba identifiziert, etwa fünf Kilometer östlich der modernen Stadt. Es ist ein besonders eindrucksvoller *tell*, massiv und sandbraun, mit einer einladenden Oase an seinem Fuß. Hier befindet sich der Ausgrabungsbezirk, den der verstorbene Professor Yohanan Aharoni von der Universität Tel Aviv errichtet hat, als er hier 1969 zu graben anfing.

Nach biblischen Aussagen haben sich hier schon seit der Patriarchenzeit Gemeinschaften versammelt, genauso wie es die Nomaden heute noch tun. Abraham soll hier einen Brunnen gegraben, einen Vertrag über die Wasserrechte geschlossen und eine heilige Tamariske gepflanzt haben *(1. Mose 21,25–33).* Auch sein Sohn Isaak grub hier Brunnen *(1. Mose 26,32–33).*

Auf dem Gipfel des *tell* restauriert man gerade unter Verwendung von eigens dafür hergestellten Lehmziegeln die königliche Festung, um dem Besucher eine Vorstellung davon zu vermitteln, wie sie in ihren großen Tagen ausgesehen hat. Es ist ein Experiment in eine Richtung, die man dreidimensionale Archäologie nennen könnte. Professor Aharoni starb 1976, bevor er sein Werk vollendet hatte, doch es wird von seinen engsten Mitarbeitern voller Enthusiasmus weitergeführt; zu ihnen gehört Professor Anson Rainey von der Universität Tel Aviv und dem »American Institute of Holy Land Studies in Jerusalem«. Beerseba eignet sich besonders gut für ein solches Restaurationsprojekt; als die biblische Stadt durch Feuer verwüstet wurde, blieb ihr Grundriß in seiner wesentlichen Gestalt unter den zusammengestürzten Lehmziegelmauern erhalten. So war es möglich, eine genaue Vorstellung vom ehemaligen Stadtplan zu gewinnen: von den Straßen, Häusern, dem Verwaltungsviertel, den Lagerhäusern und Toren Beersebas. Ein ganzer Abschnitt davon, die eigenartige Rund- oder Ringstraße, die an der Innenseite der Mauern um die Stadt herumführte, wird vielleicht auf Dauer restauriert werden.

Die Ausgrabung gab in mancherlei Hinsicht Anlaß zu Kontroversen. In der Nähe des Tores hat man drei große Lagerhäuser ausgegraben, die den Ställen von Megiddo auffallend ähnlich sehen. Sie zeigten die gleiche Kombination von Mittelgängen, »Boxen« und »Löchern für Haltestricke« in einigen Säulen. Aber sie waren mit Vorratskrügen und Töpfen gefüllt. Es waren offensichtlich Lagerhäuser für die Truppen gewesen. Dieser Fund hat die Mitarbeiter Aharonis an Dr. Yadins Deutung der Gebäude in Megiddo als Ställe zweifeln lassen (vgl. Kap. 9). Dr. Rainey ist der Ansicht, daß im Mittelgang mit seinen Steintrögen an beiden Seiten die Esel angebunden waren, während sie beladen wurden. Dr. Yadin gibt zu, daß die Gebäude vielleicht in einem späteren Stadium als Lager verwendet worden sind, besteht aber darauf, daß sie ursprünglich als Ställe gedacht waren. Der Streit ist noch nicht beendet.

Die heftigsten Debatten löste jedoch ein sehr großer und eindrucksvoller Hörneraltar aus, den man innerhalb dieses Lagerhauskomplexes gefunden hat. Man hatte ihn 1973 entdeckt, aber keineswegs in heilem Zustand: seine geglätteten Quadersteine waren abmontiert und ganz bewußt wiederverwendet worden, um einen Abschnitt des Eingangs in einem der Lagerhäuser zu repa-

Beerseba: Figurine einer Göttin aus der israelitischen Schicht.

Beerseba: die Hörneraltar nach seiner Rekonstruktion.

rieren. Drei der vier Altarhörner waren nebeneinander in der Mauer angeordnet. Als der Altar wieder zusammengesetzt worden war, hatte er eine Höhe von 157 Zentimetern. Die Ausgräber nahmen an, daß der Altar zu einem Tempel gehört hatte, der auf Befehl Hiskias niedergerissen wurde; denn dieser wollte den gesamten Kult auf den Jerusalemer Tempel konzentrieren und verbot alle Lokalheiligtümer.

Aber wann wurde der Altar abmontiert? Das hängt davon ab, wann die Stadt, zu der die Lagerhäuser gehörten, niederbrannte. Aharoni war davon überzeugt, daß sie im Jahre 701 v. Chr. anläßlich der Invasion Sanheribs in Juda zerstört wurde, die uns noch beschäftigen wird. Yadin ist dagegen der Ansicht, daß sie bei der babylonischen Invasion im darauffolgenden Jahrhundert zerstört wurde (vgl. Kap. 11). In diesem Fall wäre der Altar während der Regierungszeit eines anderen wichtigen religiösen Reformers, König Josias (640–609 v. Chr.), in die Mauer eingebaut worden. Es ist ein komplizierter Streit, der von der Datierung gewisser Keramikformen und der aufeinanderfolgenden Stadtmauern abhängt und der zur Zeit noch nicht gelöst ist.

Für Juda war ein assyrischer Angriff während Hiskias Regierungszeit immer eine bedrohliche Möglichkeit. Seine religiösen Reformen, unterstützt von dem gewaltigsten der klassischen hebräischen Propheten, Jesaja, setzten eine beträchtliche nationale Bewegung frei, die das Land immer mehr der Rebellion entgegentrieb, obwohl Jesaja nicht müde wurde, die Torheit einer solchen selbstmörderischen Politik anzuprangern. Sargon II. von Assy-

Beerseba: Ausgrabung des langen Vorratshauses. In der Mitte des Bildes der Mittelgang, an dessen Seiten Steine stehen, die die Gelehrten bei den Ausgrabungen in Megiddo als Pfosten interpretiert haben, an denen Pferde angebunden worden sind.

rien war unter anderem damit beschäftigt, sich eine prächtige neue Hauptstadt in Chorsabad, etwas östlich von Mossul, zu bauen. Deportierte aus Samaria – so ist es uns überliefert – arbeiteten am Bau des Palastes. Die Stadt war 706 v. Chr. vollendet, und Sargon bezog hier seine Residenz. Im folgenden Jahr starb er jedoch auf einem Feldzug in ferne Länder, und aus irgendeinem Grund gab sein Nachfolger Sanherib (704–681 v. Chr.) die Hauptstadt auf und zog statt dessen in das nahe Ninive. Ninive ist ein riesiger Ort und liegt genau gegenüber dem zentralen Mossul am anderen Flußufer. Es war von einer zwölf Kilometer langen Mauer mit nicht weniger als fünfzehn Torgängen umgeben. Die Mauer wird jetzt von irakischen Fachleuten restauriert, die ihre ruhmreiche Vergangenheit ein wenig wiederaufleben lassen wollen.

Wenn ein König starb, brachen gewöhnlich Revolten im ganzen Reich aus, bis sich der neue Herrscher durchgesetzt hatte. Hiskia schloß sich nach dem Tode Sargons II. – Jesajas Unheilprophezeiungen zum Trotz – der Erhebung an. Sanherib brauchte drei Jahre, um seine Position in Mesopotamien zu festigen, dann schlug er auch in Palästina zu.

»Die Assyrer kamen herab wie der Wolf in die Schafherde, und ihre Kohorten glänzten von Purpur und Gold.«

Das zweite Königsbuch drückt das alles in einem einzigen freudlosen Vers aus: »Im vierzehnten Jahre des Königs Hiskia aber zog Sanherib, der König von Assyrien, wider alle festen Städte Judas heran und nahm sie ein« *(2. Könige 18,13)*. Sanheribs eigene Annalen sind ausführlicher: »Was Hiskia, den Juden, betrifft, so unterwarf er sich nicht meinem Joch. Ich belagerte sechsundvierzig seiner starken Städte, seiner ummauerten Festungen und dazu zahllose kleine Dörfer in ihrer Nachbarschaft und eroberte sie mit Hilfe von gut getretenen Rampen und Sturmböcken, die man herbeigebracht hat, durch den Angriff der Fußsoldaten, durch Minen, Breschen und auch durch Pionierarbeit . . . ihn selbst machte ich zum Gefangenen in Jerusalem, seiner königlichen Residenz« (Übersetzung nach *Ancient Near Eastern Texts*).

Schauplatz der entscheidenden Schlacht war die stark befestigte Stadt Lachis, einer der strategisch wichtigsten Orte im Hügelland Südpalästinas, auf halbem Weg zwischen Hebron und Askalon. Für Sanherib war die Belagerung und Plünderung der Stadt Lachis der Höhepunkt seines Feldzuges. Er machte sie zum Thema seiner großartigen Wandreliefs im wichtigsten Raum seines Palastes zu Ninive. Sie sind von Layard ausgegraben worden, und man kann sie jetzt im Britischen Museum bewundern. Alles ist außergewöhnlich lebendig dargestellt. Wir sehen die Rampen, die Sturmböcke, die Angriffe der Fußsoldaten, hingerichtete Gefangene, die an den Mauern aufgehängt sind, Verteidiger, die um Gnade flehen, und schließlich wie die Einwohner in die Sklaverei und ins Exil geführt werden. Dort sehen wir auch Sanherib selbst:

Das Sanherib-Prisma: hexagonale Tonsäule aus Ninive, die Sanheribs siegreiche Feldzüge beschreibt. Es enthält auch einen Bericht über die Belagerung Jerusalems zur Zeit König Hiskias.

Die Belagerung von Lachis (aus Ninive): Sturmböcke, von Bogenschützen gestützt, werden die Belagerungsrampen hinaufgerollt.

Er sitzt auf seinem Elfenbeinthron und sieht aus sicherer Entfernung zu, wie die Stadt in Flammen aufgeht. Die dazugehörige Inschrift besagt: »Sanherib, König der Welt, König von Assyrien, saß auf einem Elfenbeinthron und hielt Rückschau über die Beute von Lachis.« Es ist die anschaulichste Kriegsdokumentation, die man je in der Alten Welt gefunden hat.

Sie ist für uns heute doppelt wertvoll, denn archäologische Ausgrabungen in Lachis haben den Grundriß der Verteidigungsanlagen der Stadt freigelegt; er stimmt in allen Einzelheiten mit der Festungsanlage überein, die Sanheribs Künstler abgebildet haben. Wir können heute da stehen, wo der große König auf seinem Thron saß, in dreihundert Meter Entfernung, genau außerhalb der Schußweite. Heute steht hier eine Truthahnfarm. Wir können die Perspektive des Künstlers einnehmen und sehen auf der Seite des *tell* noch den Umriß einer Erdrampe, die die Assyrer gegen die Mauern aufgeworfen haben.

Der Ort, der als Tell ed-Duwer bekannt ist, wurde zum ersten Mal in den dreißiger Jahren durch den britischen Archäologen James L. Starkey ausgegraben, aber dieses Projekt fand ein jähes Ende, als er 1939 auf dem Weg nach Jerusalem von bewaffneten Banditen ermordet wurde. Die Ausgrabungen wurden erst wiederaufgenommen, als Dr. David Ussischkin von der Universität Tel Aviv 1973 eine Grabung großen Umfangs begann, die bis zu ihrem Abschluß noch mehrere Jahre brauchen wird. Man hat dabei zahlreiche Flächen in Angriff genommen, um einen Überblick über die vielen Stadien der Geschichte dieser Stadt zu gewinnen. Man hofft, den Ort einmal zu einem archäologischen Versuchs- und Ausstellungsgelände machen zu können. Aber das Hauptinteresse der Archäologen richtet sich gegenwärtig auf den Stadttor-Komplex, mit dessen Hilfe man die Stadtschicht einwandfrei identifizieren will, die durch Sanherib zerstört worden ist. Starkeys Ausgrabungen hatten dieses Problem noch nicht gelöst, und es hängt nun viel davon ab, die richtige Schichtenfolge herauszu-

Die Belagerung von Lachis: Sanherib auf seinem Elfenbeinthron; er sieht sich die Schlacht an und nimmt die Beute entgegen.

finden; denn wenn eine Schicht ganz sicher identifiziert werden kann, ergibt sich daraus ein absolutes Datum für den Festungs- und Keramikstil, der zu ihr gehört. Dies kann dann wiederum dazu benutzt werden, andere Plätze mit völliger Sicherheit zu datieren. Man hat eine letzte Zerstörungsschicht gefunden, die nach allgemeinem Konsens der babylonischen Invasion von 586 v. Chr. zugeordnet wird (vgl. Kap. 11). Unterhalb davon liegen Überreste einer noch größeren und mächtigeren Stadt, die durch einen so heftigen Brand zerstört worden ist, daß die Lehmziegel der Stadttürme so hart wie Zement gebrannt sind. Ist das die Sanherib-Schicht? Oder ist sie, wie einige Wissenschaftler glauben, das Ergebnis eines Feldzugs der Babylonier einige Jahre vor der endgültigen Zerstörung? Wenn das so wäre, müßte man weiter unten noch eine andere verkohlte Schicht finden, die auf die Zerstörung durch Sanherib zurückgeht. Bisher ist jedoch noch keine Spur davon entdeckt worden, und es sieht so aus, als sei diese Frage gelöst. Aber sie hat so weitreichende Folgen für die Datie-

Die Belagerung von Lachis: die Einwohner brechen zu ihrem langen Zug ins Exil nach Assyrien auf.

rung anderer Orte, daß Dr. Ussischkin lieber nicht darüber sprechen möchte, solange er noch nicht absolut sicher und seine These über jeden Zweifel erhaben ist.

Als Sanherib Lachis belagerte, zitterte ganz Juda; und alle, die dazu in der Lage waren, flohen in das sichere Jerusalem.

Diesen Schluß zieht man aus den gegenwärtigen Ausgrabungen am Berg Zion, die Dr. Magen Broschi, Kurator am »Schrein des Buches« im Israel-Museum, leitet. Er hat im Hof des armenischen Klosters in St. Saviou gegraben, das um das Haus herumgebaut ist, das dem Hohenpriester Kaiphas zugeschrieben wird und eben noch außerhalb des Ziontores von Jerusalem liegt. Überall, wo er grub, entdeckte er in der Grundgesteinsschicht Überreste israelitischer Häuser aus der Zeit um etwa 700 v. Chr. Er glaubt, daß sich die Bevölkerung und die Größe Jerusalems in diesem Zeitraum praktisch über Nacht verdreifacht haben. Die Stadt wuchs von etwa zwanzig Hektar auf etwa sechzig an und erhielt außerhalb der alten Stadtmauern großzügige neue Vorstädte. Dr. Broschi kann sich das nur durch plötzliche Wellen von Flüchtlingen erklären, die erst aus dem Königreich Israel kamen, das in den Jahren um 720 an die Assyrer fiel, und dann aus den Provinzen und Städten Judas, die von den Assyrern annektiert und zerstört wurden. Die alte Stadt Davids war einem solchen Ansturm nicht gewachsen und platzte aus den Nähten.

Dr. Broschis Funde haben den Argumenten der »Maximalisten« (es sind vor allem israelische Wissenschaftler) neue Nahrung

Lachis (Tell ed-Duwer): während der Ausgrabung im Torgebiet; man sieht die Grundmauern des typischen Salomonischen Tores mit seinen drei Kammern und den unterirdischen Abwasserkanal, der eine scharfe Kurve macht und zum Tor hinausläuft.

gegeben, die glauben, daß Jerusalem schon während der Monarchie zu einer Großstadt wurde. Laut Professor Avigad würde dies auch erklären, warum König Hiskia es für nötig hielt, eine neue, ausgedehnte Mauer um die Peripherie zu bauen. Die Bibel berichtet, Hiskia habe die Stadtmauer repariert und verstärkt, indem er Risse ausgebessert und Türme errichtet habe. Irgendwo hat er aber offenbar auch noch eine äußere Mauer errichten und Häuser niederreißen lassen, um Baumaterial für die Festung zu erhalten *(Jesaja 22,10)*. Da Hiskia ein Flüchtlingsproblem zu bewältigen hatte – und dafür sprechen die archäologischen Funde –, war dies das Klügste, was er tun konnte.

Der Siloah-Tunnel: etwa auf halbem Wege, man kann noch gut darin stehen.

Aber das war offenbar noch nicht alles. In diesem kritischen Augenblick der Stadtgeschichte, als das Schicksal Jerusalems an einem seidenen Faden hing, gelang Hiskia sein großartigstes Bauprojekt: die Konstruktion des berühmten Siloah-Tunnels. An allen möglichen Stellen spricht die Bibel davon, daß Hiskia den Wasservorrat der Stadt dadurch sicherte, daß er die alte Gihonquelle, durch die Davids Truppen einst die Stadt erobert hatten, absperrte und den Wasserfluß zu einem Reservoir innerhalb der Stadtmauern umleitete: ». . . wie er den Teich und die Wasserleitung gebaut und das Wasser in die Stadt geleitet hat . . .« *(2. Könige 20,20)*. »Hiskia war es auch, der den oberen Ausfluß des Gihon-Wassers zuschütten und dieses nach der Westseite der Davidsstadt hinunterleiten ließ« *(2. Chronik 32,30)*; ». . . und ihr faßtet die Wasser des untern Teiches; und einen Sammler machtet ihr zwischen beiden Mauern für die Wasser des alten Teiches« *(Jesaja 22,9–11)*.

Vor fast 150 Jahren entdeckte und untersuchte der amerikanische Orientalist Edward Robinson einen langen Tunnel, der von der Gihonquelle ausging und den man seitdem mit Hiskias Wasseranlage in Verbindung gebracht hat. Er war etwa 530 Meter lang und ziemlich eng, aber man konnte doch gut darin stehen (außer wenn er, wie zu Robinsons Tagen, mit Schlamm verstopft war). Er schlängelte sich in einer ausgeprägten S-Kurve durch das harte Gestein des Ophel-Hügels, bis er einen offenen Teich erreichte – wahrscheinlich den Siloah-Teich, mit dessen Wasser Jesus einen Blinden geheilt haben soll *(Johannes 9,1–12)*. Der Bau dieses Tunnels war ein einzigartiges Meisterstück; trotz der gekrümmten Linie (die möglicherweise auf irgendwelche geologischen Hindernisse im Fels zurückzuführen ist) war es möglich, daß zwei Gruppen von Tunnelgräbern, die von verschiedenen Seiten zu graben angefangen hatten, sich fast genau an einem Punkt trafen. Sie hielten ihre Leistung auf einer Inschrift fest, die sie in klassischem Hebräisch in die Felswand des Tunnels einritzten. 1888 wurde sie zufällig von einem herumstreunenden arabischen Jungen entdeckt, der ausrutschte und hinfiel, als er im Tunnel herumkletterte. Die Inschrift, die zunächst gestohlen, dann wiedergefunden und im Istanbul-Museum aufgestellt wurde, berichtet (der

Der Siloah-Tunnel: die hebräische Inschrift an der Stelle, wo die Tunnelarbeiter sich getroffen haben.

erste Teil scheint zu fehlen): ». . . als der Tunnel hindurchgebohrt wurde. Und dies war die Weise, in der er hindurchgegraben wurde: als noch . . . waren . . . Äxte, jeder auf seinen Kameraden zu, und als noch drei Ellen zu durchstoßen waren, hörte man die Stimme eines Mannes, der seinem Kameraden etwas zurief, denn dort war rechts und links eine Überschneidung im Fels. Und als der Tunnel durchgebohrt wurde, hauten die Steinbrecher den Fels heraus, jeder auf seinen Kameraden zu, Axt gegen Axt; und das Wasser floß in einer Länge von 1200 Ellen von der Quelle bis zu dem Sammelbecken, und die Höhe des Felsens über den Köpfen der Steinbrecher betrug 100 Ellen« (Übersetzung nach *Ancient Near Eastern Texts).*

Einen einzigen Haken hat diese Inschrift: Sie ist nur vierzig Meter vom gegenwärtigen Ausgang des Tunnels entfernt. Wenn sie wirklich genau den Punkt markiert, wo die beiden Gruppen von Tunnelarbeitern sich getroffen haben, fragt man sich, warum sie nicht irgendwo in der Mitte des Tunnels steht. Der ursprüngliche Tunnel muß daher erheblich länger gewesen sein.

Der ziemlich reizlose Wasserteich am gegenwärtigen Ausgang wird in allen Reiseführern zuversichtlich als »Siloah-Teich« angekündigt, obgleich er sehr wenig an »des kühlen Siloahs schattiges Rinnsal« erinnert, das der Hymnus preist. Tatsächlich ist dieser Teich auch nicht der ursprüngliche Teich von Siloah. Er wurde erst im 5. Jahrhundert n. Chr. geschaffen.

Dr. David Ussischkin hat jüngst eine neue Studie über die ursprüngliche Länge des Siloah-Tunnels veröffentlicht. Er hat ausgerechnet, daß die »Elle«, die in der Inschrift erwähnt wird, keine gewöhnliche Elle gewesen sein kann, sondern die längere »königliche« Elle von etwa 52,5 Zentimetern. Das hieße, daß der ursprüngliche Tunnel über 630 Meter lang gewesen wäre. Jenseits des heutigen Teiches ist eine Böschung, die man im Altertum herausgehauen hat, um einen größeren Abschnitt des Tunnels freizulegen. Als Dr. Ussischkin dann verschiedene Nebentunnel unten im Tal noch hinzuzählte, kam er auf eine Gesamtlänge von etwa 640 Metern für den ursprünglichen Tunnel.

Wenn sich aber der ursprüngliche Siloah-Teich weiter unten im Kidrontal befand, dann entsteht ein noch größeres Problem: Denn dann hat er offenbar *außerhalb* der Stadtmauern gelegen!

Ich habe den recht geistreichen Vorschlag eines Gelehrten gehört, der darauf hinausläuft, daß der Tunnel überhaupt nichts mit den Verteidigungsvorbereitungen gegen eine zu erwartende assyrische Belagerung zu tun hatte – der betreffende biblische Text sei nur eine Glosse gewesen, die biblische Kommentatoren später hinzufügten und die wiederum auf einer volkstümlichen Legende beruhte. In Wirklichkeit handele es sich um einen Kanal, der das Wasser von der Gihonquelle zu einem Zierteich in einem königlichen Park oder sogar einem königlichen Zoo außerhalb der Mau-

Rechts oben: Dr. Gus van Beek gräbt im Haus des Statthalters in Tell Dschemme ein unzerstörtes Stück assyrischen Palastgeschirres aus.

Rechts unten: Tell Dschemme. Die Vorderseite des *tell* ist durch Wasserfluten unterspült und ausgewaschen. An der Kante des Hügels sieht man das Ausgrabungsgebiet beim Haus des Statthalters.

Unten: Der heutige Siloah-Teich am Ausgang des Tunnels. In Wirklichkeit ist er im 5. Jahrhundert n. Chr. gebaut worden.

Links oben: Der Löwe von Babylon: riesige Skulptur aus der Zeit Nebukadnezars, die einen Löwen abbildet, der über einem liegenden Menschen steht.

Links unten: Babylon: Grundmauern, die vielleicht die Basis für die legendären Hängenden Gärten gebildet haben. In einem dieser Kellerräume hat man das Verwaltungsarchiv gefunden, in dem das Exil König Jojachins von Juda erwähnt war.

ern der Davidsstadt leiten sollte, dem Königsgarten, auf den sich spätere Kommentatoren beziehen. Man könne daran ersehen, wie man in Jerusalem mit den königlichen Nachbarn Schritt halten wollte, denn Sanherib von Assyrien hatte ebenfalls mit riesigem Aufwand seine Stadt verschönert und gewaltige Viadukte gebaut, um sie mit Wasser zu versorgen.

Es ist dies gewiß ein anregender Gedanke, aber die meisten Archäologen, die hier arbeiten, glauben doch lieber mit Dr. Broschi, daß der Teich von Siloah innerhalb der Stadtmauern gelegen haben muß. Keine Spur von einer Stadtmauer ist jedoch an dieser Stelle gefunden worden, und Miss Kathleen Kenyon, die das Gebiet ausgegraben hat, ist überzeugt, daß die Mauer beim Heraushauen der Böschung zerstört worden ist. Dennoch sind Wissenschaftler wie Dr. Broschi überzeugt, daß die Mauern irgendwo weiter unten im Tal gestanden haben müssen, einfach deshalb, weil es sich so vollkommen logisch aus den bisherigen Ergebnissen ergibt. Er kann nur hoffen, daß sie eines Tages auf irgendeine Weise von Archäologen gefunden werden.

Wie immer es in Wirklichkeit gewesen sein mag, »Hiskias Tunnel« mußte sich niemals bewähren. Hiskia, so berichtet die Bibel, versuchte zunächst, durch die Zahlung großer Mengen von Gold und Silber verschont zu bleiben. Damit war der Staatsschatz aufgezehrt und der Tempel seines letzten Goldes und Silbers beraubt. Sanherib war damit jedoch nicht zufrieden; er verlangte bedingungslose Unterwerfung. Doch nun weigerte sich Hiskia, dem Jesaja heftig zugesetzt hatte, nachzugeben. Und als Sanherib gegen Jerusalem vorgehen wollte, »ging der Engel des Herrn aus und erschlug im Lager der Assyrer 185 000 Mann. Und am anderen Morgen frühe, siehe, da waren sie alle tot, lauter Leichen. Da brach Sanherib, der König von Assyrien, auf und zog hinweg, kehrte heim und blieb in Ninive« *(2. Könige 19,36)*.

Der Grund für seine Abreise klingt so, wie ihn die Bibel schildert, verdächtig legendär. Wie dem auch sei, er kehrte nach Ninive zurück, und Jerusalem war gerettet. Aber der assyrische Zugriff nach Palästina lockerte sich nicht. Nach Sanheribs Tod (er wurde 680 v. Chr. von zwei Söhnen meuchlings ermordet, als er gerade im Tempel zu Ninive betete) folgte ihm sein jüngster Sohn nach, der energische Asarhaddon (680–669 v. Chr.). Unter Asarhaddon sollte das assyrische Reich gewaltigere Ausmaße erreichen als je zuvor: Er eroberte Ägypten. 671 v. Chr. verwirklichte Asarhaddon diesen ehrgeizigen Plan, und Unterägypten fiel in die Gewalt der Assyrer.

Zur Vorbereitung dieser Invasion gehörte auch die Eroberung der Stadt »Arza nahe dem Bach Ägyptens«. Dieses Arza, die alte kanaanitische Stadt Yrza, die in ägyptischen Quellen erwähnt wird, wurde mit dem Ort Tell Dschemme identifiziert, der etwa zehn Kilometer südlich von Gaza am Südufer des Flusses Besor liegt, eine der Grenzstationen zwischen Palästina und Ägypten.

Plan des Siloah-Tunnels.

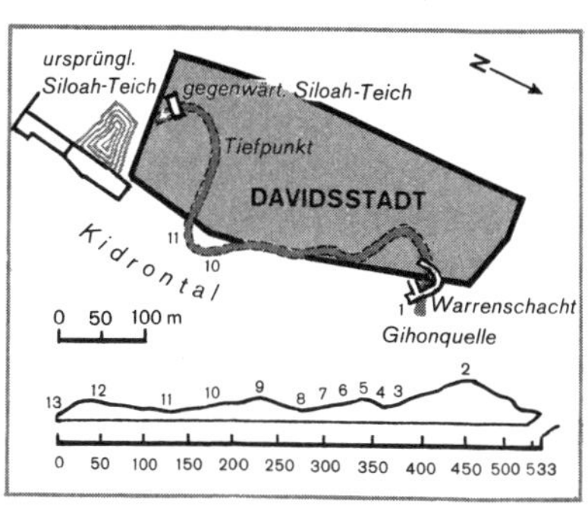

Tell Dschemme wird seit 1970 von einer amerikanischen Expedition unter der Leitung von Dr. Gus van Beek, dem Kurator für die Archäologie der Alten Welt an der »Smithsonian Institution« in Washington, ausgegraben. Dabei hat sich überraschend deutlich gezeigt, daß der Ort im ersten Viertel des 7. Jahrhunderts v. Chr. ein höchst wichtiges Militär- und Verwaltungszentrum der Assyrer war, das Sprungbrett für die Eroberung Ägyptens. Dr. van Beek ist für seine beispielhafte Sorgfalt reichlich belohnt worden: Unter fünfzehn Metern Siedlungsschutt hat er ein großes Gebäude mit mindestens sechs Räumen gefunden. Es besaß Tonnengewölbe aus Lehmziegeln, die in vier Räumen noch in der alten Position zu sehen sind.

Diese Technik kannte man schon von archäologischen Stätten Assyriens, doch innerhalb Israels war es ein einzigartiger Fund. Trotz der Zerbrechlichkeit dieser Gewölbe hat Dr. van Beek es fertiggebracht, sie am Ort zu lassen und auf Dauer zu erhalten. Die Zimmer stellten wahrscheinlich die Kellerräume der Residenz des Militärkommandanten dar, außerdem hat man in den Räumen auch reichliche Mengen von feinem, weißlichem »Assyrischem Palastgeschirr« gefunden – so nennt man das Dinnerservice für den Palast, wie es an den königlichen Tafeln von Ninive und Nimrud benutzt worden ist. In Tell Dschemme muß ein Armeekommandeur von höchstem Rang gewohnt haben.

An diesem Punkt der Geschichte war die Macht des neuassyrischen Reiches auf ihrem Gipfel angelangt: ein gewaltiges Reich, das das ganze Gebiet von Mesopotamien bis Ägypten umfaßte und das von den unterworfenen Völkern gehaßt und gefürchtet wurde. Der Staat Israel war ausgelöscht. Der Staat Juda führte nur noch ein Schattendasein; seine Provinzen unterstanden der assyrischen Herrschaft, seine Könige waren Vasallen des assyrischen Thrones. Den Ehrenplatz im Jerusalemer Tempel mußte sich Jahwe wieder einmal mit assyrischen Göttern teilen.

Und doch sollte es nur fünfzig Jahre dauern, bis das scheinbar unbesiegbare assyrische Reich zusammenbrach und beinahe über Nacht aus der Geschichte verschwand. Juda war noch eine kurze Frist der Unabhängigkeit gegönnt. Aber die neue Großmacht, die Assyrien zerstörte, sollte noch schrecklicheres Unglück über die Kinder Israel bringen als selbst die Assyrer: die Zerstörung Jerusalems und seines Tempels und die Jahre der Gefangenschaft an den Strömen Babylons.

11 An den Strömen Babylons

»An den Strömen Babels, da saßen wir und weinten, wenn wir Zions gedachten; an die Weiden im Lande hängten wir unsre Harfen. Denn dort hießen uns singen, die uns hinweggeführt, hießen uns fröhlich sein unsre Peiniger: ›Singt uns eines von den Zionsliedern!‹« *(Psalm 137,1–3)*

Von allen Psalmen hat mich dieser schon immer besonders ergriffen – wenn man sich vorstellt, wie da ein Volk in der Verbannung von seinen Feinden gezwungen wurde, fröhliche Lieder aus der Heimat zu singen, und doch ständig an das verlorene Jerusalem dachte! Nicht etwa, daß man Jerusalem mit seinen engen Stadtvierteln und schmalen Gäßchen in irgendeiner Hinsicht dem gleißenden Überfluß Babylons im 6. Jahrhundert v. Chr. zur Seite stellen könnte. Schließlich war Babylon damals die größte und prächtigste Metropole der Welt. Doch gerade dies konnten die hebräischen Schriftsteller niemals vergeben oder vergessen. So wurde »Babylon« für sie regelrecht zum Inbegriff für Luxus und wilde Ausschweifungen: »Das große Babylon, die Mutter der Buhlerinnen und der Greuel der Erde« lautet das vernichtende Urteil des Johannes in seiner Offenbarung.

Der Schock des babylonischen Exils, so kurze Zeit es in Wirklichkeit auch dauerte – von 586 bis 538 v. Chr., also weniger als ein halbes Jahrhundert –, hat das Judentum wohl tiefer erschüttert und nachhaltiger geprägt als jedes andere Ereignis in der Geschichte dieses Volkes. Denn dort an den Strömen Babylons waren die Israeliten gezwungen, jene unangenehmen Erfahrungen zu verarbeiten, die ihre Stellung als »auserwähltes Volk« mit einer einzigartigen Beziehung zu Gott mit sich brachte. Dort mußten sie sich eine neue Weltanschauung und eine neue Theologie zurechtschmieden; dort mußten sie ihre Stellung in der Geschichte neu verstehen lernen. Und eben dort an den Strömen Babylons scheint auch ein großer Teil der Bibel verfaßt oder doch zumindest angeregt worden zu sein.

Babylon und Babylonien konnten schon auf eine weit längere und ereignisreichere Geschichte zurückblicken als das Volk Israel, dessen Deportierte dort im Jahre 586 v. Chr. eintrafen. Das alte Babylon liegt im heutigen Irak, in der Nähe der Stadt Hilleh etwa 115 Kilometer südlich von Bagdad am Mittleren Euphrat. In der Frühzeit, als im 4. und 3. Jahrtausend Sumer und Akkad auf der Höhe ihrer Macht standen, war Babylon nur ein unscheinbares

Dorf, das eng an das Ostufer des Euphrat angeschmiegt dalag. So ohne jede Bedeutung blieb der Ort noch bis zum Beginn des 2. Jahrtausends. Zu dieser Zeit – die Dritte Dynastie von Ur war inzwischen zusammengebrochen (vgl. Kap. 2) – wurde Nordmesopotamien von Westen her von semitischen Einwanderern aus Amurru (den biblischen Amoritern) überrollt. Diese Eindringlinge machten Babylon zu ihrer neuen Hauptstadt. Mehrere kriegerische Herrscher versuchten nacheinander, Babylon gegenüber den benachbarten Stadtstaaten Geltung zu verschaffen, doch gelang es Babylon erst unter Hammurabi, dem sechsten König in dieser neuen Dynastie, die Vormachtstellung in Mesopotamien zu erringen. Dies war der eigentliche Beginn des babylonischen Großreichs.

Unter Hammurabi ging es Babylon kulturell und wirtschaftlich außerordentlich gut. Der Tempelkult war streng zentral organisiert und unterstand der Schutzherrschaft des Stadtgottes Marduk (er entspricht dem Wettergott Baal). Eine einzigartige Blütezeit erlebte Babylon damals auch auf dem Gebiet der Dichtung und der Wissenschaft mit all ihren verschiedenen Zweigen: Astronomie, Mathematik, Algebra, Astrologie, Magie. Aus dieser Epoche stammen die babylonischen Fassungen alter mythologischer Epen, z. B. die Schöpfungs- und die Sintflutgeschichte. Doch war die vielleicht bedeutendste, gewiß aber berühmteste Leistung der Regierung Hammurabis sein Gesetzescodex, den er offenbar schon früh in seinem Reich verbreiten ließ. Das Original ist auf einer über zwei Meter hohen Tafel aus schwarzem Diorit erhalten, die auf ihrer Vorder- und Rückseite mit vierunddreißig horizontalen Spalten in Keilschrift beschrieben ist. Plünderer hatten die Stele zur Zeit des Niedergangs Babylons als Kriegstrophäe weggeschleppt. Sie wurde im Jahre 1902 in drei großen Bruchstücken an der Stätte des alten Susa im Iran (biblisch Schuschan) von dem französischen Archäologen Jaques de Morgan ausgegraben und befindet sich heute im Pariser Louvre.

Hammurabi von Babylon: Links sieht man den König, wie er sein Amt als Gesetzgeber vom Sonnengott Schamasch empfängt. Ausschnitt aus dem Gesetzescodex des Hammurabi aus Susa.

Eine Skulptur am oberen Ende der Stele zeigt Hammurabi, dem gerade der Sonnengott Schamasch, der mächtige Gott des Rechtes, das Amt eines Gesetzgebers überträgt. Genauso haben sich später die Verfasser der Bibel die Szene vorgestellt, bei der Mose am Berg Sinai von Jahwe die Gesetzestafeln empfing. Hammurabis Codex ist weder die älteste uns bekannte Gesetzessammlung, noch war sein Inhalt damals neu und revolutionär. Es handelt sich vielmehr um eine Neuformulierung von Rechtstraditionen, die weit bis ins 3. Jahrtausend zurückreichen. In den letzten dreißig Jahren sind drei ältere Gesetzescodices mit einer Reihe von Gesetzen, die denen Hammurabis ähnlich sind, gefunden worden. Der älteste davon geht auf Ur-Nammu, den Gründer der Dritten Dynastie von Ur, zurück (vgl. Kap. 2).

Hammurabis Codex enthält über 250 Gesetze, umrahmt von einem ausführlichen Prolog und Epilog. Sie behandeln ein breites

Spektrum von Problemen aus dem sozialen und ethischen Bereich: Rechtssprechung, falsches Zeugnis, Handelsgeschäfte, Vergehen gegen das Eigentum, gegen die Person, Schutz des Besitzes, Lehensverpflichtungen, Heirat, Ehebruch, Inzest, Scheidung, Mord, Erbschaft, Verleumdung, Lohnwesen und Sklaverei. Was unter den biblischen Wissenschaftlern den größten Aufruhr verursachte, als ihnen zum erstenmal eine Übersetzung des Gesetzescodex vorlag, waren die Parallelen zu einigen von Moses Gesetzen. Da man viele Ähnlichkeiten, aber auch viele Unterschiede feststellen kann, haben die Gelehrten endlose Debatten darüber geführt, in welchem Ausmaß das Mosaische Gesetz von Rechtssätzen, die man in altmesopotamischen Gesetzescodices wie dem Hammurabis gefunden hat, formal oder inhaltlich beeinflußt ist. Die deutlichste Parallele stellt dabei vermutlich die biblische Forderung nach Vergeltung »Auge um Auge« dar. Bei Hammurabi steht (Gesetze 196,197): »Wenn ein Vornehmer einem Angehörigen des Adels ein Auge ausgeschlagen hat, so sollen sie ihm ein Auge ausschlagen. Wenn er einem Vornehmen den Knochen gebrochen hat, so sollen sie ihm den Knochen brechen.« Der gewaltigen Mosaischen *lex talionis*, dem Gesetz von der Vergeltung, scheint genau dies Konzept zugrunde zu liegen: »Leben um Leben, Auge um Auge, Zahn um Zahn, Hand um Hand, Fuß um Fuß« *(5. Mose 19,21)*.

Ebenfalls zur Zeit Hammurabis wurde Babylons erste Zikkurat gebaut, ein Stufenturm, der im südlichen Teil von Hammurabis Stadt stand. Von dieser Stadt ist so gut wie nichts für den Spaten des Archäologen übriggeblieben, da in den folgenden Jahrhunderten der Grundwasserspiegel gestiegen ist und man infolgedessen nicht weit in die Tiefe graben kann. Außerdem ist ohnehin nicht viel von der Zikkurat erhalten. Sie wurde mehr als einmal zerstört und mehr als einmal von späteren Königen wieder aufgebaut und restauriert. Den letzten Versuch unternahm Alexander der Große, doch mußte er einsehen, daß eine solche Aufgabe sogar für einen Mann von seiner Tatkraft und seinen Reichtümern zu schwer war. Heute ist von dem Turm nur noch ein niedriger, rechteckiger Stumpf zu sehen, umgeben von einem künstlichen Graben.

Die Babylonier nannten den Turm Etemenanki, »Haus der Gründung von Himmel und Erde«. Es war ursprünglich ein Bau von gewaltigen Ausmaßen, mit einer Grundfläche von 100 Quadratmetern, einer Höhe von ungefähr 100 Metern und mit einem Tempel an der Spitze. Er stellte den Welt-Berg dar, auf dessen Gipfel die Gottheit, der höchste Stadtgott Marduk, thronte. Man glaubt, daß bei der biblischen Erzählung vom Turm zu Babel, den die Nachkommen Noahs errichteten, die Vorstellung von eben dieser babylonischen Zikkurat im Hintergrund steht: »Es hatte aber alle Welt einerlei Sprache und einerlei Worte . . . und sie sprachen: ›Wohlan, laßt uns eine Stadt bauen und einen Turm, dessen Spitze bis an den Himmel reicht; so wollen wir uns ein Denkmal schaffen, damit wir uns nicht über die ganze Erde zerstreuen . . .‹ Und der Herr sprach: ›Siehe, sie sind *ein* Volk und haben alle *eine* Sprache. Und dies ist erst der Anfang ihres Tuns; nunmehr wird ihnen nichts unmöglich sein, was immer sie sich vornehmen. Wohlan, laßt uns hinabfahren und daselbst ihre Sprache verwirren, daß keiner mehr des anderen Sprache verstehe.‹ Also zerstreute sie der Herr von dort über die ganze Erde, und sie ließen ab, die Stadt zu bauen. Daher heißt ihr Name Babel, weil der Herr daselbst die Sprache aller Welt verwirrt und sie von dort über die ganze Erde zerstreut hat« *(1. Mose 11,1–9)*.

Diese Geschichte ist recht eigenartig, denn es sind darin offenbar zwei voneinander unabhängige Erzählungen verarbeitet. Das Wort »Babel« heißt zunächst »Tor Gottes«, Bab-El, und von daher handelt es sich bei der Erzählung zweifellos um eine Ätiologie. Sie wollte erklären, warum in mesopotamischen Städten diese merkwürdigen Zikkurate standen, die man in Palästina nicht kannte: Die Menschen hätten sie nur darum gebaut, um mit ihrer Hilfe hoch hinauf bis in den Himmel zu gelangen. Aber Gott hätte sie für ihre Anmaßung bestraft und die Menschheit über die ganze Erde verstreut. Der andere Teil der Geschichte will die Sprachverwirrung auf der Welt erklären. Er hängt wenig mit der Babel-Erzählung zusammen, im Grunde nur dadurch, daß das hebräische Wort für »verwirren« *balal* heißt. Nun lesen wir seltsamerweise im altbabylonischen Mythos von der Sintflut, die Götter hätten darum die große Überschwemmung geschickt, weil sie all des Geschreis, das die Menschen machten, überdrüssig geworden seien – man fühlt sich in ganz verblüffender Weise an die biblische Babel-Geschichte erinnert! Und noch in einer anderen Hinsicht ist die Geschichte interessant, wenn wir danach fragen, wo und wann die Bibel geschrieben worden ist: Warum wählten die Redaktoren oder Verfasser der Bibel unter allen Zikkuraten in Mesopotamien ausgerechnet diese eine besondere Zikkurat in Babylon aus, um ihre Geschichte zu illustrieren? Vielleicht deshalb, weil sie die Anregung für das *1. Buch Mose* und die anderen Bücher des Pentateuchs während des babylonischen Exils empfangen haben?

Babylon spielte in der Zeit zwischen Hammurabi und dem Babylonischen Exil der Israeliten nur eine unbedeutende Rolle auf der Weltbühne. Das altbabylonische Reich erlebte nach Hammurabis Tod (vielleicht um 1700 v.Chr) eine Zeit des Niedergangs und brach völlig zusammen, als Babylon im Jahre 1530 v.Chr. von einem Hethiterheer aus Anatolien überwältigt wurde. Fast tausend Jahre lang stand es unter der Vorherrschaft seiner mächtigeren Nachbarn, besonders Assyriens. Es gab hin und wieder Versuche, die babylonische Unabhängigkeit wiederzugewinnen; aber nach einer Reihe von Aufständen gegen Sargon II. von Assyrien und seinen Sohn Sanherib am Ende des 8. Jahrhunderts v.Chr. wurde Babylon im Jahre 689 v.Chr. von Sanherib brutal

Assurbanipal, König von Assyrien: eine steinerne Stele aus Babylon, die den König zeigt, wie er feierlich mit dem Wiederaufbau eines Tempels beginnt.

zerstört. »Ich traf es härter als eine Flut«, prahlte dieser in seinen Inschriften, nachdem er Babylons Einwohner niedergemetzelt und seine Tempel dem Erdboden gleichgemacht hatte. Die Stadt und ihr großer Marduk-Tempel wurden von Sanheribs Nachfolgern, dem ehrgeizigen Asarhaddon und Assurbanipal (668–627 v. Chr.) wiederaufgebaut, und in der Mitte des 7. Jahrhunderts v. Chr. wuchs Babylon allmählich zu einer selbständigen Großmacht heran.

Assurbanipal erwies sich als der letzte große König des neuas-

Das Allerheiligste des israelitischen Tempels in Arad. Zwei Räucheraltäre stehen an den Seiten der Stufen. Es ist im Israel-Museum in Jerusalem wiederaufgebaut worden.

syrischen Reiches. Die Eroberung Ägyptens hatte Assyriens Reserven aufs äußerste strapaziert, ja im Grunde überstrapaziert. Assurbanipal konnte während seiner langen Regierungszeit nur deshalb noch den größten Teil seines Reiches zusammenhalten, weil er die Feinde an seinen Grenzen schonungslos bekämpfte; doch sobald er gestorben war, begann das mächtige Gebäude zu wanken.

Als sich die assyrische Herrschaft auflöste, gewann das Königreich Juda seine Unabhängigkeit wieder. König von Juda war zu dieser Zeit Josia (640–609 v. Chr.); die Bibel schätzt ihn als beachtlichen religiösen Reformer in der Art seines Urgroßvaters Hiskia. Mit seiner Regierung setzte ein letztes Zwischenspiel ein, bevor das Königreich endgültig zusammenbrach. Es gibt Anzeichen dafür, daß es ihm sogar gelang, einen gewissen Einfluß auf die assyrische Provinz Samaria zu gewinnen, den kümmerlichen Rest des alten Königreichs Israel. Man will materielle Zeugnisse von Josias Religionsreformen in der biblischen Zitadelle Arad in Südjuda gefunden haben, das etwa dreißig Kilometer nordöstlich von Beerseba die Hauptstraße nach Edom beherrscht. Arad wurde in den sechziger Jahren von Professor Yohanan Aharoni ausgegraben. In der nordwestlichen Ecke der Zitadelle entdeckte er Ruinen, die er als einen großen israelitischen Tempel interpretierte – der älteste israelitische Tempel, den die Archäologie bis heute entdeckt hat. Er wurde während der Salomonischen Periode im 10. Jahrhundert v. Chr. gebaut und war sicher ein Ort von beträchtlicher Bedeutung, denn er beanspruchte innerhalb der massiven, schwer befestigten Zitadelle einen großen Anteil des vorhandenen Raumes.

Vieles in diesem Heiligtum erinnert an den Jerusalemer Tempel. Das Allerheiligste im Westen erreichte man über drei Stufen, auf denen zwei steinerne Räucheraltäre standen. Innen waren eine gepflasterte Plattform *(bama)* und eine etwa einen Meter hohe und rot bemalte steinerne Säule *(masseba)* errichtet. Im Hof stand ein großer Altar für Brandopfer, der aus Erde und unbehauenen Steinen gebaut und etwa 2,5 Quadratmeter groß war. Dieser Tempel wurde gegen Ende des 7. Jahrhunderts, der letzten Phase, in der Israeliten die Zitadelle besiedelt hatten, absichtlich überbaut. Direkt durch den Hauptraum des Tempels wurde eine dicke Mauer gelegt, und darin sieht man ein Beispiel dafür, wie auf Josias Befehl Provinzheiligtümer und -kultzentren geschlossen worden sind, weil er den Kult ausschließlich auf den Jerusalemer Tempel beschränken wollte.

Etwa 200 Ostraka (beschriebene Keramikscherben) aus verschiedenen Epochen vom 10. bis zum 7. Jahrhundert hat man an diesem Platz gefunden. Eines der spätesten ist eine eindringliche militärische Anweisung, die die Bedrängnisse jener Zeit widerspiegelt. Die Edomiter, die alten Feinde im Süden Judas, waren in Bewegung; sie streiften an den Grenzen entlang und warteten

Ostrakon aus Arad: dieser Brief erwähnt den Tempel als »Haus Gottes«.

nur darauf, daß Juda fiel. Der Verfasser des Briefes erkannte die Gefahr: »Siehe, ich habe ausgesandt, dich heute zu warnen: bring die Männer zu Elisa in Ramoth-Negeb, damit der Stadt nichts geschieht, damit Edom nicht dahinkommt!«

Doch vergeblich – Judas Freiheit sollte nach dem Todeskampf des assyrischen Reiches nur von kurzer Dauer sein. Im Jahre 626 v. Chr. erhob sich Babylonien und stellte seine Unabhängigkeit wieder her. Zugleich rottete sich an den Ostgrenzen des Reiches ein schrecklicher neuer Feind zusammen: die Meder im Iran. 614 v. Chr. stürmten die Meder die alte assyrische Hauptstadt Assur, und Meder und Babylonier zogen zusammen nach Norden, den Tigris hinauf, und drangen bis nach Ninive vor. 612 fiel Ninive und wurde völlig zerstört; die unterworfenen Völker atmeten auf. Innerhalb von drei Jahren war jeder Funke von Widerstand ausgelöscht, und Assyrien verschwand für immer aus der Geschichte. Von diesen Vorgängen wurde in jenem Jahr 609 v. Chr. aber auch Juda betroffen, als König Josia versuchte, eine ägyptische Armee daran zu hindern, durch Palästina gen Norden zu ziehen, um den letzten belagerten Assyrern zu helfen. Er griff die Ägypter bei Megiddo an, dem Schauplatz so vieler verhängnisvoller Kämpfe, wurde aber geschlagen und getötet.

604 v. Chr. bestieg nach König Nabopolassar von Babylon, dem Gründer des neubabylonischen Reiches, dessen berühmter Sohn den Thron: Nebukadnezar – oder Nebukadrezar, um ihn nach neuester wissenschaftlicher Mode korrekt beim Namen zu nennen. Nebukadnezar war ein hervorragender Krieger, Sprößling einer neuen semitischen Dynastie in Mesopotamien, der sogenannten Chaldäer (daher der biblische Name »Ur in Chaldäa«). Er vertrieb binnen kurzer Zeit die ägyptische Besatzung aus Syrien. Dann begann er, Babylon zu verschönern und zur prächtigsten Stadt der Welt zu machen.

Nebukadnezars Stadt war sehr groß, sie bedeckte eine Fläche von fast 2,6 Quadratkilometern. Ursprünglich floß der Euphrat mitten durch sie hindurch, aber der Fluß hat sich seitdem weiter westwärts verlagert und säumt heute die Ruinen der Stadt. Der Ort wurde zwischen 1899 und 1917 von einer Expedition der »Deutschen Orientgesellschaft« unter Leitung des Architekten Robert Koldewey intensiv ausgegraben. Dabei wurden verschiedene Flächen gesäubert. Bis heute sieht Altbabylon jedoch für den unbefangenen Zuschauer wie ein Bombengelände aus, ein Chaos von Hügeln und Ruinen, zwischen denen immer wieder einzelne Denkmäler stehen. Aber die irakischen Fachleute haben jetzt ein langfristiges Restaurationsprogramm in Angriff genommen, das sich in den kommenden Jahren für die Besucher reichlich bezahlt machen soll.

Nebukadnezar legte breite Durchfahrten und Prachtstraßen an, die mit Ziegeln und Asphalt gepflastert waren und von prächtigen Gebäuden gesäumt wurden. Am eindrucksvollsten war die große

Prozessionsstraße, die durch das Ischtar-Tor mit seinen zwei Paar Türmen hindurchführte. Darauf waren auf einem Ziegelrelief mit einem Untergrund von blauglasiertem Emaille abwechselnd Reihen von Wildochsen und Drachen dargestellt. Dieses Tor wurde von Koldewey abmontiert und in Berlin wiederaufgestellt, aber in Babylon kann man noch die unteren Abschnitte des Torgangs bewundern, die später ausgegraben und *in situ* belassen worden sind.

Die Hängenden Gärten von Babylon, eines des sieben Weltwunder der Antike, waren ebenfalls Nebukadnezars Werk. Angeblich wollte er damit seiner Frau, die aus dem Gebirge kam, helfen, sich in der Stadt leichter zu Hause zu fühlen. Nahe beim Ischtar-Tor grub Koldewey einen merkwürdigen, komplizierten Bau aus, offenbar mehrere Grundmauer- oder Fundamentkeller; er interpretierte das Ganze als Kellergewölbe für den Unterbau der Hängenden Gärten, denen ein Brunnen am Boden Wasser spendete. Niemand ist ganz sicher, wie die Hängenden Gärten konstruiert waren, ob auf aufgebauten Veranden oder auf einer Mini-Zikkurat, mit deren Hilfe der Eindruck von aufgehängten Blattpflanzen erweckt werden sollte. Wenn man aber auch nicht genau weiß, ob dies ihr Unterbau war, so gelang den deutschen Ausgräbern doch ein viel eindeutigerer und bedeutenderer Fund zwischen den Ruinen. Es war ein kleines Verwaltungsarchiv aus der Zeit Nebukadnezars, das in einem der Keller lag. Es enthielt insgesamt nur ungefähr 200 Täfelchen, aber vier von ihnen beziehen sich direkt auf die Rationen von Korn und bestem Sesamöl, die für einen gewissen Jojachin, den König des Landes Juda, zur Verfügung standen: »Zehn Sila Öl (etwa acht Liter) für Jojachin, König des Landes Juda. Zweieinhalb Sila Öl für die Söhne des Königs von Juda. Vier Sila für acht Männer von Juda . . .«

Da sind wir auf einmal wieder bei der biblischen Überlieferung angelangt; wir wissen nämlich aus der biblischen Erzählung und aus zeitgenössischen babylonischen Quellen, daß Nebukadnezar im Jahre 597 v. Chr. einen Angriff gegen Juda unternahm – es war wie der lässige Schlag einer Löwenpranke. Dabei schleppte er den jungen König Jojachin von Jerusalem fort und brachte ihn gefangen nach Babylon, zusammen mit »seiner Mutter, seinen Dienern, Obersten und Kämmerern . . . Und alle Obersten und wehrfähigen Leute, zehntausend Mann, auch alle Schmiede und Schlosser, führte er gefangen hinweg« *(2. Könige 24,12–13)*. Jene tönernen Bestellzettel aus den Lagern des Quartiermeisters liefern uns eine direkte Bestätigung seines Exils im Palast Nebukadnezars, eines Exils, das mindestens siebenundvierzig Jahre dauern sollte.

Das war die erste Deportation aus Juda. Aber sie vermittelte nur einen Vorgeschmack. Zehn Jahre später setzte Nebukadnezar, den die permanente Unnachgiebigkeit und Neigung zur Rebellion in Juda provozierte, erneut sein Heer in Bewegung – und diesmal wurde es Ernst.

In Jerusalem hatte der König, den Nebukadnezar als Marionette auf den Thron gesetzt hatte, Jojachins Onkel Zedekia, seine Vasallenschaft allmählich als lästig empfunden. Da waren auf der einen Seite die nationalistischen Männer am Hofe, die auf Rebellion drängten; doch auf der Gegenseite stand die finstere Gestalt des Propheten Jeremia, der Unheil und Verdammung und den gerechten Zorn Gottes predigte und der vor jedem Widerstand gegen die Babylonier warnte: Dies käme einer Rebellion gegen Gottes Willen gleich! Das babylonische Joch, so sagte Jeremia, sei Juda von Gott als Strafe für seine Sünden auferlegt worden, und um seine Ansicht zu demonstrieren, ging er in Jerusalem mit einem Joch umher.

Aber Zedekia wagte den Aufstand doch. Nebukadnezars Strategie bestand nun darin, zuerst Jerusalem zu isolieren und dann die anderen befestigten Städte Judas nacheinander einzunehmen, erst zuletzt sollte Jerusalem selbst an die Reihe kommen. Eine Festung nach der anderen fiel, bis nur noch zwei übrig waren: Lachis und das elf Kilometer nordöstlich gelegene Azeqa. Aus Lachis ist uns ein schriftliches Zeugnis überliefert, das uns unmittelbar anspricht; es drückt die Zeitstimmung aus, die Stimmung Jeremias, während die babylonische Armee Juda besetzte.

»Wir erwarten die Feuerzeichen aus Lachis«: eines der Ostraka, die man in Lachis gefunden hat; es stammt vom Vorabend der babylonischen Invasion.

1935 entdeckte James Starkey, der Ausgräber von Lachis (vgl. Kap. 10) im Schutt eines Wachraums im Stadttor von Lachis das erste von achtzehn Ostraka, die in der alten hebräischen Kursivschrift geschrieben waren und aus dieser Periode stammten. Diese »Briefe« hatte der Militärkommandeur von Lachis von einem Unteroffizier erhalten, einem gewissen Josaja, der an einem Außenposten im Norden Dienst tat. Es ist ein faszinierender und bedrückender Briefwechsel, etwa so, als ob man ein unerhört wichtiges Telefongespräch nur auf einer Seite mithört. Es ist nicht verwunderlich, daß die Moral tief gesunken war und daß Gerüchte über politische Intrigen und Aufstände in Jerusalem grassierten: »Und merke, die Worte der Fürsten sind nicht gut, sondern dienen dazu, unsere Hände zu schwächen und die Hände der Männer nachlässig zu machen, wenn sie davon hören . . . wirklich, seit Euer Knecht die Briefe gelesen hat, gibt es keinen Frieden mehr für Euren Knecht . . .«

Ein anderer Brief endet mit der bitteren Beobachtung, daß Azeka gerade gefallen ist und daß nun auch Lachis bald an der Reihe sein wird: »Und laß meinen Herrn wissen, daß wir die ersten Feuerzeichen von Lachis erwarten, gemäß allen Anweisungen, die mein Herr gegeben hat; denn wir können Azeka nicht sehen.«

Das Ende muß für Lachis schnell gekommen sein. Dort, wo die alte Stadt gelegen hat, zeigt eine verräterische Zerstörungsschicht (als Schicht II etikettiert) deutliche Spuren der heftigen Feuersbrunst, die in Lachis wütete – nur ein Jahrhundert nachdem Sanherib, der Assyrer, sie dem Erdboden gleichgemacht hatte!

Dr. David Ussischkin, der gegenwärtig in Lachis ausgräbt, steht neben einem Teil des gewaltigen Mauerwerks aus der israelitischen Periode.

Nun war auch Jerusalem verloren. Aber seine Mauern waren fest, und es hielt noch verzweifelte achtzehn Monate aus, in denen die Bewohner langsam verhungerten. Schon der Teil der israelitischen Festung, den Professor Avigad 1975 entdeckt hat (vgl. Kap. 9) erzählt eine ganze Geschichte: Auf dem Boden des massiven Turmes, der in eine jüngere Mauer eingearbeitet war, fand er vier babylonische Pfeilspitzen, die in einem Haufen Asche vergraben lagen. Die Pfeile waren offenbar knapp vor dem Ziel niedergefallen und hatten die Außenmauer des Turms getroffen, bevor die Stadt in Flammen aufging.

Und so fiel Jerusalem im Sommer 586, vielleicht auch 587, wie einige Wissenschaftler vermuten. Diesmal kannte Nebukadnezar kein Erbarmen. Die Stadt wurde bis auf den Grund niedergebrannt, und es blieben nur die kümmerlichen Reste der Grundmauern der Türme übrig, wie der, den Professor Avigad gefunden hat. Der Tempel und seine heilige Bundeslade wurden ausgeplündert und zerstört. Das war das Ende des Ersten Tempels, des Salomonischen Tempels. Es gelang König Zedekia, aus der Stadt zu entkommen, er wurde aber in der Nähe von Jericho gefangen. Man zwang ihn, die Hinrichtung seiner Söhne mitanzusehen, dann wurde er geblendet und in Ketten nach Babylon geführt, wo er starb.

Und nun fand eine zweite große Deportation statt, die Juda wie ein Schlachtfeld zurückließ. Niemand kann genau schätzen, wie viele Menschen starben oder gefangengenommen wurden, obwohl

Lachis: die Stadtmauern. Die äußere Schicht rechts enthält die Grundmauern der Stadtmauer, die die Assyrer zerstört haben; die Schicht darüber enthält die Grundmauern der Stadtmauer, die die Babylonier zerstört haben.

die Zahl der Deportierten wahrscheinlich die 20 000 nicht überschritten hat. Aber es waren die Intellektuellen des Staates, die politische und religiöse Führerschaft, die fähigsten Künstler und Handwerker. Sie lebten von nun an als Internierte der Babylonier an den Strömen Babylons.

Dr. James Pritchard von der Universität Pennsylvania glaubt, daß die Zerstörung Jerusalems durch die Babylonier das einschneidendste und bedeutendste Ereignis in der gesamten Geschichte Israels ist, denn es hat das Judentum für immer geprägt und die Geschichte der Israeliten bestimmt. Es ist bekannt, daß die Bevölkerung, die nach Babylonien deportiert worden war, bestimmte hebräische Schriften verfaßte, z.B. den zweiten Teil des *Buches Jesaja* und wahrscheinlich noch vieles andere. Die literarischen und historischen Überlieferungen wurden in Babylon im Licht der dortigen Erfahrungen neu gestaltet. Dabei beschrieb man gern die vergangene Geschichte mit Vorstellungen und Formulierungen der Gegenwart. Man entwarf ein Geschichtsschema, das durch die Erfahrung des Exils fern von Jerusalem bestimmt war. Die in der Babylonischen Gefangenschaft lebenden Israeliten hatten einen gewaltigen Einfluß auf die Gestaltung der Tradition, denn sie waren es vor allem, die während ihrer Gefangenschaft diesen Überlieferungen literarische Form gaben.

Es war eine Zeit, in der die Babylonier selbst ein intensives Interesse an der Geschichte zeigten. Nebukadnezar ließ seine Schreiber Archive, die in Altbabylonisch verfaßt waren, kopieren. Sein

Nachfolger Nabonid ließ zerstörte Tempel und Heiligtümer ausgraben; er restaurierte die Zikkurat in Ur und übersetzte die Inschriften, die ihm verrieten, wer sie gebaut hatte. John van Seters weist darauf hin, daß dieses antiquarische Interesse offenbar auf die Verfasser der Bibel abgefärbt hat. Als sie ihre Frühgeschichte aufschrieben, benutzten sie archaische Begriffe, die gerade wieder unter den Historikern Babylons modern wurden, und mischten sie mit zeitgenössischen Ausdrücken wie »Chaldäa«, die man in der Geschichte Mesopotamiens nicht vor dem 7. Jahrhundert v. Chr. findet.

Trotz der elegischen Kadenzen jenes schönen *Psalmes 137* mit seinen Bildern von den weinenden Israeliten, die wehmütig an die Gesänge Zions denken, gibt es keine Beweise dafür, daß die Gefangenschaft in Babylon physisch unzumutbar gewesen sei. Viele der Israeliten scheinen Jeremias Rat befolgt zu haben: »Bauet Häuser und wohnet darin; pflanzet Gärten und esset ihre Frucht; . . . Suchet das Wohl des Landes, in das ich euch verbannt habe, und betet für es zum Herrn . . .« *(Jeremia 29,5–7)*. Als die Befreiung nahte, weigerten sich die meisten, nach Jerusalem zurückzukehren, und blieben erst einmal da, wo sie waren.

Nabonid, der letzte König des neubabylonischen Reiches: während der längsten Zeit seiner Regierung vertrat ihn sein Sohn Belsazar als Regent in Babylon.

Die Befreiung erfolgte durch den unmöglichsten Messias, den die Bibel kennt, durch den Perser Kyros, der als »Gesalbter des Herrn« begrüßt wird *(Jesaja 45,1)*. Kyros sollte unwissentlich das Werkzeug für Jahwes Plan mit den Juden werden, denn nach der Verkündigung der israelitischen Propheten mußte auf ihre Bestrafung die Erlösung folgen. Kyros erlebte in der Mitte des 6. Jahrhunderts einen meteorhaften Aufstieg zur Macht. Damit waren die Tage des neubabylonischen Reiches gezählt. Nebukadnezar war 562 v.Chr. gestorben, und als er von der Szene verschwand, versank bald auch die babylonische Macht. Der letzte Herrscher, Nabonid (556–539 v.Chr.), verbrachte den größten Teil seiner Regierungszeit in der Arabischen Wüste südöstlich von Edom und ließ seinen Sohn Belsazar in Babylon regieren. Während seiner Abwesenheit begann der Niedergang des babylonischen Reiches; die Perser errangen unter Kyros die Herrschaft über den größten Teil Kleinasiens und isolierten Babylon immer mehr.

Obwohl die Verfasser etlicher alttestamentlicher Texte den Ereignissen sehr nahe waren, haben sie uns keinen klaren und zusammenhängenden Bericht des Dramas hinterlassen, das schließlich zu ihrer Befreiung aus der Gefangenschaft führte. Alles, was wir statt dessen haben, ist eine merkwürdige, bizarre Szene, die seitdem immer wieder die Phantasie anregt: Belsazars Gastmahl *(Daniel 5,1–6)*. Den Rahmen gab ein Hofbankett in einem der größten Paläste Babylons ab; Belsazar, der »König von Babylon«, wagte es – beflügelt von seiner Überheblichkeit und dem Wein –, die Gold- und Silbergefäße aus dem Jerusalemer Tempel bei einem Festessen zu verwenden. Daraufhin erschien die Hand eines Mannes aus dem Nichts und schrieb zu Belsazars großer Bestürzung ein paar geheimnisvolle Worte auf den Wandverputz. Keiner von seinen Wahrsagern konnte die wunderbare Schrift deuten, da ließ der »König« den legendären jüdischen Magier Daniel holen, der später in eine Löwengrube geworfen wurde und dies unversehrt überlebte. Daniel konnte die Schrift lesen; es waren die vier rätselhaften Worte *mene, mene, tekel, upharsin*, die übersetzt ungefähr bedeuteten: »Gezählt, gezählt, gewogen, zerteilt.«

Nun ist das *Buch Daniel* bekanntlich eine sehr späte Komposition; es ist mindestens vier Jahrhunderte nach dem Exil entstanden und hat keinerlei historischen Wert. Es bringt auch wirklich die Einzelheiten ziemlich durcheinander: Belsazar war nicht der Sohn Nebukadnezars, wie hier behauptet wird, sondern der Sohn des Nabonid; er war auch nicht König, sondern nur Vizekönig und anderes mehr. Aber welch ein mächtiges, dunkel geheimnisvolles Bild beschwört diese Geschichte hier herauf! Und für Belsazar und die Babylonier stand ja wirklich eine solche Schrift an der Wand: Die Perser standen vor ihren Toren.

Das babylonische Reich war inzwischen schon so entkräftet, daß Kyros und sein Heer ohne Widerstand in die Stadt Babylon einmarschieren konnten. Er berichtet davon auf dem »Kyros-Zylinder« aus gebranntem Ton, der im Britischen Museum noch heute zu besichtigen ist. Die Stadt blieb völlig unbeschädigt, und Kyros wurde als Befreier begrüßt. Kyros zeigte sogleich seine theologische Liberalität: Er machte den obersten Gott Babylons, Marduk, zu seinem höchsten Gott (was die jüdischen Propheten zweifellos verdrießlich stimmte, denn sie hatten darauf vertraut,

Der Kyros-Zylinder: ein Tonzylinder aus Babylon, auf dem Kyros seinen Sieg über König Nabonid und seine Eroberung Babylons festgehalten hat. Er erzählt auch, wie er die Gefangenen und ihre Götter in ihre Heimatländer zurückkehren ließ.

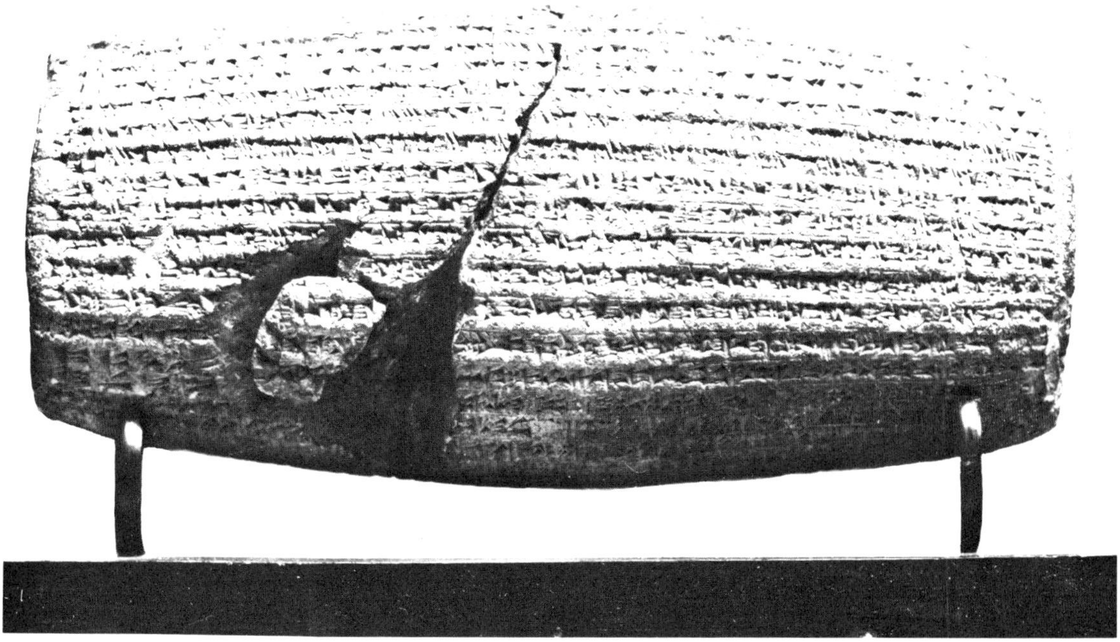

daß er Jahwe als den einzigen wahren Gott anerkennen würde) und setzte andere Götter wieder in ihre ursprünglichen Heiligtümer ein. Auch die babylonischen Gefangenen durften in ihre Heimatländer zurückkehren: »Ich sammelte all ihre früheren Bewohner und stellte ihnen ihre Wohnstätten wieder her«, heißt es auf dem Kyros-Zylinder. Es paßte zu dieser Politik religiöser und politischer Toleranz, daß er 538 v. Chr. einen Beschluß in Kraft setzte, der die Wiederherstellung der Jerusalemer Gemeinde und ihres Kultes anordnete. Die Bibel berichtet davon: »Im ersten Jahre des Königs Cyrus befahl König Cyrus: Das Gotteshaus zu Jerusalem betreffend: Das Haus soll gebaut werden an der Stätte, wo man Schlachtopfer opfert und Feueropfer hinbringt . . . die Kosten sollen aus der königlichen Kasse bezahlt werden« *(Esra 6,3–4)*. Die heiligen Gefäße, die Nebukadnezar aus dem Tempel entfernt hatte (und die Belsazar angeblich bei seinem Fest entweiht hatte), wurden wieder an ihren angestammten Platz zurückgebracht – alles auf Kosten des Königs.

Ruinen in der hellenistischen Stadt Afamia in Syrien.

Es scheint, als ob zunächst nur eine sehr kleine Gruppe von dem Edikt Gebrauch gemacht hat. Die Rückkehr nach Jerusalem war auch nicht die triumphale Heimkehr, die sie sich erträumt hatten. Die Arbeit an der Wiedererrichtung des Tempels zog sich hin, und das Projekt scheint erst 515 v. Chr., mehr als zwanzig Jahre nach der Rückkehr der ersten aus dem Exil, abgeschlossen gewesen zu sein. Der neuerrichtete Tempel war offensichtlich – verglichen mit den Herrlichkeiten des Salomonischen Tempels, an den man sich nur noch dunkel erinnerte – ein ziemlich bescheidenes Bauwerk. Aber nun hatte wenigstens die neue Gemeinde in Jerusalem einen Mittelpunkt – eine Gemeinde, die ohnehin schon mit wirtschaftlichen Schwierigkeiten und gegen die Feindschaft der im Land verbliebenen Bevölkerung Palästinas zu kämpfen hatte.

Dscherasch in Jordanien: das große elliptische Forum, das inzwischen rekonstruiert ist.

Die Archäologie liefert uns nicht viel Hinweise für das Verständnis dieser schwierigen Epoche – mit Ausnahme vielleicht eines Punktes an der Ostmauer des Tempelberges; hier befand sich die Stützmauer der Plattform, auf der der Tempel gebaut wurde. Etwa dreißig Meter von der Südostecke dieses massiven Baus entfernt, der zum großen Teil aus der Zeit des Herodes, also 500 Jahre später, stammt, erkennt man einen auffälligen und unverkennbaren Bruch, einen Stilwechsel in der Maurerarbeit – eine Naht, die in der Fachsprache »direkte Verbindungsstelle« heißt. Auf der Südseite dieser Naht finden wir schöne, gut behauene Steinblöcke, die typisch herodianisch sind. Aber auf der Nordseite ist der Stil ganz anders: Hier sind die Steinblöcke schwere, unregelmäßige Brocken mit einer großen, klumpigen Mittelfläche. Man diskutiert noch darüber, aber einige Wissenschaftler, besonders Miss Kathleen Kenyon, meinen, daß dieses klumpige Mauerwerk eine typisch persische Stileigentümlichkeit ist und darum aus der Epoche stammen muß, in der die Tempelplattform unter persischem Einfluß wiederaufgebaut wurde. So haben wir hier, und

nur hier, den Wiederaufbau des Tempels durch die Exilierten sichtbar und greifbar vor uns.

Petra, »eine Stadt rot wie Rosen, halb so alt wie die Zeit.«

Eine bleibende Begleiterscheinung der Rückkehr aus dem babylonischen Exil war die Feindschaft, die zwischen den zurückgekehrten Juden und ihren nördlichen Nachbarn in Samaria, den Samaritanern, ausbrach. Obwohl die Samaritaner die Wiederansiedlung der babylonischen Juden mit wachsamem Argwohn beobachteten, hatten sie sich angeboten, beim Wiederaufbau des Tempels in Jerusalem zu helfen. Aber die streng jahwistische Priesterschaft, die weiterhin auf ein innerweltliches Kommen des Königreichs Gottes hoffte, hatte das Angebot verschmäht, denn die Samaritaner waren ihr ethnisch und theologisch nicht mehr rein genug. Dies war der Ursprung des gegenseitigen Hasses und der Feindschaft, die aus den Texten des Alten Testamentes spricht. Erst fünf Jahrhunderte später sollten die Samaritaner rehabilitiert werden: in der Parabel vom barmherzigen Samariter. Während dieser fünf Jahrhunderte schlugen die Samaritaner eigene Wege ein. Sie bauten sich einen Tempel auf dem Berge Garizim oberhalb der Stadt Sichem (dem heutigen Nablus) und errichteten hier ihr wichtigstes religiöses Zentrum. Der Berg Garizim war schon als »Berg des Segens« berühmt. Hier hatte Josua nach der Eroberung Kanaans die Stämme versammelt, damit sie die Fluch- und Segenssprüche hörten, die mit der Befolgung des Gesetzes verbunden waren: Während die Segen vom Gipfel des Berges Garizim ausgerufen wurden, verkündete man die Flüche vom Zwillingsberg auf der anderen Seite des Tales, dem Berg Ebal. Die Samaritaner glauben auch, daß der Fels, auf dem Abraham seinen Sohn Isaak opfern sollte, nicht auf dem Tempelberg in Jerusalem war, sondern ein Felsvorsprung auf dem Gipfel des Berges Garizim. Das konkurrierende Kultzentrum in Sichem war für die Jerusalemer Priesterschaft ein ständiger Stein des Anstoßes. 128 v. Chr. wurden sowohl der samaritanische Tempel als auch die Siedlung Sichem bei einem jüdischen Aufstand zerstört. Bis heute sind die Samaritaner ein Volk für sich, im Grunde weder Juden noch Heiden. Sie behaupten, die wahren Abkömmlinge Israels zu sein, haben ihre eigene archaische Version des Pentateuchs und befolgen die Gesetze Jahwes auf ihre eigene, kompromißlose Weise – dazu gehört auch eine alljährlich stattfindende äußerst blutrünstige Passahfeier mit Tieropfern auf dem Berg Garizim.

Obwohl der Jerusalemer Tempel 515 v. Chr. endgültig restauriert war, blieb Jerusalem eine unselbständige Gemeinde, ein unbedeutender Teil einer unbedeutenden persischen Provinz. Die zerstörten Mauern durften nicht wiederaufgebaut werden – dafür sorgten allein schon die Samaritaner. Aber 445 v. Chr. trat ein dramatischer Wechsel der Situation ein, denn es kam ein neuer Statthalter nach Juda, ein Mann namens Nehemia.

Nehemia war ein hoher jüdischer Beamter am Hof des persischen Königs Artaxerxes I. Er erkannte die Notlage seiner jüdi-

Sichem (das moderne Nablus): Sicht vom Berg Garizim, wo die Samaritaner ihren Tempel in Konkurrenz zu dem in Jerusalem bauten.

Schutt an den Hängen des Ophel-Hügels: während der Ausgrabungen Kathleen Kenyons in den sechziger Jahren. In ähnlichem Zustand muß Nehemia die Mauern Jerusalems angetroffen haben, als sein Esel nicht mehr den Hang hinaufklettern konnte.

schen Landsleute und setzte beim König durch, daß sie die Stadtmauern wiederaufbauen durften. So wurde Nehemia mit besonderen Vollmachten nach Jerusalem gesandt, um die Arbeit ausführen zu lassen.

Die Geschichte, die Nehemia in den sogenannten »Nehemia-Erinnerungen« (dem *Buch Nehemia*) erzählt, ist einzigartig anschaulich erzählt. Teile davon lesen sich wie Tatsachen-Journalismus aus erster Hand, aber das liegt wahrscheinlich am Stil eines späteren Redaktors. Kaum in Jerusalem angekommen, überzeugte sich Nehemia offenbar zuerst einmal durch eine dreitägige Erkundung vom Zustand der Mauern und der Tore. Dies mußte offensichtlich in größter Heimlichkeit geschehen, denn er ritt bei Nacht auf einem Esel aus, nur von zwei Männern begleitet. Aber als er bei den unteren Hängen des Ophel-Hügels über der Gihonquelle angekommen war, fand er auf den alten Terrassen der Davidsstadt einen solchen Wust von Ruinen, daß »kein Raum mehr da war für mein Tier, um mit mir durchzukommen« *(Nehemia 2,14)*. Da kehrte er um.

Als Miss Kathleen Kenyon den Hang in den sechziger Jahren ausgrub (vgl. Kap. 7), zeigte sich, welch schreckliche Ruinenstätte diese Terrassen bei der Zerstörung der Stadt durch Nebukadnezar geworden waren. Sie brauchte mehrere Jahre, um ihren tiefen Graben den Hügel hinunterzugraben und abzustützen. Aber Nehemia verfügte nur über eines nicht, und das war Zeit. Er mußte schnell, äußerst schnell arbeiten, denn die mißtrauischen Nachbarn auf beiden Seiten wollten Jerusalem nicht wieder befestigt sehen. Doch mit außerordentlicher Zielstrebigkeit und unter Mithilfe der ganzen Gemeinde vollendete Nehemia sein gewaltiges Vorhaben und baute die Mauern von Jerusalem in nur zweiundfünfzig Tagen wieder auf. Er mußte die alte Ostlinie der Mauer dort, wo sie zur Gihonquelle hinunterführte, auf halbem Wege verlassen, aber das war nicht so schlimm, denn Jerusalem besaß inzwischen andere, bessere Wasserquellen. Statt dessen ließ er die Ostmauer am Hügelrücken entlanglaufen und dann direkt an die Ecke des Tempelberges anschließen. Die Ruinen, die heute noch dastehen, auch der irrtümlich so genannte »Davidsturm«, sind spätere Nachbauten von Nehemias Mauer, aber die Grundlinie ist dieselbe. Innerhalb dieser neuen Stadtmauern ließ sich nun, wie man glaubt, eine Bevölkerung von etwa 10000 Menschen nieder – die meisten von ihnen waren Nachkommen der Exilierten, die aus Babylon zurückgekehrt waren. Jerusalem war endlich wieder eine Gemeinde, und am Tag, als die neuen Mauern eingeweiht wurden, »vernahm man den Jubel Jerusalems weithin«. Nun endlich war das Exil wirklich vorbei.

12 Das Ende des Alten

Soweit es das Alte Testament betrifft, nähern wir uns nun dem Ende, dem Bereich der Apokryphen. Innerhalb des Alten Testaments endet die geschichtliche Überlieferung mit der Rückkehr nach Jerusalem unter persischer Schutzherrschaft. Aber die Geschichte nahm dessenungeachtet weiter ihren Lauf. Sie sollte Jerusalem während der Römerzeit noch einmal einem glanzvollen Höhepunkt entgegenführen, auf den dann schließlich die endgültige Zerstörung der Tempels folgte.

Die Geschichte hatte noch einen gewaltiges Ereignis für den Vorderen Orient aufgespart. Einer der bemerkenswertesten jungen Männer, die je gelebt haben, sollte es ausführen: Alexander der Große von Mazedonien. In nur zehn Jahren, zwischen 334 und 323 v. Chr., eroberte er die damals bekannte Welt. Er besiegte die Perser und übernahm ihr Reich – und übernahm damit den gesamten Vorderen Orient.

Es war das erste Mal, daß Europa und überhaupt westliche Zivilisation sich des Nahen und Mittleren Ostens bemächtigt hat – und sie tat es mit überwältigender und dauerhafter Wirkung. Sie führte in den Alten Orient einen neuen Lebens- und Denkstil, den »Hellenismus« ein, ein neues geistiges Ideal, das in den großen Städten Ausdruck findet, die Alexander und seine Nachfolger gebaut haben, Städte wie Apamea und Palmyra in Syrien. Plötzlich, mitten im Nirgendwo, steht der Reisende auf großen Prachtstraßen mit eleganten Kolonnaden, die zwar Ruinen, aber doch nicht ganz zerfallen sind. Sie lassen noch das Ideal von Grazie und Schönheit spüren, das das hellenistische Denken bestimmte. Von diesen Städten ist heute nicht mehr viel erhalten, denn die meisten von ihnen wurden vom nachfolgenden römischen Reich aufgesogen und in eigenem Stil wiedererbaut. Aber jenes gelegentliche Aufflackern eines durchschimmernden Glanzes, der inmitten dieser rauhen Umgebung von Sand und Felsen so fehl am Platz zu sein scheint, erinnert uns an die gewaltigen Veränderungen, die eintraten, als die traditionellen politischen und kulturellen Grenzen zwischen Ost und West verwischt wurden. Der Hellenismus beeinflußte das gesamte Denkgefüge der Gesellschaft des Vorderen Orients – dies war allerdings kein einseitiger Prozeß: Alexander selbst war am Ende mehr Mesopotamier als Mazedonier.

Unser Interesse am Hellenismus muß auf die Einwirkung westlicher Ideen beschränkt werden: neue Konzepte von Staatsbürgerschaft, bei der jeder freie Bürger für die Leitung seines Gemeinwesens mitverantwortlich war, von Erziehung, bei der sich die jungen Bürger in Gymnasien sowohl in körperlicher Bildung als auch in Dichtung, Philosophie und Musik übten, von Religion, Wissenschaft und Gelehrsamkeit. Man erinnere sich, daß Alexander von Aristoteles erzogen worden war und daß es daher über ihn und seinen Kreis eine direkte Verbindungslinie zu den klassischen Lehrern wie Sokrates und Platon gab!

Die Wirkung des Hellenismus auf das Judentum ist schwer zu ermessen. Während und nach der Zeit des babylonischen Exils hatten sich die Theokraten Jerusalems mit einer Glaubenskrise auseinanderzusetzen. Sie mußten einen Bund neu gestalten, der offensichtlich zerbrochen war, seitdem Jahwe erlaubt hatte, daß die unveräußerlichen Rechte des erwählten Volkes von den Babyloniern verletzt wurden. Man kann beobachten, wie sich eine Belagerungsmentalität entwickelte, ein Rückschritt in einen legalistischen Moralismus, der dann durch den moralischen Individualismus der hellenistischen Denkart herausgefordert werden mußte. Professor John Gray ist der Ansicht, daß dieser Konflikt in einigen der berühmtesten nachexilischen Schriften, etwa dem *Buch Hiob* und dem *Buch Jona*, reflektiert wird. Es gibt keinen allgemeinen Konsens darüber, wann diese Bücher geschrieben worden sind, aber die meisten Wissenschaftler datieren sie eher in die nachhellenistische als in eine frühere Epoche.

Die Geschichte von Jona ist vor allem wegen seines wundersamen Abenteuers im Bauch eines großen Fisches berühmt. Man vergißt dabei gern, wie es dazu kam, daß er da hineingeriet. Jahwe hatte ihn auf eine Mission schicken wollen; er sollte die Einwohner Ninives wegen ihrer Sünden warnen und so die Stadt vor ihrem Untergang retten. Jona weigerte sich und versuchte zu fliehen. Er wurde auf dem Meer als Sündenbock für ein Unwetter über Bord geworfen und von dem Fisch verschluckt. Dadurch veranlaßte Jahwe ihn, die Aufgabe, für die er bestimmt war, zu übernehmen. Schließlich ging Jona dann doch, wie befohlen, nach Ninive und führte seine Mission aus. Doch der Zorn Gottes kehrte sich von Ninive ab. Aber Jona hatte den Zweck der ganzen Übung immer noch nicht erkannt. Er war nun verärgert über die Gnade Jahwes. Die Parabel will den Protest eines anonymen Autors gegen das verhängnisvoll exklusive Denken der Vertreter eines engen Judentums zum Ausdruck bringen, die behaupten, die Gnade Gottes gehöre ihnen und nur ihnen allein. Es ist innerhalb des Alten Testamentes der erste Hinweis darauf, daß Jahwe nicht nur der Gott einer erwählten Minderheit, sondern der ganzen Menschheit ist. Man hat die Geschichte von Jona das alttestamentliche Äquivalent zum »Also hat Gott die Welt geliebt« genannt.

Die Hioberzählung scheint ein anderes Beispiel solcher Dichtung gegen das theologische Establishment zu sein. Sie ist eine

Reaktion auf jene mechanische und rücksichtslose Auffassung, nach der alles Leiden Strafe für Sünde ist und nach der dann umgekehrt die absolute Konformität mit dem Willen Jahwes – und zwar so, wie ihn die Priesterschaft deutete – der einzige Weg zum Glück ist. Wenn ein guter Mensch Unglück litt, so bewies schon dies allein, daß er kein guter Mensch gewesen sein konnte! Das *Buch Hiob* behauptet dagegen, daß theologische Systeme nicht das letzte Wort im Verhältnis zwischen Gott und Menschen haben können; das Wesentliche ist vielmehr die lebendige Begegnung und die Antwort auf diese Begegnung. Viele Wissenschaftler sind der Ansicht, daß der Hellenismus diese Geisteshaltung freigesetzt hat, die Fähigkeit, über das unergründliche Problem nachzudenken, wie sich das Erlebnis des Leidens mit dem Konzept eines gerechten und wohlwollenden Gottes verträgt. Man hat den Verfasser der Hioberzählung das philosophische Genie der Hebräer genannt.

Dem geistigen Umbruch, den der Hellenismus anregte, entsprachen politische Umwälzungen, die im Vorderen Orient folgten. Nachdem Alexander 323 v.Chr. in Babylon gestorben war, teilten drei rivalisierende Dynastien sein Reich unter sich auf: Ägypten ging an die Ptolemäer, Mesopotamien an die Seleukiden und Kleinasien an Antigonus. Wie gewöhnlich wurden Palästina und Syrien zum Zankapfel der streitenden Mächte. Ein Jahrhundert lang gehörte Juda den Ptolemäern; aber 198 v.Chr. vertrieben die Seleukiden die Ägypter und nahmen ihre Stelle ein.

Während dieses Tauziehens um Zentralpalästina fand weiter südlich in Edom ein Machtwechsel statt. Als Juda während und nach der Exilszeit am schwächsten war, erstarkten dort seine traditionellen Feinde. Die Warnung auf dem Ostrakon von Arad hatte also doch recht behalten (vgl. Kap. 11). Judas Vorherrschaft über Edom wurde – vielleicht gewaltsam – von Vorläufern der arabischen Einwanderung, den sogenannten Nabatäern, eingenommen, die hier nun eine der schönsten Städte der Welt gründeten: die Bibel kennt sie als Rekem, wir als Petra.

Ein englischer Geistlicher im 19. Jahrhundert, John William Burgon, der spätere Dean of Winchester, machte sich und den Ort mit ein paar Zeilen seines langen Gedichtes über Petra unsterblich, mit dem er den Newdigate Prize in Oxford gewann:

> »Zeig' mir ein solches Wunder, außer in östlicher Gegend,
> eine Stadt, rot wie Rosen, halb so alt wie die Zeit.«

Er hatte Petra noch gar nicht besucht, bevor er das Gedicht geschrieben hatte, und als er endlich hinfuhr, beklagte er sich, daß es kein bißchen rosenfarbig war. Aber irgendwie hatte er es doch fertiggebracht, die Stimmung des Ortes genau zu erfassen; denn Petra ist im wahrsten Sinne des Wortes atemberaubend. Rosenrot ist es nicht, außer an ein paar Flecken, und halb so alt wie die Zeit ist es auch nicht, denn seine Denkmäler datieren von etwa 200 v. Chr. an aufwärts; aber ein Wunder ist es gewiß, ein ganz einzigartiges Wunder.

Die Stadt liegt versteckt zwischen hohen Bergen über dem Wadi Araba, etwa auf halbem Wege zwischen dem Toten Meer und dem Golf von Akaba. Man erreicht sie durch das sogenannte Siq, eine phantastische Kluft zwischen hoch aufragenden Felsen, deren Oberfläche der Wind, der durch die Schlucht zieht, glattgefeilt hat, so daß sie jetzt wie aufgetürmte Gestalten aussehen, mit farbigem Marmormuster, wie die Vorsatzpapiere alter ledergebundener Bücher. Und dann, nach einer letzten Kurve, erblickt man plötzlich direkt vor sich so etwas wie einen ganz vollkommenen klassischen Tempel im Berginnern – und diesmal *ist* die Farbe rosenrot. Dann öffnet sich die Schlucht, und man steht vor der wunderbar herausgemeißelten Fassade des Tempels: Jedes Detail ist noch frisch und sauber, als ob es gestern angefertigt worden

Petra: erster Blick auf das »Schatzhaus« am Ende des engen, gewundenen Siq.

wäre. Dies ist das sogenannte »Schatzhaus des Pharaos«, das aus dem Felsen herausgehauen ist. Für seine tiefliegenden Kammern hat man innen das Gestein ausgehöhlt.

Es ist nur das erste von zahllosen solchen Wunderwerken; da gibt es Tempel, Gräber, Villen, eine ganze Stadt im Fels, groß genug, um eine Bevölkerung von 30000 hochkultivierten Höhlenbewohnern aufzunehmen, wie sie die Welt nie zuvor gekannt hat. Hier in Petra, ihrer Hauptstadt, verdienten sich die Nabatäer große Reichtümer durch den Handelsverkehr, der die Königsstraße hinauf zu den blühenden neuen Märkten der hellenistischen Städte strömte – und sie legten ihr Vermögen nicht in Ziegeln und Mörtel an, sondern in bewohnbar gemachtem Fels.

Diesen Ort sollte sich keiner entgehen lassen. Sogar die Übernachtung im regierungseigenen Rasthaus ist ein Vergnügen eigener Art, denn es ist eine zweckentfremdete Grabstätte. In die steinernen Wände des Eßzimmers sind Nischen eingehauen, die die Körper der Toten aufnehmen sollten.

Nach einem schwierigen Anstieg von der »Straßenhöhe« aus erreicht man atemlos eine hoch aufragende Erhebung über der Stadt, die Opferhöhe, mehr als 1000 Meter über dem Meer. Der Gipfel ist eingeebnet worden und sieht jetzt aus wie ein flacher Hof mit einem Altarkomplex an einer Seite. Die Altäre besitzen Becken und Rinnen, die aus dem Fels herausgemeißelt sind und die vermutlich als Abflüsse für das Blut der Opfer dienten. Dies war die königliche Kulthöhe, von der aus man eine herrliche Rundsicht über das Meer von Berggipfeln rings umher hatte. Hier verehrten die Nabatäer, und sicherlich vor ihnen auch schon die Edomiter, ihre Kultgötter.

Am meisten faszinierte bei dieser heiligen Stätte von Petra, wie das Motiv der »Kulthöhe«, das in so vielen verschiedenen Religionen des Vorderen Orients immer wiederkehrt, realisiert wird. Es ist ein ständiges Ausstrecken nach oben, um die vollkommenste Kommunikation mit der Gottheit zu erreichen: Man denke an die Kulthöhen der Kanaaniter mit ihren steinernen Säulen oder an die Zikkurate Mesopotamiens. Wenn Jakob von einer Leiter träumt, auf der Engel auf- und absteigen, so drückt sich auch darin eben diese Vorstellung eines direkten Zuganges zum Himmel aus. Und natürlich hat nach biblischer Darstellung auch Mose seinen Bund mit Jahwe auf einer »Höhe«, dem Berg Sinai, geschlossen. Der Gott der Israeliten hätte sich gewiß auch dort oben über der Stadt Petra nicht fehl am Platze gefühlt, denn Jahwe wurde auch »der von Seir« genannt – und Seir ist der biblische Name für die Bergkette ringsumher (heute Schara genannt). Berge, Felsen und Steine waren zugleich Wohnstätte und Verkörperung des Gottes, und dies verdichtet sich im Konzept des Steinaltars: ein Steinblock auf einer Kulthöhe bei Petra, dem »Felsen« – darin scheint sich höchst unmittelbar und kompromißlos die Quintessenz der semitischen Religionen auszudrücken.

Von ihrer Hauptstadt Petra aus vergrößerten die Nabatäer ihre Wirtschaftsmacht in alle Richtungen. Mitten in all den politischen und militärischen Wirren der Zeit verteidigten sie ihre Unabhängigkeit gegen alle Neuankömmlinge. Aber am Ende unterlagen sie doch dem mächtigsten und weitausladensten Reich, das die Welt je gesehen hatte, dem römischen Reich.

Die besterhaltene Römerstadt im Vorderen Orient ist die Stadt Dscherasch in Nordjordanien. Vor mehr als 1000 Jahren wurde sie von einem Erdbeben zerstört und für immer verlassen. Und gerade darum – so paradox es klingt – ist sie heute noch so gut erhalten, denn niemand hat seitdem wieder auf ihren Ruinen gesiedelt. Jetzt wird sie nach und nach restauriert; man will ein wenig von ihrem früheren Glanz wiederaufleben lassen. Das große Forum mit seiner eigenartigen elliptischen Form wurde von der angehäuften Erde und dem Schutt gesäubert, unter denen es bis zu den Spitzen seiner Säulen begraben lag. Das Theater wird gerade wiederaufgebaut. Umgefallene Säulen werden wiederaufgerichtet.

Das römische Dscherasch – damals hieß es Gerasa – wurde in der Mitte des 1. Jahrtausends v. Chr. an der Stelle einer hellenistischen Stadt gebaut. Während der ersten zwei Jahrhunderte n. Chr., der großen Zeit der Pax Romana im Mittelmeergebiet, wurde es ständig vergrößert. Der lange Frieden machte es mög-

Dscherasch: das römische Theater, das von den jordanischen Fachleuten restauriert worden ist.

Die Klagemauer in Jerusalem: Die großen, behauenen Steinblöcke stammen aus der Zeit Herodes' des Großen. Die Mauer ist ein Teil der Tempelplattform, nicht des Zweiten Tempels selbst, der 70 n. Chr. zerstört worden ist.

lich, daß Wirtschaft und Handel ungehindert blühen konnten, und Provinzstädte wie Dscherasch gediehen wie nie zuvor. Als ein Außenposten westlicher Zivilisation lebte Dscherasch lange Zeit in Pracht und Wohlstand. Der elegante Artemistempel, der die Ruinen einer Kathedrale aus dem 4. Jahrhundert überragt, der ersten Kirche, die in Dscherasch gebaut wurde, spiegelt das hohe kulturelle Niveau der Provinzen des römischen Reiches wider, angesichts dessen es das frühe Christentum schwer haben sollte, Wurzeln zu schlagen.

Mit dem Bau der Stadt Dscherasch und anderer römischer Provinzhauptstädte begann ein neues Kapitel in der Geschichte des Mittleren Ostens. Jene regelmäßig sich hinziehenden Kolonnaden, die Macht, Selbstvertrauen und korrekte Verwaltung versinnbildlichten, bedeuteten wenigstens vorläufig das Ende der schrecklichen Stammeshändel, die das Land in der Vergangenheit stets aufs neue gespalten hatten. Aber auch für Palästina ging damit ein Kapitel zu Ende – und für Judäa, das alte Königreich Juda, wäre es beinahe das letzte Kapitel gewesen!

Im Jahre 64 v. Chr. hatte der römische General Pompeius den Widerstand der letzten Machthaber im Vorderen Orient gebrochen, er verleibte Syrien dem römischen Reich ein. Juda war damals hundert Jahre lang unabhängig gewesen, denn es hatte 167 v. Chr. in einem Aufstand unter der Führung von Judas Makkabäus das Joch der Seleukiden abgeworfen. Die Makkabäerdynastie, auch als Hasmonäerdynastie bekannt, hatte seitdem in einer unruhigen Zeit ihre Macht behaupten können. Das hasmonäische Reich umfaßte eine Zeitlang praktisch ganz Palästina, und die jordanischen Städte wie Dscherasch hatten arg unter ihren Strafeldzügen zu leiden. Aber Pompeius' Ankunft bedeutete das Ende der Hasmonäer. 63 v. Chr. zog sein Heer in Jerusalem ein und räumte nach einem schweren Gefecht das befestigte Tempelgebiet von seinen Verteidigern. Die hasmonäische Dynastie wurde gestürzt und Palästina römische Provinz. Nun durfte der Glanz des Königreichs, das David und Salomo fast 1000 Jahre zuvor gegründet hatten, noch ein allerletztes Mal aufleuchten: beim Wiederaufbau Jerusalems durch einen Klientenkönig, Herodes den Großen.

Herodes der Große, der »König der Juden« unter römischem Schutz, war ein Idumäer. Er wurde 40 v. Chr. vom römischen Senat zum König ernannt, konnte sich aber erst 37 v. Chr. den Weg nach Jerusalem erzwingen und der nationalistischen Opposition zum Trotz den Thron besteigen. Er regierte dreiunddreißig Jahre lang, eine finstere, mühselige Regierungszeit. Er hinterließ seine Spuren in der Geschichte, vor allem aber hinterließ er sie in Jerusalem. Besucher des Holyland-Hotels in Jerusalem können ein großartiges maßstabgetreues Modell des Herodianischen Jerusalem aus Marmor, Stein und Holz bewundern, das minuziös und naturgetreu bis ins Detail wiedergibt, wie die Stadt vor 2000 Jahren ausgesehen hat. Auf dem Gebiet der Architektur erlebte Jerusalem damals seine glanzvollste Epoche, denn Herodes war ein Erbauer großen Stils. Er ließ ein neues Verwaltungs- und Verteidigungszentrum in Gestalt eines großen Königspalastes an der Nordwestecke der Oberen Stadt errichten. Seine Höflinge und Adeligen bauten sich dort in der Nähe luxuriöse Privatsitze. Aber Herodes' Hauptprojekt war der Neubau des Tempels und eine gewaltige Vergrößerung des Tempelberges. Von diesem Tempel, dem sogenannten Zweiten Tempel, ist kein Stein mehr erhalten. Aber wir haben noch die Stützmauer des Tempelberges mit ihren gewaltigen, großartig behauenen Steinblöcken. Herodianische Architektur ist unverwechselbar. Die berühmte Klagemauer an der Westseite des Tempelbergs ist ein Teil dieser Plattform und natürlich nicht Teil des ursprünglichen Tempels.

Seit dem Sechs-Tage-Krieg von 1967 finden rund um diese Stützmauer an der Südwestecke des Tempelbergs intensive archäologische Ausgrabungen statt; sie lassen Herodes' Gesamtgestaltung des Tempelgebietes immer klarer zutage treten. Die gewaltige Größe der Anlage war nicht die Folge von Überheblichkeit; sie entsprach praktischer Notwendigkeit, denn es mußte ja Platz genug für die Hunderttausende von Besuchern und Pilgern da sein, die jedes Jahr in Scharen zum Tempel kamen. Nachdem nun Herodes die riesige neue Plattform für seinen Tempel vollendet und damit das größte Bauwerk des Altertums geschaffen hatte (fast 500 Quadratmeter), mußte er sich überlegen, was mit den Eingängen geschehen sollte. Die Front des Tempelbezirks lag in südliche Richtung über der ursprünglichen Davidsstadt auf dem Ophel-Hügel. Herodes entschied sich dafür, eine große, etwa fünfundsechzig Meter breite Treppe zu bauen, die den Südhang hinunterführte und auf halbem Wege von einer Plaza unterbrochen war. Keine Spur dieses monumentalen Treppenaufgangs war zu sehen, als die israelische Ausgrabung 1968 begann. Er lag unter meterdickem Schutt begraben, der sich im Laufe der Jahrhunderte an den Seiten des Tempelbergs aufgehäuft hatte. Es ist ein höchst eindrucksvoller Zugang; aber besonders erstaunt waren die Archäologen über die Weise, wie Herodes' Architekten die Stufen gestaltet hatten. Die Architekten des Altertums schlugen sich ständig mit dem Problem herum, wie man bewirkte, daß sich die Leute einem Tempel in angemessener, ehrfürchtiger Haltung nähern konnten. So bauten sie zum Beispiel zum Parthenon in Athen hinauf Stufen von mehr als einem halben Meter Höhe, so daß die Besucher gezwungen waren, in den Tempel regelrecht hineinzuklettern. Herodes' Lösung erwies sich als weitaus eleganter: Er zwang die Leute, unregelmäßige Schritte zu machen und so ihr Tempo zu verlangsamen, denn er ließ immer abwechselnd breite und schmale Stufen bauen. Die Gläubigen mußten erst zwei Schritte gehen, dann einen, wieder zwei, dann wieder einen, so daß sie, bis sie oben ankamen, langsam gingen. Sie hätten große

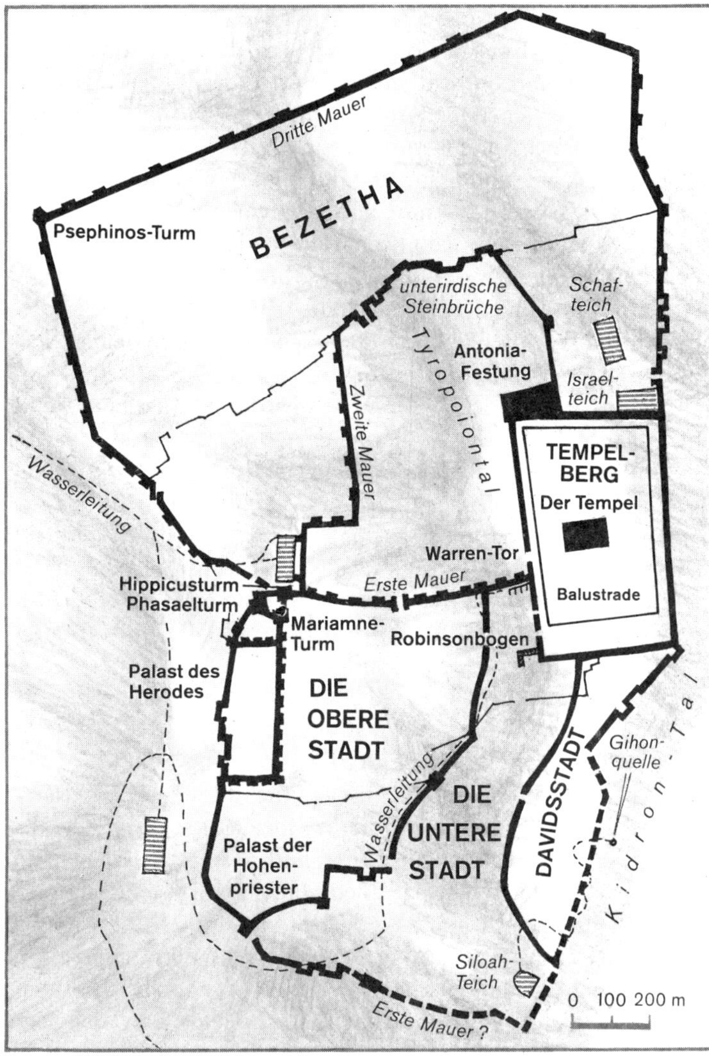

Jerusalem zur Zeit Herodes' des Großen. Die dritte Mauer wurde gebaut, um die empfindlichen nördlichen Zugänge zur Stadt zu verteidigen.

Schwierigkeiten bekommen, wenn sie die Stufen im Eiltempo hätten nehmen wollen. Darum waren sie, wenn sie an die Schwelle des Tempelbezirks kamen, in der richtigen Verfassung, um das Haus des Herrn zu betreten.

An der Westseite des Tempelbergs, eben um die Ecke herum, haben Archäologen stellenweise bis zum Grundgestein hinuntergegraben. Dabei haben sie eine zwölf Meter breite Durchfahrtsstraße entdeckt, die mit riesigen behauenen Platten gepflastert war und die Westmauer säumte. Dies war zur Zeit Herodes' Jerusalems wichtigste Nord-Süd-Straße. Sie wurde von drei Reihen stabiler Kammern gestützt, denn sie lag auf schrägem Untergrund.

Dank der Ausgrabungen in diesem Abschnitt war es auch möglich, ein Problem zu lösen, das die Gelehrten schon seit langem beschäftigt hatte: das Problem des »Robinson-Bogens«. Man meint damit den abgebrochenen Anfang eines riesigen Bogens, der aus der Westmauer, etwa zwölf Meter von der Ecke entfernt, herausragt. Er ist nach dem amerikanischen Wissenschaftler Dr. Edward Robinson benannt, der in den dreißiger Jahren des 19. Jahrhunderts als erster darauf aufmerksam wurde. Der Bogen hatte ursprünglich auf einem fünfzehn Meter weiter weg stehenden Pfeiler geruht, und man verstand nun, daß er diese wichtige Durchfahrtsstraße überspannt hatte. Zuvor hatten die Wissenschaftler geglaubt, der »Robinson-Bogen« sei nur der erste einer Reihe von Bögen gewesen, die einen erhöhten Fußweg zwischen dem Tempelberg und der Oberen Stadt gebildet hätten. Man hatte jedoch niemals Spuren anderer Pfeiler gefunden. Die neuen Ausgrabungen haben nun klar gezeigt, daß an der Westseite keine weiteren Pfeiler standen. Statt dessen entdeckte man eine Reihe von Pfeilern in Richtung Süden, einer jeweils kürzer als der andere. Im Steinschutt ringsumher lagen zerbrochene Treppenstufen. Der »Robinson-Bogen« hatte also die obere Plattform einer gewaltigen, monumentalen Treppe gebildet, die von der Durchfahrtsstraße aus hinaufführte und sie zum Tempelberg hin überquerte. Zwischen den kleineren Pfeilern waren noch die Überreste von vier Kammern zu sehen, die sich zur Straße hin öffneten. Darin fand man Steingut, Keramik, Gewichte und Münzen; man vermutete daher, daß hier einmal Andenkenläden standen, die um die Besucher des Tempels warben.

Für architektonische Probleme wie dieses eine Lösung zu finden ist mehr als nur eine akademische Pflichtübung. Die Ausgrabungen, die von Professor Benjamin Mazar im Auftrag der »Israelischen Forschungsgemeinschaft« und der Hebräischen Universität Jerusalem geleitet werden, haben auch eine eminent praktische und wirklichkeitsbezogene Absicht: Die Ausgräber planen, das so lang verschüttete Gebiet am Fuß der Tempelplattform in einen archäologischen Park zu verwandeln, der querschnittartig die gesamte Geschichte Jerusalems von der Zeit Herodes' bis zum Krieg von 1967 vor Augen führen soll.

Der Tempelberg zur Zeit Herodes' des Großen: Rekonstruktion der Südwestecke; man sieht die riesige Treppe an der Südmauer (rechts) und die Fußgängertreppe über dem »Robinson-Bogen« (Mitte). Oben auf dem Tempelberg stehen die gewaltigen Kolonnaden, die Herodes für die Hunderttausende von Gläubigen gebaut hat.

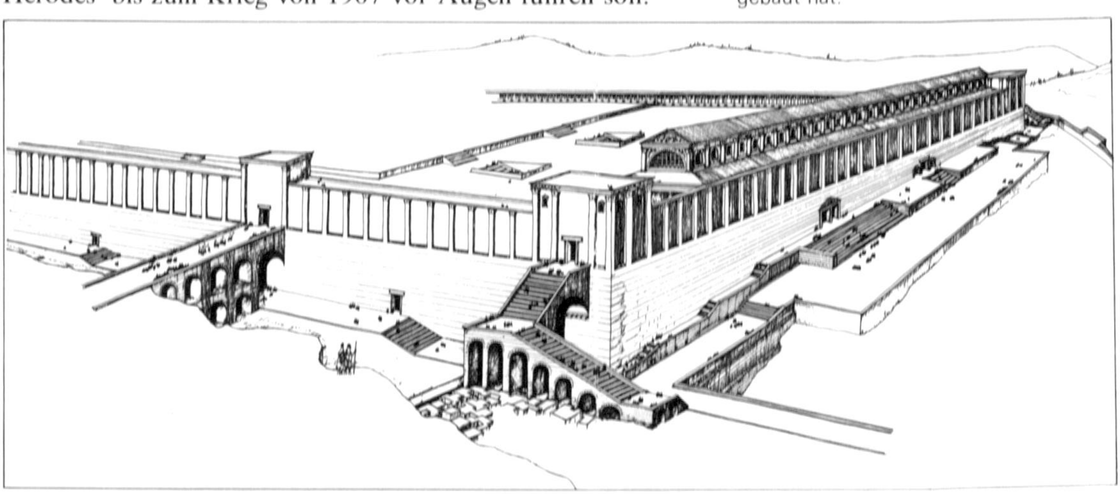

Ausgrabungen an der Südwestecke des Tempelbergs: rechts erscheint gerade der weiträumige Palastkomplex, den die Omajaden gebaut haben. Links die Bauten am Fuß des »Robinson-Bogens«.

Der stellvertretende Leiter der Ausgrabung, Meir Ben-Dov von der »Israelischen Forschungsgemeinschaft«, ist begeistert von diesem Projekt. In dem bereits gesäuberten Gebiet an der Südwestseite zeigt er die Schichten der Baugeschichte, die freigelegt worden sind und aufs sorgfältigste erhalten werden. Die Besucher werden in Kürze im wahrsten Sinne des Wortes einen Gang durch die Jahrhunderte tun können: Er beginnt ganz oben, wo man die Stadtbefestigung Suleimans des Prächtigen, eines Ottomanensultans aus dem 16. Jahrhundert n. Chr., sehen kann. Dann folgt ein Kreuzfahrerturm aus dem 12. Jahrhundert n. Chr. Unter diesem Turm befindet sich ein Fußboden, der zu einem riesigen Palastkomplex gehört, den die Omaijaden, die erste Moslemdynastie in Jerusalem, gegen Ende des 7. Jahrhunderts errichtet haben. Das war die Zeit, in der auch der Felsendom erbaut wurde. Unterhalb dieses Palastes liegt ein byzantinisches Gebäude aus dem späten 6. Jahrhundert n. Chr., das das christliche Jerusalem repräsentiert. Darunter sieht man noch Reste des Lagers der zehnten römischen Legion, die auf dem Tempelberg einquartiert war. Unter diesem Lager schließlich liegen die Straßen und Plazas des Herodianischen Jerusalem. Es wird eine dreidimensionale Geschichtsdarstellung sein.

Hier muß betont werden, daß es keineswegs die Absicht der Ausgräber ist, alle Überreste aus späteren Epochen zu zerstören, um die Umgebung des Tempelberges möglichst so zu rekonstruieren, wie sie zu Herodes' Zeit ausgesehen hat. Die UNESCO hat die gegenwärtig stattfindende Ausgrabung verurteilt, weil dabei die materiellen Überreste der anderen großen Religionen, die Jerusalem als Heilige Stadt verehren, zerstört würden. Ich habe jedoch nichts entdeckt, was einen so schweren Angriff auf die berufliche und wissenschaftliche Integrität der Ausgräber begründen könnte. Ich bin ganz im Gegenteil davon überzeugt, daß dieses bedeutende archäologische Unternehmen die Geschichte der Heiligen Stadt in einer Weise erhellen dürfte, die alle Gläubigen zufriedenstellen wird, was auch immer ihre persönliche Überzeugung ist.

Herodes' Jerusalem und Herodes' Zweiter Tempel sind Ausdruck einer neuen Neigung zum Monumentalen nicht nur in der Architektur, sondern auch auf religiösem Gebiet. Aber es gab auch Juden, die solche grandiosen Gebäude und den dazugehörigen zentralisierten Kult nicht akzeptierten. Diese Gruppen zogen es vor, in klösterlichen Gemeinschaften in der Wüste zu leben. Sie mieden die Städte, weil sie sie für unwürdig hielten, das neue Königreich Gottes zu ererben, dessen Kommen sie unmittelbar erwarteten.

Eine solche Gruppe oder Sekte, die wir aus zeitgenössischen Quellen kennen, waren die Essener. Sie lebten an den Küsten des Toten Meeres. Ihre Gemeinde hatte ihr Leben gänzlich der Gottesfurcht und der Reinheit geweiht und bereitete sich auf einen neuen Himmel auf Erden vor, auf ein neues Jerusalem. Die Essener betrachteten sich als Auserwählte unter den Auserwählten. Obwohl sie erstaunlicherweise auf den Seiten des Neuen Testamentes nirgends erscheinen, waren sie doch eine der drei wichtigsten jüdischen Sekten zur Zeit des Zweiten Tempels; die anderen beiden waren die Pharisäer und die Sadduzäer.

Das öffentliche Interesse an den Essenern wurde kurz nach dem Zweiten Weltkrieg entfacht, als man ganz zufällig in einigen Höhlen in den Kalksteinabhängen von Qumran die berühmten Schriftrollen vom Toten Meer entdeckt hatte. Dieser sensationelle Fund, vielleicht die sensationellste Entdeckung dieses Jahrhunderts, führte wiederum zur Ausgrabung einer Ruinenstätte in Chirbet Qumran, wie die Araber es nennen. Alles, was man dort oberhalb des Erdbodens sehen konnte, war die Ruine eines zerstörten Wachturms, den man für die Überreste einer römischen

Jerusalem. Ausgrabungen an der Südwestecke des Tempelbergs. Auf halber Höhe die Herodianische Mauer, links der abgebrochene Vorsprung des »Robinson-Bogens«.

Jerusalem: der herrliche Felsendom auf dem Haram-es-Scherif (Tempelberg).

Befestigung gehalten hatte. Aber als das Gelände in den fünfziger Jahren durch den inzwischen verstorbenen Père Roland de Vaux von der »Ecole Biblique« in Jerusalem und durch G. Lancester Harding, den damaligen Direktor des »Department of Antiquities« von Jordanien, ausgegraben wurde, stellte sich heraus, daß es in Wirklichkeit das Gemeinschaftszentrum einer Sekte oder Gruppe gewesen sein mußte, die sehr an die Essener erinnerte, so sehr, daß inzwischen die meisten dazu neigen, Qumran tatsächlich mit dem Quartier der Essener vom Toten Meer gleichzusetzen.

Links: Eine der Höhlen im Gebiet von Qumran, in denen die Schriftrollen vom Toten Meer gefunden worden sind.

Die Mitglieder der Sekte lebten nicht in diesen Häusern. Sie bewohnten die gesamte umliegende Gegend in Zelten und Hütten, dazu die Höhlen oben in den Felsen hinter dem Ort. Wenn sie starben, wurden sie auf einem großen Friedhof beigesetzt, der zwischen dem Gemeinschaftszentrum und dem Toten Meer lag. Dieser Friedhof enthielt über 1100 Gräber, und in denjenigen, die man ausgegraben hat, hat man fast nur Männerskelette gefunden. Es herrschte eine strenge Moral in dieser »klösterlichen« Gemeinschaft. Die Sekte hatte hier offenbar um 150 v. Chr. ihr Zentrum errichtet. Dabei hatte man die Überreste einer Festung aus der Zeit des Königs Hiskia oder Josia wieder verwendet. Das ursprüngliche Gebäude wurde so vergrößert, daß es etwa 200 Sektenangehörige aufnehmen konnte. Diese überlebten 31 v. Chr. ein schweres Erdbeben, das die Gebäude zertrümmerte. Das Datum

Unten: Qumran, mit dem Toten Meer im Hintergrund. Die Ruinen des Gemeinschaftszentrums von Qumran sind genau rechts vom Teermakadamparkplatz (im Bild links). Im Vordergrund die Hügel, wo man die Höhlen mit den Schriftrollen vom Toten Meer gefunden hat.

des Erdbebens ist bekannt und ermöglichte den Archäologen, den genauen Zeitpunkt zu bestimmen, zu dem der Bau zerstört wurde, bevor er wiederaufgebaut worden ist. Man hat einen Komplex von Gemeinschaftssälen freigelegt: In einem Refektorium trafen sich die Angehörigen der Sekte in weißen Kleidern zu den gemeinsamen Mahlzeiten. Ein Vorratsraum enthielt große Mengen von Keramik, die genau zu den Keramikgefäßen paßte, in denen die Schriftrollen zum Schutz aufbewahrt wurden, als man sie in den Höhlen oben in den Bergen versteckte. Es gab in dem Haus ferner eine Küche mit Bodenöfen und einem Töpferbrennofen. Und es gab ein kompliziertes Wasserversorgungssystem – mehrere große, sorgfältig verputzte Zisternen, die so viel Wasser für die Sekte enthielten, wie diese Puristen für ihre zahlreichen rituellen Waschungen brauchten.

Am auffälligsten war jedoch, daß in einem der langen, schmalen Räume ein solider Schreibtisch aus Gips stand, der aus dem darüberliegenden Raum stammte und durch die Decke gefallen war. Überall lagen Tintenfässer aus Bronze und Ton herum. An diesem Tisch konnte man nur im Hocken, nicht im Sitzen schreiben. Nimmt man die Keramikgefäße mit ihrer auffälligen Form dazu, so drängt sich die Schlußfolgerung geradezu auf: Die meisten Schriftrollen sind tatsächlich in Qumran geschrieben und studiert worden. Die Schriftrollen vom Toten Meer waren die Bibliothek von Qumran, die man aus Sicherheitsgründen in den umliegenden Höhlen versteckte, als Gefahr drohte, wie dies bald danach im Jahre 66 n.Chr. der Fall sein sollte.

Über die Rollen vom Toten Meer ist wahrscheinlich in den letzten Jahren mehr geschrieben worden als über jeden anderen archäologischen Fund auf der Welt. Aber warum sind sie eigentlich so wichtig? Sind sie eine »neue« Version des Alten Testamentes? Müssen wir ihretwegen unser Verständnis der Bibel von Grund auf ändern?

Die Schriftrollen sind nach Ansicht von Dr. Pritchard vor allem deshalb so wichtig, weil sie Abschriften großer Teile des Alten Testamentes enthalten, die 1000 Jahre älter sind als die älteste hebräische Handschrift, die uns bisher zugänglich war. Bevor man die Rollen gefunden hatte, war die älteste erhaltene Kopie ein Manuskript in Leningrad aus dem 10. Jahrhundert n.Chr. Aber merkwürdigerweise hat die neue Entdeckung keine gewichtigen Textänderungen in der Bibel notwendig gemacht. Die bedeutendste Schriftrolle ist eine Abschrift des *Buches Jesaja*, die nur an wenigen Stellen leicht vom bekannten Text abweicht. Das spricht für die wesentliche Zuverlässigkeit der Abschreibtradition; ein Manuskript konnte 1000 Jahre lang immer wieder kopiert werden, und trotzdem blieb eine höchst zuverlässige Fassung des Originals erhalten.

Direkt gegenüber dem Gemeinschaftszentrum von Qumran liegt eine Höhle, Höhle Vier genannt, aus der im Jahre 1952 Tausende von Schriftrollenfragmenten zum Vorschein kamen. Der Chefeditor, der für die Koordination und Veröffentlichung der Arbeit verantwortlich ist, die ein Heer von Wissenschaftlern aus aller Welt an diesen Fragmenten leistet, ist Père Benoît von der »Ecole Biblique« in Jerusalem. Er hat festgestellt, daß die Fragmente von etwa 600 verschiedenen Rollen stammen, und dies kommt wahrscheinlich auch der Gesamtzahl, die die Sekte besessen hat, recht nahe. Ein interessantes Ergebnis, das man bereits festhalten kann, ist, daß die Bibliothek oft verschiedene Abschriften ein und desselben Textes besessen hat: z.B. vierzehn Kopien des *5. Buches Mose* und vier oder fünf Kopien des *1. Buches Mose*. Sie alle bestätigen, wie zuverlässig solche Texte abgeschrieben worden sind.

Dr. Yigael Yadin interessiert sich ganz besonders für diese Schriftrollen, denn es war sein Vater, der verstorbene Elazar L. Sukenik, Professor für Archäologie an der Hebräischen Universität Jerusalem, der als erster ihr Alter erkannte. Yadin selbst fungierte als Vermittler, als Israel 1954 die erste von ihnen zurückkaufte, nachdem sie zuvor nach Amerika hinausgeschmuggelt worden waren. Sie sind nun im »Schrein des Buches« ausgestellt, der eigens für sie im Israel-Museum in Jerusalem gebaut worden ist.

Qumran: Teil des Gemeinschaftszentrums nach der Ausgrabung. Im hintersten Raum in der Mitte des Bildes waren die Keramikgefäße aufbewahrt, in die man die Rollen vom Toten Meer eingepackt hat, bevor man sie versteckte.

Dr. Yadin ist der Ansicht, daß ihre Hauptbedeutung nicht so sehr in der zuverlässigen Wiedergabe alttestamentlicher Texte liegt, sondern darin, was sie uns über die Zeit zwischen dem Alten und dem Neuen Testament verraten. Bis jetzt kannten wir nur die Überzeugungen des sogenannten »gesetzlichen« Judentums; nun vermittelt uns diese Bibliothek der Essener eine Vorstellung davon, was andere Juden während dieser Zeit, der Zeit Jesu, gedacht haben.

Die große Überraschung besteht darin, daß zwischen manchen Lehren der Essener und manchen Lehren, die im Neuen Testament vertreten werden, eine erstaunliche Ähnlichkeit besteht. Dr. Yadin hält die essenische Bibliothek für eine Art Bindeglied zwischen dem Judentum und dem Christentum. Die frühen Christen waren Juden, aber manche ihrer Lehren stimmten nicht mit denen des orthodoxen Judentums überein. Aus der Tatsache, daß die Botschaft des Evangeliums durchaus Parallelen zum sektiererischen Judentum aufweist, ergibt sich für Dr. Yadin, daß das frühe Christentum wesentlich jüdischer war, als man früher geglaubt hat. Er bewertet die Schriftrollen vom Toten Meer als revolutionäre Entdeckung für die Erforschung der Ursprünge des Christentums.

Aber was wurde schließlich aus den Essenern bzw. den Leuten von Qumran? Die archäologischen Funde im Qumrangelände lassen darauf schließen, daß das Gemeinschaftszentrum im Juni 68 n. Chr. zerstört wurde und danach eine Zeitlang von römischen Truppen besetzt war.

Restaurationsarbeiten an einer der Rollen vom Toten Meer: eine Abschrift des *1. Buches Mose* in der Apokryphenrolle; in der Ecole Biblique in Jerusalem.

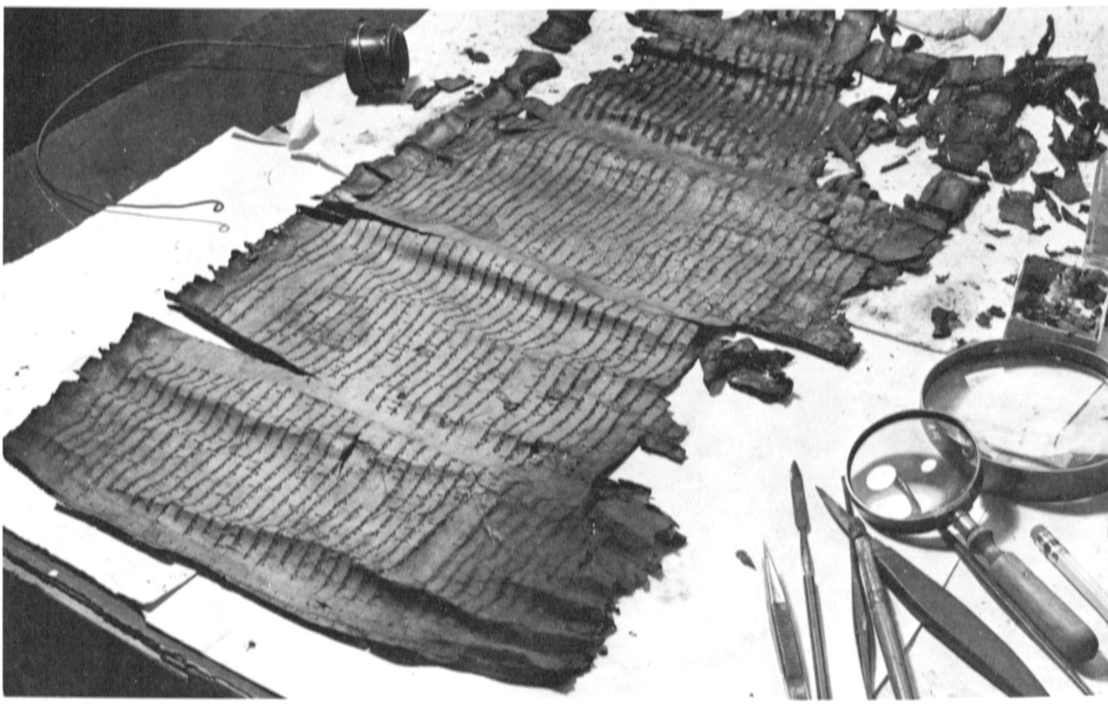

Das Jahr 66 n. Chr. war ein verhängnisvolles Jahr für die Juden. Unter der Führung einer Gruppe fanatischer Nationalisten brach ein Aufstand gegen die Römer los. Die Rebellion mußte scheitern – das war von Anfang an klar. Aber trotzdem kämpften die Zeloten um jeden Zentimeter, bis schließlich im Jahre 70 n. Chr. die Überlebenden des harten Kerns der Aufständischen in der Wüstenfestung Masada eingeschlossen wurden. Sie lag nah am Toten Meer und war von Herodes dem Großen zu einem befestigten Palast umgebaut worden, da er – mit gutem Grund – ständig um sein Leben bangte. Hier kämpften die Zeloten ihren letzten Kampf.

Masada wurde in den sechziger Jahren von Dr. Yadin in einer

Der Tempelberg in Jerusalem: Herodianisches Pflaster und Stufen am Fuß der Südmauer; man sieht, wie tief sie unter der gegenwärtigen Bodenhöhe liegt.

aufschlußreichen internationalen Ausgrabung freigelegt. Die Phantasie der Welt wurde durch den kollektiven Selbstmord fasziniert, mit dem die belagerten Juden ihrem Feind am Vorabend des letzten römischen Angriffs entgingen. Meist nahm man an, dabei seien ausschließlich Zeloten beteiligt gewesen. Aber einer der Kommandeure in der Festung hieß »Johannes der Essener«. Außerdem fand Dr. Yadin die Reste von einigen Schriftrollen aus Leder; eine davon konnte er positiv als eine Rolle vom Toten Meer identifizieren, weil sie von der Disziplin der Sekte vom Toten Meer handelte. Daraus schließt er, daß sich auch die Essener an den Kämpfen beteiligten. Als der Aufstand ausbrach und sie sich von den Römern bedroht fühlten, hätten sie ihre wertvolle Bibliothek sorgsam in Berghöhlen versteckt und seien nach Masada gezogen, um beim letzten verzweifelten Kampf dabeizusein. Dabei hätten sie ein oder zwei Schriftrollen mitgenommen. Wenn das stimmt, bedeutet das, daß die Qumraner oder Essener bis auf den letzten Mann beim gemeinsamen Selbstmord in Masada umgekommen sind. Aber dann stellt sich eine ganz andere Frage: Wenn die Essener heimliche Zeloten wären und wenn eine Verbindung zwischen der Lehre der Essener und der Lehre Jesu bestanden hat, ist dann Jesus vielleicht selbst ein Zelot gewesen?

Die Zerstörung Masadas im Jahre 73 n. Chr. war nur eine Fußnote zum jüdischen Aufstand von 66 n. Chr., dem sogenannten Ersten Jüdischen Aufstand, denn er sollte nicht der letzte sein. Mit ihr endete nur, was am Schluß der Tragödie noch vorhanden war. Die eigentliche Katastrophe hatte schon drei Jahre früher stattgefunden: der Fall Jerusalems. Die nationalistische Erhebung hatte sich zu einem blutigen Bürgerkrieg entwickelt. Extremisten bekämpften Extremisten, Zeloten bekämpften fanatische Schwärmer, und dazwischen wurden die Gemäßigten bedenkenlos niedergemetzelt. Im Jahre 70 n. Chr. wurde Jerusalem von den römischen Legionen belagert. Nach Wochen verzweifelten Kampfes wurde der Tempelberg eingenommen, und Herodes' Tempel, der Zweite Tempel, ging in Flammen auf. Jerusalem war zerstört.

Das war das Ende einer langen Geschichte.

Unser Jahrhundert hat den Beginn einer anderen Geschichte erlebt: die systematische Wiederentdeckung der Vergangenheit durch die Archäologie. Die letzten Jahre brachten erstaunliche Entdeckungen im gesamten Vorderen Orient, mit deren Hilfe wir nun die Umrisse der damaligen Geschichte klarer erkennen können. Noch hat die Archäologie, bildlich gesprochen, nur an der Oberfläche gekratzt. Aber mit jedem Monat und mit jedem Jahr vertiefen archäologische Entdeckungen unsere Kenntnis und unser Verständnis der biblischen Länder in der Zeit vor Christi Geburt.

Zeittafel

150000	Auftreten des Neandertalers
35000	Auftreten der modernen Form des Menschen
10000	**Neolithikum (Jungsteinzeit)**
9500	Jericho (vorkeramische Zeit): älteste befestigte Stadt der Welt
7000	Çatal Hüjük: erste Keramik im Nahen Osten
4000	**Chalkolithikum (Kupfer-Steinzeit)**
3500	Sumer: die ersten Stadtstaaten in Mesopotamien
3100	Sumer: Beginn der piktographischen Schrift Ägypten: Einigung von Ober- und Unterägypten
3000	**Frühe Bronzezeit**
2700	Ägypten: Beginn des Alten Reiches
2600	Ägypten: große Zeit des Pyramidenbaus
2500	Sumer: Erste Dynastie von Ur. Literarische Texte
2400	Syrien: kanaanitisches Reich mit Ebla als Mittelpunkt
2350	Akkad: Sargon der Große unterwirft Sumer
2100	Sumer: Dritte Dynastie von Ur Ägypten: Beginn des Mittleren Reiches
2000	**Mittlere Bronzezeit**
2000–1750	Syrien: das »Mari-Zeitalter«; Höhepunkt unter Zimri-Lim
1900	Assyrien: altassyrisches Reich (Hauptstadt Assur)
1750	Babylon: altbabylonisches Reich unter Hammurabi
1700–1550	Ägypten: Zeit der Hyksosherrschaft
1600–1200	Griechenland: Zeit der mykenischen Herrschaft
1550	Ägypten: Beginn des Neuen Reiches
1500	**Späte Bronzezeit**
1490–1436	Ägypten: Thutmosis III. führt Krieg in Palästina und Syrien
1475–1200	Anatolien: neues Reich der Hethiter
1450	Kreta: minoisches Reich zerstört
1400–1200	Kanaan: Palastarchive in Ugarit (Ras esch-Schamra)
1290–1224	Ägypten: Ramses II. (Ramses der Große)
1280	Syrien: Schlacht von Kadesch zwischen Ägyptern und Hethitern
1250(?)	Anatolien: Fall des »homerischen« Troja
1250(?)	Ägypten: vermutetes Datum der Knechtschaft Israels und des Auszugs
1225–1205	Ägypten: Merenptah Pharao
1225(?)	Palästina: vermutetes Datum der Eroberung Josuas
1200	**Eisenzeit**
1200	Seevölker: Ugarit zerstört, Ende des Hethiterreichs
1190	Ägypten: Ramses III. schlägt die Seevölker Palästina: die Philister siedeln in der Küstenebene
1150–1025	Palästina: Zeit der biblischen Richter

1100 Ägypten: Ende des ägyptischen Reiches
1050 Palästina: Philister gewinnen die Schlacht von Eben-Ezer
1025–1000 Palästina: Saul König
1000–965 Palästina: David nimmt Jerusalem ein, vereinigtes Königreich
965–920 Palästina: Salomo König
920 Palästina: Reichsteilung in Juda und Israel
883–859 Assyrien: Assurnasirpal II. verlegt die Hauptstadt nach Nimrud
876–859 Israel: Omri König (gründet die Hauptstadt Samaria)
869–850 Israel: Ahab König, Gatte der Isebel
859–824 Assyrien: Salmanassar III.
853 Schlacht von Qarqar, Vordringen der Assyrer gestoppt
842–815 Israel: Jehu König
786–746 Israel: Jerobeam II. König
783–742 Juda: Usia König
745–727 Assyrien: Tiglatpileser III. gründet das neuassyrische Reich
735–715 Juda: Ahas König,
722–721 Israel: Fall Samarias. Israel nach Assyrien deportiert
721–705 Assyrien: Sargon II. verlegt die Hauptstadt nach Chorsabad
715–687 Juda: König Hiskia, befestigt Jerusalem
705–680 Assyrien: Sanherib verlegt die Hauptstadt nach Ninive
701 Juda: assyrische Invasion; Plünderung von Lachis
689 Babylon: Zerstörung durch Sanherib
680–669 Assyrien: Asarhaddon König
671 Ägypten: Eroberung durch Assyrien
668–627 Assyrien: Assurbanipal, letzter bedeutender König Assyriens
640–609 Juda: Josia König, Religionsreformen
626–539 Babylon: neubabylonisches Reich
614 Assyrien: Assur von den Medern eingenommen
612 Assyrien: Ninive von den Babyloniern und Medern zerstört
604–562 Babylon: König Nebukadnezar
597 Juda: babylonische Invasion. Erste Deportation
586 Juda: Fall Jerusalems. Zerstörung des Tempels
586–538 Babylon: Exil der Judäer
539 Babylon: Kyros erobert das babylonische Reich
538 Babylon: Kyros-Edikt; Rückkehr der Exilierten
520–515 Palästina: Wiederaufbau des Jerusalemer Tempels
445 Palästina: Nehemia; Wiederaufbau der Mauern Jerusalems
336–323 Mazedonien: Alexander der Große errichtet sein Weltreich
323 Ägypten: Ptolemäus I., Palästina unter den Ptolemäern
200 Palästina: Eroberung durch die Seleukiden
166–163 Palästina: Makkabäeraufstand; Hasmonäerreich
63 Palästina: die Römer unter Pompeius erobern Jerusalem
37–34 Palästina: Herodes der Große

nach Christus

66 Palästina: Erster Jüdischer Aufstand gegen die Römer
70 Palästina: Fall Jerusalems; Zerstörung des Zweiten Tempels
73 Palästina: Fall Masadas

Literaturverzeichnis

Das Verzeichnis enthält die wichtigsten Bücher, die ich zu Rat gezogen und für hilfreich gehalten habe, es schließt aber nicht die große Zahl von Ausgrabungsberichten und Artikeln in Zeitschriften und Periodika ein, die den Großteil der Information in diesem Buch ausmachen. (Soweit deutsche Übersetzungen vorhanden sind, werden diese zitiert. Außerdem wurde das Literaturverzeichnis durch einige wichtige deutschsprachige Werke erweitert.)

Ackroyd, P. R. *Exile and Restoration: A Study of Hebrew Thought in the Sixth Century,* London 1968

Aharoni, Y. *The Land of the Bible: A Historical Geography,* London 1967

Albright, W. F. *Archäologie in Palästina,* Einsiedeln/Köln 1962

– *Von der Steinzeit zum Christentum,* Bern 1949

Anati, E. *Palestine before the Hebrews,* London 1963

Avi-Yonah, M. (Hrsg.) *Encyclopaedia of Archaeological Excavations in the Holy Land,* vols I & II, Oxford 1976

Bardtke, Hans *Bibel, Spaten und Geschichte,* Göttingen 1971

Beebe, H. K. *The Old Testament,* London 1970

Bright, John *Geschichte Israels,* Düsseldorf 1966

– *Altisrael in der neueren Geschichtsschreibung,* Zürich 1961

Finegan, J. *Light from the Ancient Past,* Bd. I und II, Princeton 1959

Gardiner, A. H. *Geschichte des alten Ägypten,* Stuttgart 1965

Gray, J. *The Canaanites,* London 1964

– *Near Eastern Mythology,* London 1969

Harden, D. *The Phoenicians,* London 1962

Harding, G. L. *Auf biblischem Boden. Die Altertümer in Jordanien,* Wiesbaden 1961

Heaton, E. W. *Solomon's New Men: The Emergence of Ancient Israel as a National State,* London 1974

Hegenmann, Johan H. *Großer Bildatlas zur Bibel,* Gütersloh 1969

Herrmann, Siegfried *Geschichte Israels in alttestamentlicher Zeit,* München 1973

James, T. G. H. *The Archaeology of Ancient Egypt,* London 1972

Jordan, P. *Egypt The Black Land,* London 1976

Kenyon, K. M. *Archäologie im Heiligen Land,* Neukirchen 1967

– *Digging Up Jericho,* London 1957

– *Digging Up Jerusalem,* London 1974

– *Jerusalem. Die heilige Stadt von David bis zu den Kreuzzügen,* Bergisch Gladbach 1968

Kitchen, K. A. *Alter Orient und Altes Testament,* Wuppertal 1965/1966

Kramer, S. N. *History Begins at Sumer,* London 1958

May, H. G. (Hrsg.) *Oxford Bible Atlas,* Oxford 1974

Mazar, B. *The Mountain of the Lord,* New York 1975

Mellaart, J. *Çatal Hüyük, Stadt aus der Steinzeit,* Bergisch Gladbach 1967
– *Earliest Civilisations of the Near East,* London 1965
Moorey, P. R. S. *Biblical Lands*, London 1975
Moscati, S. *Die Kultur des Alten Orients*, München 1962
– *Die Phöniker,* Zürich 1966
– *The World of the Phoenicians*, London 1968
Negev, A. *Archäologisches Lexikon zur Bibel,* München/Wien 1972
Neil, W. (Hrsg.) *The Bible Companion*, London 1960
Noth, M. *Geschichte Israels,* Göttingen 1959
Oppenheim, A. L. *Ancient Mesopotamia: Portrait of a Dead Civilisation,* Chicago 1969
Pritchard, J. B. *Ancient Near Eastern Texts Relating to the Old Testament* Princeton 1955
– *Die Archäologie und das Alte Testament,* Wiesbaden
– (Hrsg.) *Archaeological Discoveries in the Holy Land,* New York 1974
Gibeon Where the Sun Stood Still, Princeton 1963
Redford D. B. *A Study of the Biblical Story of Joseph,* Leiden 1970
Rehork, Joachim *Archäologie und biblisches Leben,* Bergisch Gladbach 1972
Rothenberg B. *Timna, das Tal der biblischen Kupferminen,* Bergisch Gladbach 1973
Seters, J. van *Abraham in History and Tradition,* Yale 1975
Thomas, W. (Hrsg.) *Archaeology and Old Testament Study,* Oxford 1967
– *Documents from Old Testament Times*, London 1958
Thomson, T. L. *The Historicity of the Patriarchal Narratives*, Berlin & New York 1974
Wright, G. E. *Biblische Archäologie*, Göttingen 1958
Yadin, Y. *The Message of the Scrolls*, London 1957
– *The Art of War in Biblical Lands*, London 1963
– (Hrsg.) *Jerusalem Revealed*, Jerusalem 1975
– *Masada: Der letzte Kampf um die Festung des Herodes*, Hamburg 1975
– *Die Wiederentdeckung der Zitadelle König Salomos*, Hamburg 1976

Quellennachweis

Ich danke den folgenden Personen und Institutionen für die Erlaubnis, Schwarzweißfotografien nachzudrucken:

Miss Kathleen Kenyon und der Jericho Excavation Fund, S. 11, 12, 14 (oben), 92, 93, 94; die Bilder auf Seite 9, 10, 86, 126, 143 (oben und unten) und 204 (oben) sind mit freundlicher Genehmigung des Israel Department of Antiquities and Museums abgedruckt; die Bilder aus Seite 15 (oben und unten) 23, 96, 127, 162, 163 und 201 stammen aus den Sammlungen des Israel Department of Museums and Antiquities, und das Bild auf Seite 108 ist mit Genehmigung des Department und der Asdod-Expedition abgedruckt; Paul Jordan, Seite 13, 58, 60, 69, 73, 125, 158, 178, 187 (oben und unten), 188, 210, 218, 226 und 228; Antonia Benedek, Seite 20, 26, 28, 36, 81, 83, 85, 166, 179 und 207; Hirmer Verlag, München, Seite 19, 21, 31, 34; Dr. H. J. Franken, S. 24; die Trustees of the British Museum, S. 32 (oben), 33, 48, 177, 178, 186, 199 und 208; Musées Nationaux, Paris, Seite 37 und 161; die Trustees of the National Gallery, Seite 39 und 121; John Ross, Seite 45; das ägyptische Tourist Office, S. 47; die Wallace Collection, S. 50; Peter Clayton, S. 53 und 63; Dr. Labib Habachi, S. 54; Centre of Documentation and Studies on Egypt, Cairo, Seite 55 und 56; die British School of Archaeology in Jerusalem, Seite 74; Professor L. Geraty und die Andrews University, Berrien Springs, Seite 75 und 77; Professor Yigael Yadin aus *Hazor,* veröffentlicht bei Weidenfeld & Nicolson, Seite 84, 87, 88 und 140; Dr. Joseph Callaway und Richard Cleave, Seite 90; Tel Aviv University Institute of Archaeology, Professor Rainey und Avraham Hay (Fotograf), Seite 96, 183, 185 (oben und unten); das Oriental Institute, University of Chicago, Seite 99, 102 und 104; die Mansell Collection, Seite 111; Dr. A. Mazar, Seite 112 und 113; Dr. M. Kochavi, S. 115 und 116; Kunsthistorisches Museum, Wien, S. 124; Professor James B. Pritchard, S. 128, 129 und 130; Miss Kathleen Kenyon und der Jerusalem Excavation Fund, Seite 133, 134, 190, 192 und 211; die Israel Exploration Society hat Bilder aus ihrer Publikation *Jerusalem Revealed* zur Verfügung gestellt, S. 139, 191, 220, 224 und 230; Dr. Paul Garber und Southeastern Films, Atlanta, Georgia, die Howland-Garber Rekonstruktion des Salomonischen Tempels, S. 141 (unten); Museum of Fine Arts, Boston, Seite 147; Beno Rothenberg, Seite 149, 150 und 151; Professor A. Biran, Direktor der Tell Dan Archaeological Expedition, Seite 160; Palphot Ltd, Israel, Seite 164; Österreichische Nationalbibliothek, S. 167; Professor N. Avigad, Hebräische Universität, Jerusalem, Seite 169; David Harris, Seite 171, 174 und 200; Dr. David Ussishkin, Seite 172 (Fotograf David Harris), 189 (Fotograf Avraham Hay), 204 (unten) und 205; Radio Times Hulton Picture Library, Seite 176; Alia, Royal Jordanian Airlines, Seite 216; Meir Ben Dov, Seite 223; the British Library Board, Additional MS. 18850f. 15 v., Seite 198; the Shrine of the Book, Jerusalem, Seite 229.

Den folgenden Personen und Institutionen danke ich für die Erlaubnis, Farbfotografien abzudrucken:
Paul Jordan, Buchhülle (2), die Bilder gegenüber von Seite 8 (oben), 32 (oben und unten), 49 (unten), 64 (oben und unten) 65 (oben und unten), 80 (unten) 81, 96 (oben), 97 (unten), 112, 113 (oben und unten), 129 (oben und unten), 144, 145 (oben und unten), 160, 161 (oben und unten), 208 (unten) und 224 (oben und unten); Hirmer Verlag, München, die Bilder gegenüber von Seite 8 (unten) und 17; Gillian Cleve, S. 33 (oben); Palphot Ltd., Israel, Seite 33 (unten), 96 (oben) und 225; Antonia Benedek Seite 16 (oben und unten), 49 (oben) 128, 176 (oben und unten), 192 (oben und unten) und 208 (oben); Peter Clayton, Seite 48 (oben); John Ross, Seite 48 (unten); Edgar Asher, Seite 80 (oben); Dr. A. Mazar, Seite 97 (oben); die Smithsonian Institution, S. 177 (oben und unten); die Corporation of Newcastle, S. 193; Alia, Royal Jordanian Airline, S. 209
Die Karte auf Seite 17 basiert auf einer Karte in: Dr. Svend Helms, *Jawa: A Preliminary Report,* 1973, veröffentlicht vom Institute of Archaeology, London; die Karten auf Seite 35 und 66 und die gegenüber von Seite 8 und 9 basieren auf Karten im *Oxford Bible Atlas,* Zweite Auflage, 1974, herausgegeben von Herbert G. May, G. N. S. Hunt und R. W. Hamilton, veröffentlicht durch Oxford University Press; die Zeichnung auf Seite 71 basiert auf einer Fotografie in *The Tabernacle* von Moses Levine, veröffentlicht durch Soncino Press, Tel Aviv; den Zeichnungen auf Seite 140 (oben) und 165 liegen Karten aus *Hazor* von Yigael Yadin zugrunde, veröffentlicht durch Weidenfeld & Nicolson, und der auf Seite 154 eine Karte von Professor Yadin, die erstmals in *Biblical Archaeology Review* veröffentlicht wurde; der Zeichnung auf Seite 107 liegt eine Zeichnung aus *Ancient Pottery of the Holy Land* von Professor R. Amiran zugrunde, veröffentlicht durch Masada Press; die Zeichnungen auf Seite 131 basieren auf zwei Zeichnungen aus *Gibeon Where the Sun Stood Still* von Professor James B. Pritchard, veröffentlicht durch Princeton University Press. Ich danke Miss Kathleen Kenyon und dem Jerusalem Excavation Fund für die Erlaubnis, die Zeichnungen auf Seite 132 und 136 nach Zeichnungen aus *Digging Up Jerusalem* anzufertigen, veröffentlicht durch Ernest Benn. Die Karten auf Seite 168, 193 und 221 basieren auf Zeichnungen in *Jerusalem Revealed,* veröffentlicht durch die Israel Exploration Society; die Karte auf Seite 145 basiert auf einer Zeichnung in *Solomon and Sheba,* herausgegeben von Dr. James B. Pritchard, veröffentlicht durch Phaidon; die Karte auf Seite 180 basiert auf einer Karte in *The Macmillan Bible Atlas* von Yohanan Aharoni und Michael Avi-Yonah, veröffentlicht durch Macmillan Publishing Co. New York, (Copyright 1964, 1966, 1968 von Carta, Jerusalem). Die Karten der deutschen Ausgabe zeichnete Adolf Böhm, München.

Zur Übersetzung:
Die Bibelzitate in diesem Buch sind der *Zürcher Bibel* entnommen. Nach dieser Bibelübersetzung richtet sich auch die Schreibweise solcher Eigennamen, die in engem Zusammenhang mit Bibelzitaten angeführt sind.

Register

Mit * versehene Seitenzahlen weisen auf Abbildungen, Skizzen oder Karten hin.